はじめに

秋田洋和

受験生は，志望先が国私立高校であれ公立高校であれ，事前に数年分の過去問を解いて傾向や難易度を知り，入念なシミュレーションを経て入試本番に臨むのが一般的です．特に公立高校の入試問題は，出題傾向や難易度が急激に変わることは少ないと思われてきたため，過去問演習の結果が「本番の目安」として有効な資料とされています．

ところが 2012 年の春，ある県の公立高校入試問題が急激に難化して話題になりました．「(試験終了後に)廊下で泣き出す子がいた」といった報告もあったほどで，県全体の平均点は前年に比べておよそ 16 点も低くなり，正答率が 0.5％しかない設問も登場したのです．

この事をきっかけにして全国の公立入試問題を調べてみたところ，

「急激な難化」

「新傾向問題」

という 2 つの変化が，この年を境に全国各地で見られることがわかってきました．難化については，正答率が 10％に満たない問題も珍しくなく，ほぼ 0％という問題まで登場しています．入試問題そのものを 2 レベル用意する自治体が増え(例：埼玉県では「学校選択問題」という名称)，公立高校入試における難しい問題の象徴として東京都の「自校作成問題(都立高校でありながら私立高校のような独自の入試問題を出題する)」を挙げられる時代になりました．標準的な難易度の問題においては，大学入試改革と連動した「長文化」の傾向が全国的に見られるようになり，現在まで続いていることを覚えておいてください．

月刊「高校への数学」の『公立入試問題ピックアップ』は，前述の 2 つの変化を象徴する問題をテーマ別に深く掘り下げて紹介する目的で，2017 年から連載を続けています．本書はその中から 30 編を選んで一冊にまとめたものです．その中には，20 年～30 年前には「難関国私立高校の入試問題」として出題されていた，一般的な中学生だと目にすることさえなかったテーマも含まれています．

勉強時間が無限にあるのなら，古今東西のあらゆる入試問題に触れれば経験値を貯めることは可能でしょう．しかしながら，忙しい中学生にとって時間は有限です．限られた時間の中で「調べよう，思考しよう，自ら発見しよう」という経験を高いレベルで積み上げることは，なかなか難しいはずです．

本書は，公立高校入試を目指すそんな皆さん(特に数学を得点源とし，ライバルに差をつけたい人)を対象に，発展的な内容について「何を，どこまで」学んでおく必要があるのか，その目安を示しています．受験勉強における「羅針盤」として活用していただければ幸いです．

見慣れない問題・初見の問題の出題形式に慣れ，入試本番で焦らず解き進めることを目標に本書を読み進め，効率的に経験値を貯めていきましょう．

2021 年 3 月

本書の使い方

●本書の特長

1つのテーマにつき4ページの構成となっています．目次の配列に沿って解き進めることはもちろん，数式あるいは図形といったおおまかな分類で優先順位をつけても，関数や円といったテーマ別に演習しても，あるいは自分の苦手とするテーマからピンポイントで演習してもかまいません．

●本書の構成

全30編すべてに，テーマに即した全国の公立高校入試問題を掲載しています．正答率が公表されている問題については記載していますので，ぜひ参考にしてください．相似や三平方の定理，二次関数の性質といった教科書に登場する重要性質は既知という前提で解説します．

「例題」では，そのテーマに関する「難化」または「新傾向」の象徴的な問題を掲載してあります．ここでは，関数や図形，確率や整数といった分野ごとの頻出事項も紹介しますが，初見の知識に出会うこともあるはずです．そんなときは巻末の『重要事項のまとめ』を参照してください．ライバルとの差を埋める or 広げるための重要定理・公式を掲載していますので，必ず目で確認し手で描いて，頭の中に整理しいつでも取り出せるようにしておきましょう．

「演習問題」は，「例題」で確認した知識や手法の再確認に利用します．「例題」よりレベルアップしていることも多いので，基本事項や重要性質を「知っている」ではなく「使える」状態にすることを目標に解き進めましょう．

●本書の進め方

①　問題を解くときは

必ず専用のノートを用意して，小問ごとに途中経過や考えた跡を書き残しましょう(答えだけ書く，計算過程をグチャグチャ書くのはNG)．近年の公立高校入試が「なぜそうなるのか」を問い，記述させる傾向があることを念頭におき「後で見直したときに，ポイントがすぐにわかる」ようにまとめればOKです．よって，思考の跡をすべて文章で残す必要はなく，図や表を用いてもかまいません．

掲載されている問題は「難しい」あるいは「長文 or 新傾向」ですから，慣れないテーマではおそらく1問に費やす時間が10分では足りないこともあるでしょう．時間制限はそれほど深く考えず「出題形式やテーマに慣れる」ことを一番の目標としてください．

②　問題を解き終えたら

解説をジックリと読み込んでください．初見の知識は『重要事項のまとめ』で確認し，その都度日付を書き込みます．できれば「重要事項まとめノート」を作り，本書の掲載事項に限らず模試や塾の授業などで登場した知識も日付込みで記載し，自分だけのオリジナルの参考書とすることをお勧めします．日付の書き込みの多い定理・公式は「確認頻度の高いもの＝よく出題されるもの」です．

自力で解けた問題については，解説で紹介した解法(別解含む)と自分の解法を比べてみましょう．「より簡単に・より楽に」を合言葉にして途中経過を確認すると，理解がより進みます．

自力で解き切れなかったときは，自分で気づかなかった点のチェックが重要です．解説を読んで初見の知識を確認し，気づかなかった部分を専用ノートに記載しながら正解へ至るまでの過程をたどります．ただし，これは「理解した」ではなく「読んだ，書いた，確認した」段階です．多くの中学生はこの作業をもって「終了」としますが，皆さんは必ず一定の期間を空けて再度問題に挑み，チェックした内容が本当に自分の中に取り込まれているかを点検してください．正しい答えを覚えているのが目標ではなく，専用ノートに書き込んだ内容を自力で再現できることを目指します．

③　時間がないときは／入試直前期は

各テーマの「例題」とその解説を，読み物として空き時間に目を通すだけでもそのテーマのポイントを頭に入れることは可能です．何度も読み直して，最後の入試直前期には「例題」を見ただけで「この問題はここがポイントなんだ」と友達に説明する感じで整理ができていれば，ちゃんと経験値は貯まっています．

公立入試数学「難化＆新傾向」問題ピックアップ

目　次

公立入試問題ピックアップ①

自分の考えを説明させる出題例あれこれ

0. 答えるのは「正しい数値」だけじゃない

公立高校入試の出題傾向はここ10年弱で大きく変化していますが，その代表例が「(自分の考えを)説明しなさい」という設問です．

最近の公立高校入試においては分野に関係なく正解を求める途中経過や考え方を採点対象に含めるケースが多くなっているのです．考え方に部分点が与えられているため，正しい答えだけを解答用紙に記入しても満点はもらえません．しっかりと準備して入試に臨みましょう．「解けた・解けない」「書ける・書けない」を気にするのは入試直前になってからでいいので，まずは友達に説明する感じで自分の考えをまとめられるかどうかを点検してみましょう．

今回は整数と図形の分野を中心に紹介します．

1.「どうして？」と問いかけてくる出題例

まず紹介するのは「倍数の判定法」です．3の倍数の判定法はおなじみですが….

例題・1-1

(1) 千の位の数と一の位の数，百の位の数と十の位の数がそれぞれ等しい4桁の自然数が11の倍数になることを説明しなさい．

(16 広島県，改)

(2) 3桁の整数で，百の位の数と一の位の数の和が，十の位の数と等しいならば，この3桁の整数が11の倍数であることを説明しなさい．

(15 山口県，改)

---

(1)と(2)は4桁と3桁の違いはありますが，問われている内容は同じです．

解 (1) 4桁の自然数Mの千の位と一の位の数をx，百の位と十の位の数をyとおくと，

$$M=1000x+100y+10y+x$$
$$=1001x+110y=11(91x+10y)$$

$91x+10y$は整数なので，$11(91x+10y)$は必ず11の倍数となる．よってMは11の倍数．

(2) 3桁の整数をM，Mの百の位の数をx，十の位の数をy，一の位の数をzとおくと，

$M=100x+10y+z$ ……………………①

条件より，$x+z=y$ ……………………②

ここで，②を①に代入して，

$$M=100x+10(x+z)+z$$
$$=110x+11z=11(10x+z)$$

$10x+z$は整数なので，$11(10x+z)$は必ず11の倍数となる．よってMは11の倍数．

* * *

「11の倍数の判定法は知ってる．塾で習ったよ！」という皆さん，その成り立ちをしっかり説明することはできますか？「公式やテクニックは知っているけれど，ただ覚えているだけで友達に聞かれても説明できないよ」という人は要注意．普段の勉強への意識をちょっと変えることで，「説明しなさい」への準備も進めておきましょう．

4桁の整数が11の倍数となるための条件について，以下の説明も参考にしてください．

【参考】 4桁の自然数をM，Mの千の位の数をa，百の位の数をb，十の位の数をc，一の位の数をdとおくと，

$$M=1000a+100b+10c+d$$
$$=1001a+99b+11c-a+b-c+d$$
$$=11(91a+9b+c)\underline{-a+b-c+d}$$

ここで，$91a+9b+c$は整数なので，

$11(91a+9b+c)$は必ず11の倍数となる．したがって，Mが11の倍数になるためには，〰〰線部が11の倍数(0以下を含む)になればよい．

➡**注**　これを板書風にまとめると…．
4桁の整数ABCDが11の倍数のとき，
(B+D)−(A+C)=11の倍数（0以下を含む）
が成り立ちます(桁数が増えても同様)．

続けて図形分野からの出題も見てみましょう．

例題・1-2

七角形の外角の和が360°であることを説明したい．説明の出だしを「どの頂点においても，内角とその外角の和は180°であるから」とし，この続きを書いて，七角形の外角の和が360°であることを説明しなさい．　（15　群馬県，改）

「n角形の外角の和が360°」であることは覚えていて当然ですが，「それはなぜ？」と改めて問われると困る人も多い事でしょう．

解　どの頂点においても，内角とその外角の和は180°であるから，7個の頂点における内角と外角の和は，180°×7=1260°……………①

次に，七角形の内角の和は，七角形の1つの頂点からひける4本の対角線によって七角形を5つの三角形に分割することで，

180°×5=900°　…………………………②

と考えられるから，七角形の外角の和は，
①−②=360°となる．

2．生活の中に潜む「なぜ？」も問われる

「うるう年」についていきなり入試で問われたら，ちょっとビックリしますよね．

例題・2

次は，先生とAさんの会話です．これを読んで，次の問いに答えなさい．

先生「Aさんの誕生日は3月2日でしたね．」

Aさん「はい．私は西暦2000年生まれで，今年(2017年)17歳になります．西暦2000年は，うるう年だったと思うのですが，うるう年について教えてください．」

先生「うるう年は，次のように決められています．」

（Ⅰ）　西暦の年数が4で割り切れる年をうるう年とする．
（Ⅱ）　ただし，西暦の年数が4で割り切れても100で割り切れる年はうるう年としない．
（Ⅲ）　ただし，西暦の年数が100で割り切れても400で割り切れる年はうるう年とする．

先生「うるう年は，2月の日数が1日増えて2月29日までとなり，1年間の日数が366日となります．」

（問）　Aさんの15歳の誕生日(西暦2015年3月2日)は月曜日です．Aさんの誕生日が，再び月曜日になるのは西暦何年ですか．途中の説明も書いて答えを求めなさい．

（15　埼玉県，改）

公表されている資料によると，正答率は14.1%(無答率は54.6%)です．うるう年の周期についての条件を見落としたと思われる2022年という誤答が最も多かったこと，また答えのみの解答も多く見られたことが記されています．皆さんも注意しながら考えてみてください．

解　365=7×52+1，366=7×52+2より，3月2日の曜日はうるう年でなければ1つ進み，うるう年であれば(2月29日をはさめば)2つ進む．先生の説明により，うるう年は2016年，2020年，…であるから，2015年3月2日が月曜日であるとき，2016年は2月29日をはさんだので曜日は2つ進んで水曜日，2017年は木曜日，2018年は金曜日，2019年は土曜日．そして2020年は，2月29日をはさんだので月曜日になる．よって，答えは**西暦2020年**.

＊　　＊　　＊

「約数の個数と総和の求め方」「n角形の対角線の本数の求め方」などは，テクニックとして処理方法は覚えていても，その成り立ちや仕組みを説明できない生徒が多いものです．今後も数々のテクニックを学ぶはずですが，結果だけを丸暗記せず「なぜ？どうして？」を強く意識

しましょう．その習慣こそが，説明を求められる設問に対する一番の対策になるからです．

演　習　問　題

1．2つの奇数の積は奇数であることを，Aさんは次のように証明した．

【Aさんの証明】

> nを整数とすると，2つの奇数は$2n+1$，$2n+3$と表せる．このとき，2つの奇数の積は，
>
> $(2n+1)(2n+3)=4n^2+8n+3$
>
> $=2(2n^2+4n+1)+1$
>
> $2n^2+4n+1$は整数だから，これは奇数である．
>
> よって，2つの奇数の積は奇数である．

Aさんの証明は正しくない．その理由を書き，2つの奇数の積は奇数であることを証明せよ．（15　福井県，改）

2．次の図のゲーム盤を使い，【ルール】に従ってゲームを行う．ただし，ゲーム盤の数字はゴールするまでに必要な数を表し，さいころの1から6までの目の出方は同様に確からしいとする．

（ゲーム盤）

⑬⑫⑪⑩⑨⑧⑦⑥⑤④③②①［ゴール］

> 【ルール】
>
> ［1］　スタートの位置をゲーム盤の①～⑬の中から1つ選び，コマを置く．
>
> ［2］　2つのさいころを同時に1回投げ，出た目の数の和だけゴールに向かってコマを進める．
>
> ［3］　出た目の数の和がゴールまでに必要な数をこえるときは，こえた数だけゴールからもどる．

例えば，スタートの位置を③に選び，出た目の数の和が7のときは，②①［ゴール］①②③④と進み，ゴールすることができない．

（1）　このゲームで，どのような目が出てもゴールすることができないスタートの位置はどこか．①～⑬の中から，すべて答えよ．

（2）　スタートの位置を②，⑤，⑧の3つの中から1つ選ぶとき，どの位置がもっともゴールしやすいか．②，⑤，⑧のいずれかを書き，言葉や数，式などを使って説明せよ．（16　福井県）

3．大輝さん，直樹さん，美咲さんの3人が，面積が$10\,\mathrm{m}^2$になる正方形の花だんの作り方について，教室で話をしています．

> 大輝さん「1mごとに印が付いている20mのロープを使って，自宅の庭に，面積が$10\,\mathrm{m}^2$の正方形の花だんを作ろうと思うんだ．面積が$10\,\mathrm{m}^2$になる正方形は，どうすれば作れるかな？」
>
> 直樹さん「面積が$10\,\mathrm{m}^2$になる正方形の一辺の長さは$\sqrt{10}$ mになるはずだよ．でも，$\sqrt{10}$は無理数だね．$\sqrt{10}$の長さは，どうすればとれるかな？」
>
> 美咲さん「①<u>方眼紙があれば三平方の定理を利用して$\sqrt{10}$の長さをとれるわ．</u>」
>
> 大輝さん「そうか．それならとれそうだね．でも庭では方眼紙が使えないよ．」
>
> 直樹さん「方眼紙が使えなくても，直角が作れれば三平方の定理が使えるよね．ロープを使えば，二等辺三角形が作れるから，それから直角を作ることができるよ．」

直樹さんは，直角を作る方法を，下のように説明しました．

【直樹さんの説明】

> まず，AB＝AC＝5m，BC＝4mの二等辺三角形ABCを作る．次に，辺BCの中点Dをとり，線分ADを引くと，∠ADB＝90°となる．

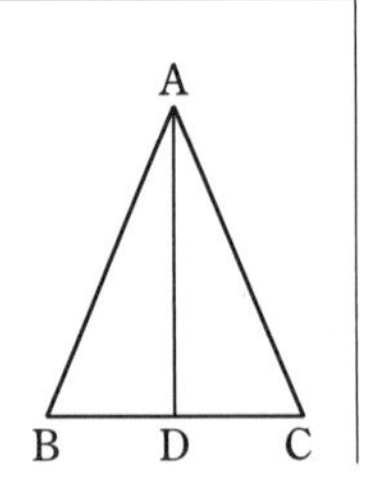

大輝さん「なるほど．それなら，ロープを使って作れそうだね．その方法を聞いて，僕は②直角を作る別の方法を思い付いたよ．」
美咲さん「どんな方法なの？私にも教えてよ．」

これについて，次の問いに答えなさい．

（1） 下線部①について，美咲さんは，右の方眼紙に $\sqrt{10}$ の長さの線分をかきました．この方眼の1目盛りを1として，$\sqrt{10}$ の長さの線分をかきなさい．

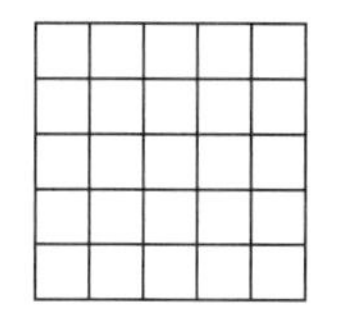

（2） 下線部②について，大輝さんは，1m ごとに印が付いている 20m のロープのみを使って，直樹さんとは別の方法で直角を作りました．このロープを使って直角を作る方法は，二等辺三角形から作る方法のほかに，どのような方法が考えられますか．【直樹さんの説明】のように直角を作る方法を説明しなさい．ただし，ロープは 20m すべてを使わなくてもよいものとし，ロープを曲げたり押さえたり線を引いたりするために必要な人や道具，ロープの太さについては考えなくてよいものとします．

（16　広島県）

解答・解説

1．解　A さんは連続する奇数の積について証明をしたが，連続しない 2 つの奇数の場合を示していないので正しくない．

(正しい証明)

m，n を整数とすると，2 つの奇数は $2m+1$，$2n+1$ と表せる．このとき，2 つの奇数の積は，

$$(2m+1)(2n+1)=4mn+2m+2n+1$$
$$=2(2mn+m+n)+1$$

$2mn+m+n$ は整数だから，これは奇数である．よって，2 つの奇数の積は奇数である．

2．解　（1） 2 つのさいころの目の和は 2 〜 12 なので，スタート位置が⑬だと最大でも①までしか進めない．また，スタート位置が①だと，最小でも 2 マスは進むのでゴールできない．よって，①と⑬．

（2） スタート位置が②のとき，2 つのさいころの目の和が 2 であればゴールできるので，右表より目の出方は(1，1)の 1 通り．

	1	2	3	4	5	6
1	②			⑤		
2			⑤			⑧
3		⑤			⑧	
4	⑤			⑧		
5			⑧			
6		⑧				

スタート位置が⑤のときは，目の和が 5 であればよいので，同様に表を用いて 4 通り．スタート位置が⑧のときは，目の和が 8 であればよいので，同様に表の 5 通り．

したがって，それぞれがゴールできる確率は，順に $\frac{1}{36}$，$\frac{4}{36}$，$\frac{5}{36}$ となるので，⑧をスタート位置とするときが最もゴールしやすい．

3．解　（1） $1^2+3^2=(\sqrt{10})^2$ であることを用いて，1×3 の長方形の対角線をイメージして下の左図のような線分を書けばよい．

（2） 下の右図のような，AB＝BC＝CD＝DA＝4m（1m，2m，3m，5m いずれも可）のひし形 ABCD を作る．次に，2 つの対角線 AC と BD をひき，その交点を O とすると，ひし形の性質により，∠AOB＝90°となる．

（1）
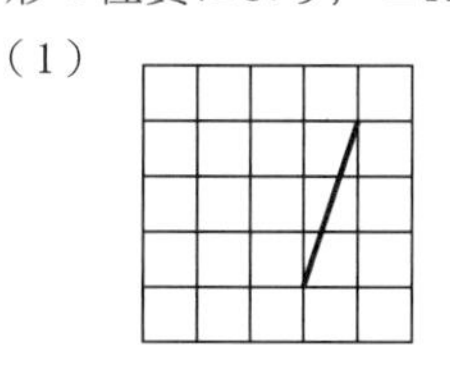

（2）
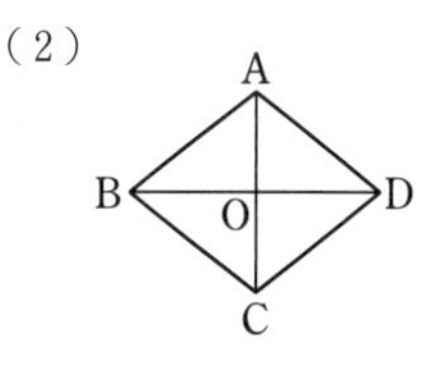

＊　　　＊　　　＊

「うるう年」や「ゲーム」のような題材が扱われるときには，必ず用いる性質については問題文中に言及がありますので，知識の有無が影響することはありません．大切なことは「いち早く性質を理解すること」にありますので，演習を通して慣れておきましょう．

公立入試問題ピックアップ②

有名テーマが題材の「その場で考えさせる問題」

0.「知らない」から始まる思考習慣の点検

最近の公立高校入試では「長文を読み，その場で考えさせる問題」の出題が全国的に増えています．その題材としてよく扱われるのが「整数」に関する周辺知識です．中学の教科書では体系的に学んでいないので，「知らない」からスタートするのが当たり前．出題者の意図が，知識や類題を解いた経験の有無ではなく「知らないという状態からどこまで粘り強く調べられるか」という思考習慣の確認にあることを知っておきましょう．

1．久しぶりに登場する「タイルの敷き詰め」

小学生の時に「縦 20cm，横 30cm の長方形の中に同じ大きさの正方形のタイルをピッタリに入れて敷き詰めます．タイルをできるだけ大きくするとき，タイルの1辺は何 cm になりますか」という問題に触れたことでしょう．その続編が，形を変えて公立入試で突然登場することがあります．

例題・1

図1のような，縦 $a$cm，横 $b$cm の長方形の紙がある．この長方形の紙に対して次のような【操作】を行う．ただし，a，b は正の整数であり，$a<b$ とする．

> 【操作】 長方形の紙から短い方の辺を1辺とする正方形を切り取る．残った四角形が正方形でない場合には，その四角形から，さらに同様の方法で正方形を切り取り，残った四角形が正方形になるまで繰り返す．

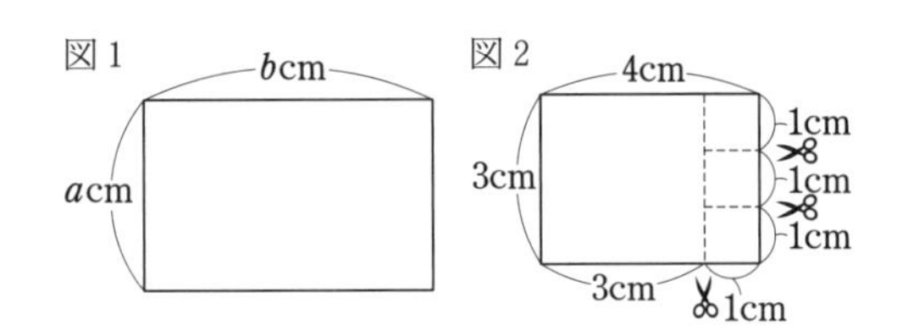

例えば，図2のように，$a=3$，$b=4$ の長方形の紙に対して【操作】を行うと，1辺 3cm の正方形の紙が1枚，1辺 1cm の正方形の紙が3枚，全部で4枚の正方形ができる．

このとき，次の問いに答えなさい．

（1） $a=4$，$b=6$ の長方形の紙に対して【操作】を行ったとき，できた正方形のうち最も小さい正方形の1辺の長さを求めなさい．

（2） n を正の整数とする．$a=n$，$b=3n+1$ の長方形の紙に対して【操作】を行ったとき，正方形は全部で何枚できるか．n を用いて表しなさい．

（3） ある長方形の紙に対して【操作】を行ったところ，3種類の大きさの異なる正方形が全部で4枚できた．これらの正方形は，1辺の長さが長い順に，12cm の正方形が1枚，$x$cm の正方形が1枚，$y$cm の正方形が2枚であった．このとき，x，y の連立方程式をつくり，x，y の値を求めなさい．

（4） $b=56$ の長方形の紙に対して【操作】を行ったところ，3種類の大きさの異なる正方形が全部で5枚できた．このとき，考えられる a の値をすべて求めなさい．

（18 栃木県）

【操作】で紹介されている「長方形から正方形を次々と切り取る」作業は，「ユークリッドの互除法」という有名テーマで最大公約数を求める手法として知られています．高校の教科書に登場するテーマなので「知らない」という受験生の方が多いはず．パズルを解き進める感じで自分で図を描きながら考えればいいのです．

解　（1）　図のように，1辺4cmの正方形1枚と1辺2cmの正方形2枚に分けることができる．

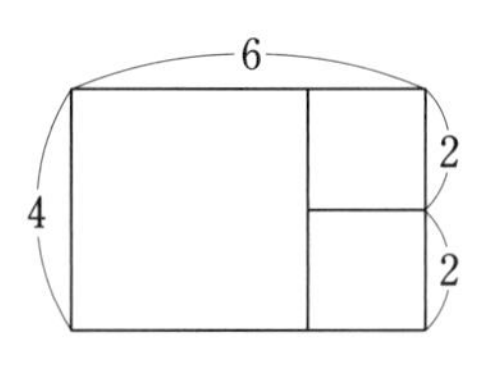

よって，最小の正方形の1辺の長さは **2cm**．

（2）　図のように，1辺 n cmの正方形3枚と，1辺1cmの正方形 n 枚に分けることができる．

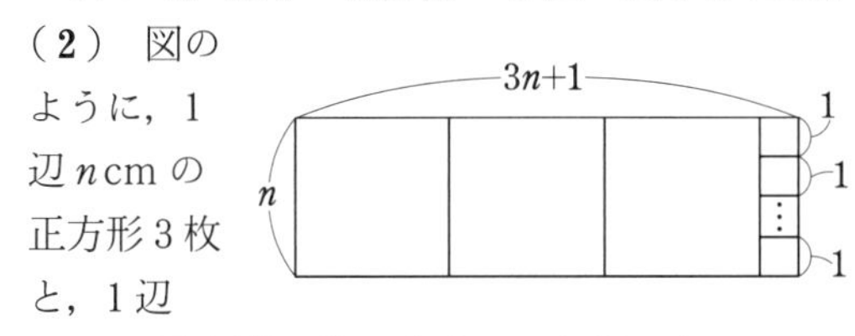

よって，正方形の枚数は **$3+n$（枚）**と表せる．

（3）　条件を図で確認すると右のようになる．

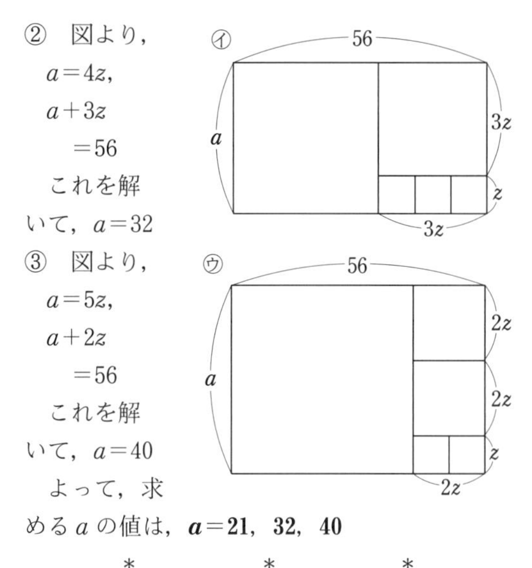

したがって，

$x=2y$ ………①

$x+y=12$ …②

と立式できるので，これを解いて，

$\boldsymbol{x=8}$，$\boldsymbol{y=4}$

（4）　自分でいろいろと図を描いて，条件を満たす形が下の3通りあることを見つける必要があります．

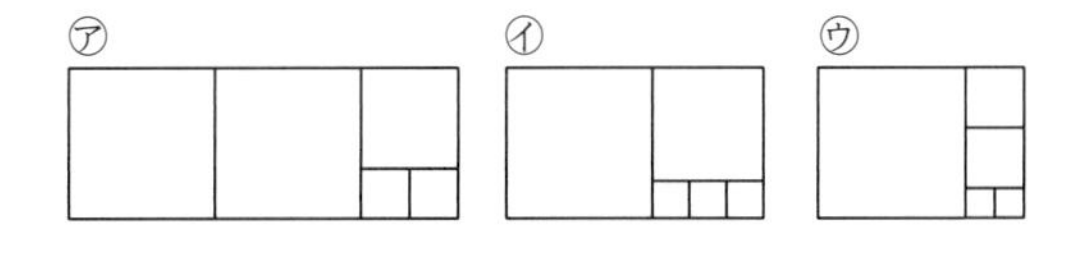

一番小さい正方形の1辺を z cmとすると，

①　図より，

$a=3z$，

$2a+2z$

$=56$

これを解いて，$a=21$

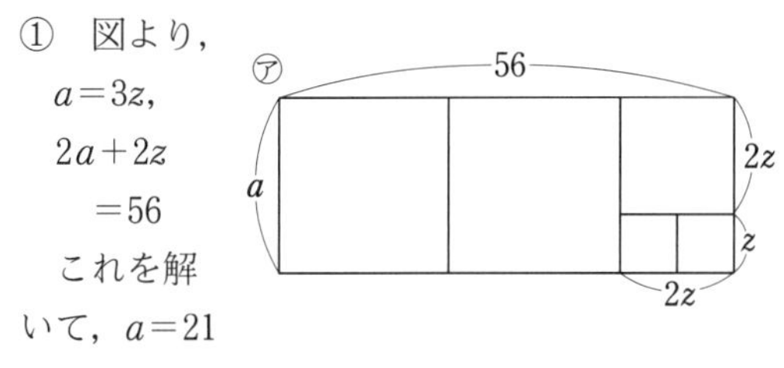

②　図より，

$a=4z$，

$a+3z$

$=56$

これを解いて，$a=32$

㋑ 56 / a / 3z / z / 3z

③　図より，

$a=5z$，

$a+2z$

$=56$

これを解いて，$a=40$

㋒ 56 / a / 2z / 2z / z / 2z

よって，求める a の値は，$\boldsymbol{a=21}$，**32**，**40**

＊　　　＊　　　＊

小学生の時に，この【操作】によって最後にできた正方形の1辺の長さが「長方形の縦と横の長さの最大公約数」であることを学んだはずです．これを使えば「3007と1649の最大公約数を求めよ」と問われても，縦を1649，横を3007とする長方形を書いて，図を用いて処理することが可能です（私自身これで求めます）．途中までの図を載せますので，以下の手順に従って自分で求めてみましょう．

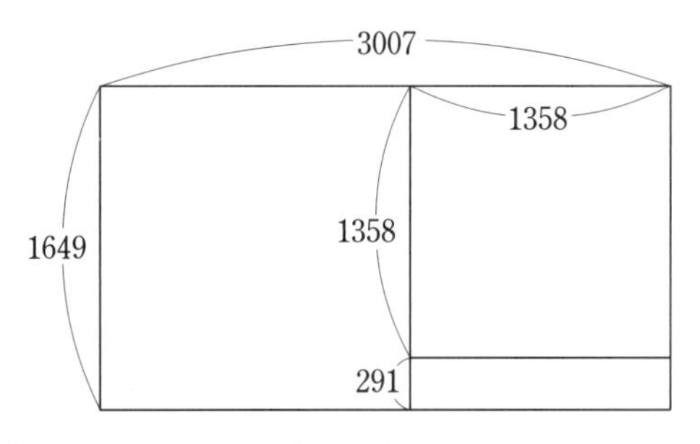

①　1辺1649の正方形を切り取る．

右には縦が1649，横が3007−1649＝1358の長方形が残る．

②　1辺が1358の正方形を切り取る．

下には1649−1358＝291の長方形が残る．

③　1358÷291＝4余り194より，1辺が291の正方形を4個切り取る．

縦291，横194の長方形が残る．

④　1辺194の正方形を切り取る．

縦が 291－194＝97，横 194 の長方形が残る．
⑤　194÷97＝2
よって，1 辺 97 の正方形が最後に 2 個できるので，1649 と 3007 の最大公約数は 97
是非今後も使ってみてください．

2．「先手必勝」パターンを説明できる？

次は「ゲームの必勝法を見つけて説明しなさい」とう問題です．中学入試や公務員試験ではみかけることがありますが，「そんなこと考えたこともないや」という中学生が大半のはず．すぐに諦めずに，自分で情報を整理しながら数の性質を調べましょう．

例題・2

1 から 6 までの数字が 1 つずつ書かれている 6 つのボタン

1　2　3　4　5　6

があり，A と B の二人が自由に数字を選んでボタンを 1 回 1 つだけ押すことを交互に繰り返していく．ボタンのそばには電光掲示板があり，最初は 0 が表示されているが，A，B がボタンを押すごとに，押されたボタンに書かれている数を加えた数字が電光掲示板に表示される．

たとえば，A が2のボタンを押し，次に B が3，次に A が5，次に B が5のボタンを押すと，電光掲示板には，2，5，10，15 の数字が順に表示されていく．このとき，次の問いに答えよ．

（1）　6 つのボタンのうち，2，3，4のボタンのみ押すことができるものとする．A と B の二人が，A，B，A，B，… の順にボタンを押していき，ともに 100 回ずつ，合計 200 回ボタンを押した直後に電光掲示板に 587 の数字が表示された．A がボタン4を押した回数は，B がボタン2とボタン4を押した回数の和に等しく，A がボタン2を押した回数は，B がボタン4を押した回数の 3 倍であった．また，A がボタン3を押した回数は 19 回であった．B がボタン2を押した回数を x，B がボタン4を押した回数を y とするとき，x と y の値をそれぞれ求めよ．

（2）　6 つのボタン1～6をすべて押してよいものとする．A と B の二人が A，B，A，B，…の順にボタンを押していき，押した直後に電光掲示板に 500 の数字を表示させた方を勝ちとするゲームを行う．B がどのような押し方をしても A がこのゲームに勝つためには，A は最初にどの数字が書かれているボタンを押せばよいか．また，なぜそうすると勝てるのかを説明せよ．

（06　東京都立西，一部略）

解　（1）　二人がそれぞれボタンを押した回数は次のとおり．

	2	3	4	合計
A	$3y$	19	$x+y$	100
B	x	ア	y	100

A の押した回数について立式すると，

$3y+19+x+y=100$　∴　$x+4y=81$ …①

2 人の点数の和が 587 点であることより，

$2(3y+x)+3(19+ア)+4(x+2y)=587$

ここで，ア＝$100-(x+y)$だから，式を整理すると，$3x+11y=230$ ……………………②

よって，①と②を解いて，$\boldsymbol{x=29}$，$\boldsymbol{y=13}$

（2）　二人がそれぞれ 1 ～ 6 までのボタンを押せるとき，A は次表のように，直前に B の押したボタンの数字を見て「二人の数字の合計が 7」になるようにボタンを押し続ければこのゲームをコントロールすることができる．

B	1	2	3	4	5	6
A	6	5	4	3	2	1

つまり，A が必ず勝つための条件は「A が 493 を表示させること」になる．すると B は 1 ～ 6 のどのボタンを押したとしても 500 を表示することができず，A は二人の数字の合計が 7 になるように押すことで 500 を表示させることが可能になる．

ここで，

$493=7\times70+3$，$500=7\times71+3$

より，最初に**3のボタン**を押し，71 回にわたって「二人の数字の合計が7」になるような押し方を続ければ，必ずAが500を表示させることができる．

＊　　　＊　　　＊

それでは演習問題に進みましょう．ユークリッドの互除法は過去に多くの県で出題があります．問題を通して基本知識を確認しておきましょう．

演　習　問　題

1．2辺の長さが$a$cmと$b$cm（$a<b$，aとbは整数）の長方形の用紙から，以下の手順に従って正方形を切り取っていく．

［手順］　長方形の用紙から，できるだけ大きな正方形を切り取る．切り取った後の残った長方形の用紙から，同様にできるだけ大きな正方形を切り取る．用紙を使い切るまで繰り返し続ける．

このとき，最後に切り取った正方形の1辺の長さが$c$cmのとき，［a，b］$=c$と表すことにする．

たとえば，右の図のような2辺の長さが，12cm，33cmの長方形の用紙から，上の手順に従って正方形を切り取っていくと以下のようになる．

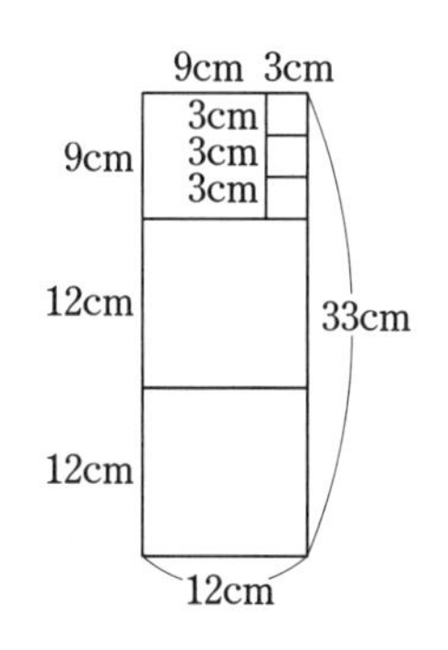

まず，1辺の長さが12cmの正方形を切り取る．同様に，1辺の長さが12cmの正方形をもう1枚切り取る．

次に，2辺の長さが9cm，12cmの長方形から1辺の長さが9cmの正方形を1枚切り取る．

さらに，2辺の長さが3cm，9cmの長方形から，1辺の長さが3cmの正方形を合わせて3枚切り取り，用紙をすべて使いきる．

このとき，［12，33］=3となる．

次の問いに答えなさい．

（1）［10，14］の値を求めなさい．

（2）［143，187］の値を求めなさい．

（3）［a，12］=1をみたすaの値をすべて求めなさい．

（01　青森県，一部略）

解答・解説

1．**解**　（1）「10と14の最大公約数を求めよ」と聞かれていることに気がつけば一瞬ですが，【手順】にしたがって作業を進めれば，最後は1辺2cmの正方形が残ります．

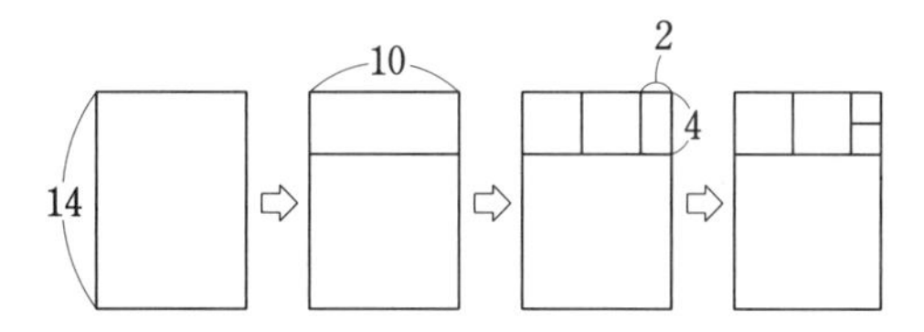

よって，［10，14］=**2**

（2）右図のように，最後は1辺11cmの正方形が残るので，

［143，187］=**11**

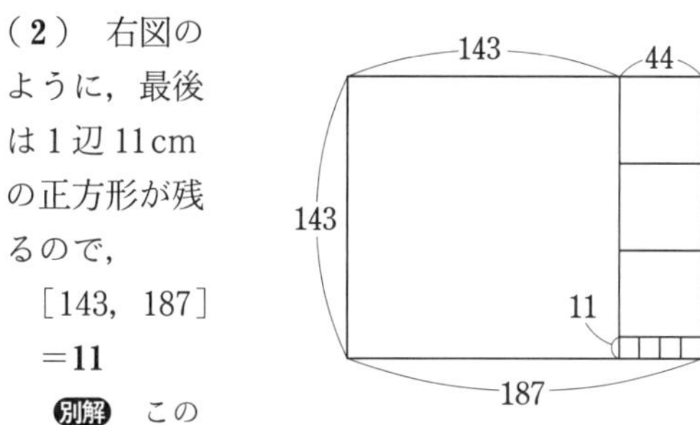

別解　この正方形を切り取る作業を計算で表すと，

187÷143=1余り44

143÷44=3余り11

44÷11=4

（3）［a，12］=1ということは，aと12の最大公約数が1．

よって，$\boldsymbol{a}$**=1，5，7，11**

公立入試問題ピックアップ③

20年前では考えられない難易度の問題—整数編

0.「整数」は高くそびえたつ壁

ここ10年ほどの間で，公立高校入試に「整数」をテーマにした問題が多く登場するようになりました．大半の中学生にとっては「中学校の教科書や授業では登場しないし，何を使ってどこまで勉強しておけばいいのかわからない」テーマであるため，どうしても学習の優先順位が低くなりがちです．

ここで紹介する問題のいくつかは受験生の正答率も紹介していますが，地域に関係なく全国的に整数問題では驚くほど正答率が低い問題が登場しています．高1になれば「数学A」の教科書で整数が単元として登場しますが，高校入試段階で多くの生徒がすでに苦手意識を持っているわけですからその存在は「高くそびえたつ壁」であり，場合によっては「数学との決別」を覚悟させるダメ押しになっていることでしょう．ただし言い方を変えれば，中学のうちにマスターしてしまえば状況はかなり好転するわけですから，高校入学後まで視野に入れて前向きに取り組みましょう．

1.「条件の絞り込み」に慣れよう

まずは，**ピックアップ**①の「自分の考えを説明させる」の続きだと思って解いてください．

例題・1-1

（1） 2，4や6，8のような，2つの続いた正の偶数の平方の和から2をひくと，奇数の平方の2倍になる．このことを，文字nを使って証明せよ．ただし，証明は「nを2以上の整数とし，2つの続いた正の偶数のうち，大きいほうを$2n$とする」に続けて完成させよ．

（2） ある2つの続いた正の偶数の平方の和から2を引いた数は，3けたの7の倍数になる．このとき，2つ続いた正の偶数を求めよ．

（13　長崎県）

（1）はともかく（2）に悩まされた受験生が多かったようで，正答率はなんと1.7%！「近年難化した公立高校入試問題」の例として紹介されることが多い問題です．

解　**（1）** nを2以上の整数とし，2つの続いた正の偶数のうち，大きいほうを$2n$とする．

このとき，小さいほうの偶数は$2n-2$とおけるので，2つの続いた正の偶数の平方の和から2をひくと，

$$(2n)^2+(2n-2)^2-2=8n^2-8n+2$$
$$=2(4n^2-4n+1)=2(2n-1)^2 \cdots\cdots ①$$

このとき，$2n-1$は奇数だから，計算結果①は必ず奇数の平方の2倍となる．

（2） ①が3けたの7の倍数になるとき，

$2n-1$は，奇数かつ7の倍数$\cdots\cdots$②

$100 \leqq 2(2n-1)^2 < 1000$より，

$50 \leqq (2n-1)^2 < 500 \cdots\cdots$③

②より，$2n-1=7$，21，35，49，…が考えられるが，③を満たすのは$2n-1=21$の場合に限られる．

よって，$n=11$を得るから，求める2つの正の偶数は**20と22.**

＊　　＊　　＊

解説を読めば簡単に見えますが，問題文中から②と③を自力で拾いあげるには慣れが必要で

す．$2n-1$ の値を絞り込む過程をしっかりと理解し，自分の経験値を増やしてください．

例題・1-2

2けたの正の整数XとYがある．整数Xは，十の位の数が a，一の位の数が b であり，整数Yは，十の位の数が b，一の位の数が a である．ただし，$a<b$ とする．このとき，次の各問いに答えよ．

(1) 2つの整数XとYの積XYを a，b を用いて表しなさい．

(2) $ab=6$，$a^2+b^2=37$ のとき，積XYの値を求めなさい．

(3) (2)のとき，整数Xを求めなさい．

(4) 積XYが2268のとき，整数Xを求めなさい．　(15　佐賀県)

---

(3)と(4)では，1つの方程式に未知数が2つある「不定方程式」の扱いへの慣れが条件を絞り込む際の処理に大きく影響します．

解 (1) $X=10a+b$，$Y=10b+a$ より，

$$XY=(10a+b)(10b+a)$$
$$=100ab+10a^2+10b^2+ab$$
$$=\mathbf{10a^2+101ab+10b^2} \cdots\cdots ①$$

(2) $①=10(a^2+b^2)+101ab$
$$=10\times37+101\times6=\mathbf{976}$$

(3) $a<b$，a と b はどちらも1けたの自然数であることから，$ab=6$ を満たす a と b の値は，
$(a,\ b)=(1,\ 6)$，$(2,\ 3)$ に限られ，
$a^2+b^2=37$ を満たすのは，$(a,\ b)=(1,\ 6)$
したがって，$X=\mathbf{16}$

(4) $10(a^2+b^2)$ の値の一の位は0であるから，①$=2268$ のとき，$101ab$ の値の一の位は8，つまり，ab の値の一の位は8となる．
したがって，

(i) $ab=8$ のとき
$2268=10(a^2+b^2)+101\times8$ より，
$10(a^2+b^2)=1460 \quad \therefore\ a^2+b^2=146$
$ab=8$ を満たす a，b の値は，
$(a,\ b)=(1,\ 8)$，$(2,\ 4)$ に限られるが，
$a^2+b^2=146$ をどちらも満たさないので不適．

(ii) $ab=18$ のとき
$2268=10(a^2+b^2)+101\times18$ より，
$10(a^2+b^2)=450 \quad \therefore\ a^2+b^2=45$
$ab=18$ を満たす a，b の値は，
$(a,\ b)=(2,\ 9)$，$(3,\ 6)$ に限られ，
$a^2+b^2=45$ を満たすのは，$(a,\ b)=(3,\ 6)$
したがって，$X=36$

(iii) $ab=28$ のとき
$101\times28=2828$ より，$10(a^2+b^2)<0$ となるので，$ab=28$ 以降はすべて不適．
よって，$X=\mathbf{36}$

2. 正答率が0.0％の問題!?

次に紹介する問題は，「数える作業」が問われるケースです．

(2)で正答率は1.8％(部分正答も含めると4.9％)，(3)はなんと0.0％！(部分正答1.4％)と，公立高校の入試問題とは思えない難問といえるでしょう．

しかし，本書を読まれる皆さんであれば，このレベルの問題が出題される可能性があることも覚悟して準備しておきましょう．この準備こそが，試験中に動揺してしまうリスクを軽減してくれるのですから．

例題・2

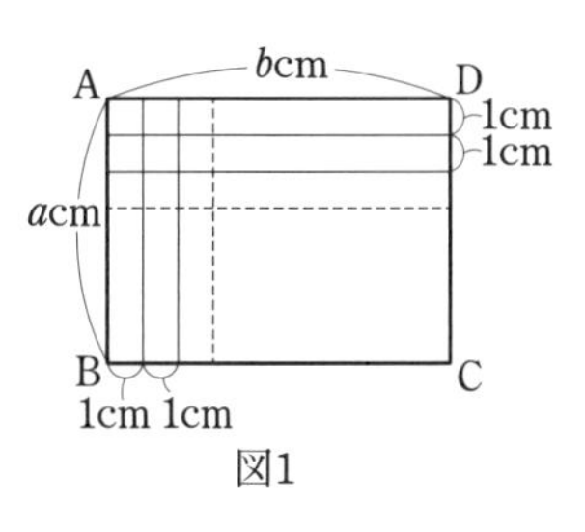

図1

AB＝$a$cm，AD＝$b$cm（a，b は正の整数)の長方形ABCDがある．図1のように，辺ABと辺DCの間にそれらと平行な長さ $a$cm の線分を1cm間隔にひく．同様に，辺ADと辺BCの間に長さ $b$cm の線分を1cm間隔にひく．さらに，対角線ACをひき，これらの線分と交わる点の個数を n とする．ただし，2点A，Cは個数に含めないものとし，対角線ACが縦と横の線分と同時に交わる点は，1個として数える．

また，長方形ABCDの中にできた1辺の長さが1cmの正方形のうち，ACが通る正方形

の個数を考える．ただし，1辺の長さが1cmの正方形の頂点のみをACが通る場合は，その正方形は個数に含めない．

例えば，図2のように$a=2$，$b=4$のときは，$n=3$となり，ACが通る正方形は4個である．図3のように$a=2$，$b=5$のときは，$n=5$となり，ACが通る正方形は6個である．

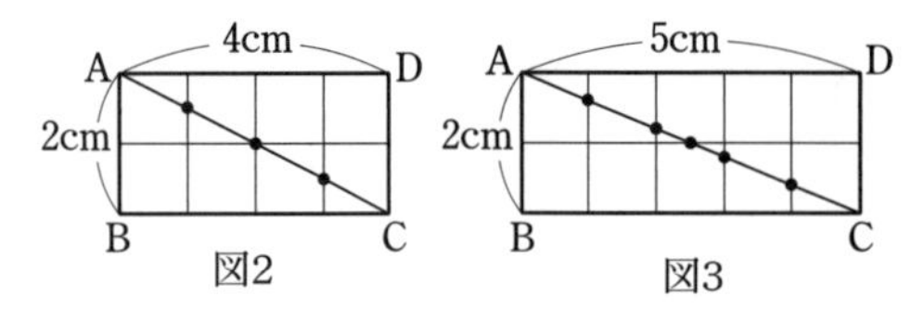

図2　図3

（1）　$a=3$，$b=4$のとき，nの値とACが通る正方形の個数を求めなさい．

（2）　bの値がaの値の3倍であるとき，長方形ABCDの中にできた1辺の長さが1cmのすべての正方形の個数から，ACが通る正方形の個数をひくと168個であった．このとき，aの値を求めなさい．

（3）　$a=9$のとき，$n=44$であった．このとき，考えられるbの値をすべて求めなさい．

（15　栃木県，表現改）

図2と図3から，nの値の求め方についてパターンを発見しておきましょう．（3）では図2，図3のそれぞれのパターンを考える必要があります．

解　（1）　AB$=a$cm，AD$=b$cmのとき，横の線分は$(a-1)$本，縦の線分は$(b-1)$本．

図3のようにaとbが互いに素であれば，

・対角線ACは横の線分，縦の線分とそれぞれ1回ずつ交わるので，nの値は縦と横の線分の本数に等しく，

$n=(a-1)+(b-1)=a+b-2$ ………①

・また，対角線ACはAからCに向かうとき，ADの長さと等しい数の正方形と必ず交わり，かつ横の線分と交わる際に段が変わることによって，さらに1個の正方形と交わるので，その個数は，$b+(a-1)=a+b-1$（個）………②

$a=3$，$b=4$のとき，aとbは互いに素であるから，①，②より，

$n=5$，ACが通る正方形の個数は6個

（2）　$b=3a$のとき，$a=1$，$b=3$となる最小単位の長方形（右図，★とする）をa倍することで処理しやすくなる．

★において，AC′が通る正方形は3個だから，ACが通る正方形の個数は，★をa倍して$3a$個．一方，長方形内の正方形の数は，

$a\times b=a\times 3a=3a^2$（個）となるので，

$3a^2-3a=168$より，$a^2-a-56=0$

$(a+7)(a-8)=0$　　$a>0$より，$\boldsymbol{a=8}$

（3）（i）　9とbが互いに素であるとき

①より，$9+b-2=44$　∴　$b=37$

9と37は互いに素であるから条件を満たす．

（ii）　9とbが互いに素でないとき

→9とbの最大公約数が3であるか9であるかによって考え方が変わることに注意！

（ア）　9とbの最大公約数が3

$9=3\times 3$，$b=3\times x$で，3とxが互いに素であるから，$a=3$，$b=x$となる最小単位の長方形（☆）を考え，それを3倍する．

①より，$n=3+x-2=x+1$ ……………③

次に，☆を3倍すると，縦と横が同時に交わる点2個が新たに☆の内部に加わるので，

$n=$③$\times 3+2=3x+5=44$　∴　$x=13$

3と13は互いに素で条件を満たすから，この場合のbは，$b=3\times 13=39$

（イ）　9とbの最大公約数が9

$9=9\times 1$，$b=9\times y$より，$a=1$，$b=y$となる最小単位の長方形（△）を考え，それを3倍する．

①より，$n=1+y-2=y-1$ ………………④

次に，△を9倍すると，（ア）と同様に縦と横が同時に交わる点8個が新たに△の内部に加わるので，

$n=$④$\times 9+8=9y-1=44$　∴　$y=5$

よって，この場合のbは，$b=9\times 5=45$

以上により，**$b=37$，39，45**

＊　＊　＊

それでは演習問題です．「不定方程式」の扱いに慣れていない人は，必ずチャレンジして処理方法を確認してください．

演習問題

1．としさんとひろさんは，自分たちが所属するサッカー部のユニフォームの背番号が1から25までの連続する自然数であったことから，下のように考えた．次の問いに答えなさい．

> とし：僕の背番号より小さい数をすべてたしたものを3倍すると，僕の背番号の次の数から25までをたしたものと同じ値になるね．
> ひろ：1から25までの和は［あ］だから，としの背番号の数をmとして，mより小さい数の和をSとおくと，S＋m＋［い］S＝［あ］と表すことができるね．
> とし：この式から，①［あ］$-m$は，［う］の倍数だとわかるね．だから，この条件に当てはまるの値を探せばいいんだよ．
> ひろ：そうか，条件に当てはまるmの値に対応するSの値の中で，Sが1から$m-1$までの自然数の和になっているのは，$m=13$のとき，つまり，としの背番号だね．
> とし：じゃあ，ひろの背番号の数はどうかな．君の背番号より小さい数をすべてたしたものを6倍すると，君の背番号の次の数から25までをたしたものになるよ．

（1）［あ］から［う］に当てはまる数を求めなさい．

（2）下線部①について，この条件にあてはまるmの値をすべて求めなさい．ただし，$1<m<25$とする．

（3）ひろさんの背番号は何番か，求めなさい．（14 青森県，改）

解答・解説

1．**解**（1）1から25までの和は，

$$\frac{25\times(25+1)}{2}=25\times13=325$$（☞注）

次に，としの最初の発言より，
3S＝325－m－Sと立式できるから，これを整理して，S＋m＋3S＝325

これを変形して，4S＝325－m …………②

よって，325－mは4の倍数．

以上により，㋐… **325**，㋑… **3**，㋒… **4**

➡**注**　一般に，1からnまでの連続する自然数の和は，$\frac{n(n+1)}{2}$と表されます．

（**2**）②を変形すると，$S=\frac{325-m}{4}$ ……③

Sは自然数なので，325－mが4の倍数のときに③は成り立つ．325を4で割った余りは1なので，mが(4の倍数＋1)であればよく，
$1<m<25$より，$m=$**5，9，13，17，21**

（**3**）ひろの背番号をn，nより小さい数の和をTとおくと，としの発言より，

$$6T=325-n-T\quad\therefore\quad T=\frac{325-n}{7}\ \cdots④$$

Tは自然数なので，325－nが7の倍数のときに④は成り立つ．325を7で割った余りは3なので，nを7で割った余りも3であればよく，
$1<n<25$の範囲では，$n=3$，10，17，24が条件を満たす．これらの値をそれぞれ④に代入してTの値を求めると，(n，T)＝(3，46)，(10，45)，(17，44)，(24，43)となるが，Tは1から$n-1$までの連続する自然数であり，1から9までの和が45であることより，
(n，T)＝(10，45)　よって，背番号は**10**.

*　*　*

近年の公立入試では「習っていないことでも出題される」傾向が強まっています．その代表格が整数ですから，継続的に演習を重ねて十分に準備をしていきましょう．

公立入試問題ピックアップ④

多くの受験生を悩ませる「整数」+「記述」

0.「整数」も「記述」もハードルが高い

高校入試で扱われる「整数」の問題では，公立・私立を問わず見かける約数・倍数・余りといった小学校でもおなじみのテーマと，特に公立高校入試で見かける「式の計算の利用」を拡張した形の出題の2パターンについて準備をしておく必要があります．

特に後者は「(なぜそうなるのか)説明しなさい」という記述式の設問がセットになり，多くの受験生を悩ませています．約数や倍数，余りといった計算処理のみで正解までたどり着ける問題ばかりではなく，考え方に部分点が与えられていて正解を求める途中経過や考え方が採点対象に含まれていることを知った上で準備をしなければならないので，受験生にとっては「何を，どこまで仕上げておけばOKなのか」という目標が見えない，大変ハードルが高いテーマとなっているようです．

1．慣れていないと手も足も出ない出題例

例題・1

(1) 次の条件を満たす自然数 n の値をすべて求めなさい．

「n^2-9n の値が二つの素数の積で表される．」

(10 大阪府)

(2) n を自然数とするとき，$\frac{n+110}{13}$ と $\frac{240-n}{7}$ の値がともに自然数となる n の値をすべて求めなさい．求め方も書くこと．

(17 大阪府)

求める n の値が複数あることから，何らかの条件を自分で見つけなければならず，初見では間違いやすい問題です．(1)は n^2-9n を因数分解した一方の因数が1(or -1)，という単純な問題ではありません．

解 (1) $n^2-9n=n(n-9)$ …………①

が2つの素数の積で表されるとき，2つの素数はともに正の整数であるから，①>0

よって，$n \geqq 10$

・$n=10$ のとき．①$=10\times1=2\times5$

・$n=11$ のとき．①$=11\times2$

となり，どちらも条件を満たす．

・$n \geqq 12$ のとき．

$n-9 \geqq 3$ であり，n と $n-9$ の一方は4以上の偶数，他方は3以上の奇数である．

このとき①は，2以上の3つの自然数の積で表されるから，題意に適さない．

よって，$n=\mathbf{10,\ 11}$

(2) 条件より，$\frac{n+110}{13}=x$，$\frac{240-n}{7}=y$

(x，y はともに自然数)とおいて，2式を n について解くと，

$n=13x-110$ ……………………………②

$n=240-7y$ ……………………………③

ただし，n は自然数なので，

$x \geqq 9$，$(1 \leqq)y \leqq 34$ ……………………④

②を③に代入して，$13x-110=240-7y$

これを整理して，$13x=7(50-y)$

ここで，13と7は互いに素なので，

x は 7 の倍数，$50-y$ は 13 の倍数

④のとき，$16 \leqq 50-y \leqq 49$ だから，

$50-y=26$，39

よって，

・$50-y=26$ のとき　$y=24$，$x=14$

$x=14$ を②に代入して，

$n=182-110=72$

・$50-y=39$ のとき　$y=11$，$x=21$

$y=11$ を③に代入して，

$n=240-77=163$

よって，条件を満たす n の値は **72** と **163**

2.「倍数の判定法」は出題多数

次に紹介するのは「倍数の判定法」です．3 の倍数や 4 の倍数の判定法を「知ってる！」という人は多いはずですが，きちんと説明できなければなりません．

かつては難関私立高校受験生だけが準備していた 9 の倍数や 11 の倍数の判定法も近年では公立高校入試に登場しているので，自分で説明できるようにしておきましょう．

今回は「7 の倍数」の出題例を扱います．

例題・2

「3 けたの正の整数で，百の位を 2 倍した数と下 2 けたの数との和が 7 の倍数ならば，もとの整数は 7 の倍数である」ことが成り立つわけの説明を，次の書き出しに続けて書きなさい．

(説明)　もとの 3 けたの正の整数の百の位の数を a，十の位の数を b，一の位の数を c とおくと，もとの整数は，$100a+10b+c$ …(1)と表される．

(09　岡山県，改)

この問題で説明が求められている「7 の倍数の判定法」を，事前に覚えて試験会場に乗り込んだ人なんてほとんどいません．出題者が求めていることは「暗記している」ことではなく，「自力で導く」ことです．

解　もとの 3 けたの正の整数の百の位の数を a，十の位の数を b，一の位の数を c とおくと，もとの整数は，$100a+10b+c$ …………(1)と表される．

仮定より，

$2a+10b+c=7n$(n は自然数) ……(2)

とおくと，(2)を変形して，

$10b+c=7n-2a$ ……………………(3)

ここで，(1)と(3)より，

$$100a+10b+c=100a+7n-2a$$
$$=98a+7n=7(14a+n)$$

となり，$14a+n$ は整数だから，もとの 3 けたの整数は必ず 7 の倍数となる．

*　　*　　*

一般的には，3 桁の整数(数の並び abc)が 7 の倍数になるのは，

$100a+10b+c=7(14a+b)+(2a+3b+c)$

より，$7(14a+b)$ が 7 の倍数なので，

「$2a+3b+c$ が 7 の倍数である」

ときです．

a，b，c がさいころの目によって決まるという設定にすれば「3 桁の数が 7 の倍数になる確率」にレベルアップする(2011 年東京理科大・理学部や 2016 年東京都立日比谷)ので，こうした問題を通して，普段の勉強への意識をちょっと変えていきましょう．

3.「連続する奇数の和」は定番中の定番

例題・3

$\sqrt{1+3+5}=\sqrt{9}=3$ のように，連続する 3 つの奇数の和の平方根が奇数となる場合を見つけるため，S さんは次のような方法を考えました．各問に答えなさい．

S さんの考えた方法

> n を整数とすれば，連続する 3 つの奇数は，$2n-1$，$2n+1$，$2n+3$ と表される．
> この 3 つの奇数の和は，
> $(2n-1)+(2n+1)+(2n+3)$
> $=6n+3=3(2n+1)$
> となる．この 3 つの奇数の和の平方根 $\sqrt{3(2n+1)}$ が整数となるので，
> $3(2n+1)=3^2\times(\text{ある数})^2$
> と表される．さらに $2n+1$ は奇数なので，

(ある数)を小さい数から順に考えると，
$3(2n+1)=3^2\times1^2$　これを解くと $n=1$ だから，3つの奇数は1，3，5となる．
$3(2n+1)=3^2\times3^2$　これを解くと $n=13$ だから，3つの奇数は25，27，29となる．
$3(2n+1)=3^2\times5^2$　これを解くと $n=$ ア だから，3つの奇数は イ，ウ，エ となる．

（1）ア～エに当てはまる数を求めなさい．
（2）連続する5つの奇数の和の平方根も，例えば $\sqrt{1+3+5+7+9}=\sqrt{25}=5$ のように整数となる場合があります．$\sqrt{1+3+5+7+9}$ 以外で最も小さい連続する5つの奇数を求めます．途中の説明も書いて答えを求めなさい．

（11　埼玉県）

奇数を $2n-1$，$2n+1$ 等と表すことは教科書にも記載されているので，これを拡張させて「連続する○個の奇数の和」に関して問われるケースは大変多くなっています．

解　**(1)**　$3(2n+1)=3^2\times5^2$ を解いて，
$2n+1=75$ より，$n=$ **37** ……………………… ア
よって，連続する3つの奇数のうち最も小さいものが $2\times37-1=73$ となるので，
イ … **73**，ウ … **75**，エ … **77** となる．
(2)　連続する5つの奇数を，$2n-3$，$2n-1$，$2n+1$，$2n+3$，$2n+5$ とする．
この5つの奇数の和は $5(2n+1)$ となるので，(1)と同様に考えて，
$5(2n+1)=5^2\times k^2$（ただし，k は正の奇数）
よって，$2n+1=5k^2$
・$k=1$ のとき，$n=2$
5つの奇数は，1，3，5，7，9
・$k=3$ のとき，$n=22$
5つの奇数は，41，43，45，47，49
したがって，求める5つの奇数は，
41，43，45，47，49

*　*　*

正の奇数を文字で表す際には，$2n-1$ と表すなら「n は自然数」で，$2n+1$ と表すなら「n は0以上の整数」と n の条件が変わりますから，途中の説明を書く問題では細心の注意を払ってください．

それでは演習問題に進みましょう．「上手く説明できないよ」と悩む人も多いと思いますが，普段から公式やテクニックだけを丸暗記しようとせず「なぜ？どうして？」を強く意識しましょう．説明に必要な「言い回し」は入試直前に確認しても間に合いますが，考えたり探したりといった習慣は一朝一夕には身につかないからです．

演習問題を通して，この習慣の定着度合いを確認してください．

演　習　問　題

1．次の問いに答えなさい．
（1）「連続する4つの正の奇数の和は必ず8の倍数である」ことの証明を書きなさい．ただし，証明は「n を0以上の整数とし，最も小さい奇数を $2n+1$ とする．」に続けて完成させよ．
（2）連続する4つの奇数の和が自然数の2乗になるもののうち，500に最も近い和を求めよ．また，そのときの連続する4つの奇数のうち，最も小さい奇数は何か．

（17　長崎県，改）

2．1，2，3，4，5，6，7，8，9の数字を1つずつ書いた9枚のカードがある．この9枚のカードを箱の中に入れてよくかき混ぜる．
Nさんは次の規則で，2桁の自然数 n を作ることにした．

> 規則
> 箱の中からカードを1枚取り出し，そのカードに書かれた数字を十の位の数とする．
> 取り出したカードは箱の中に戻す．
> 再び箱の中からカードを1枚取り出し，そのカードに書かれた数字を一の位の数とする．

xを3桁の自然数とする．Nさんは規則でできるnを用いて，次の手順で計算を行った．

> 手順
> ① xからnを引いた差をmとする．
> ② nの各位の数の和をaとする．
> ③ mの各位の数の和をbとする．ただし，mが1桁の数の場合は，bはmと等しいとする．
> ④ aとbの和をcとする．

次の問いに答えよ．

（1） Nさんは，$x=100$のときに，規則でできるいろいろなnを用いて，手順で計算を行ったところ，手順でできる数cは，つねに一定の数になることに気がついた．なぜ一定の数になるのか，nの十の位の数をd，一の位の数をeとして，文字dとeを用いて説明せよ．

（2） Nさんはさらに，xを100以外の数にして，規則でできるいろいろなnを用いて，手順で計算を行った．xが100以外の数のときは，手順でできる数cが一定の数になるとは限らないことが分かった．例えば，$x=101$のとき，手順でできる数cは，11か20の2つある．

手順でできる数cが2つ以上あり，そのうちの1つが4となるxの値をすべて求めよ．

（17　東京都立西，一部略）

解答・解説

1． 解　（1） nを0以上の整数とし，最も小さい奇数を$2n+1$とする．連続する4つの正の奇数は，$2n+1$，$2n+3$，$2n+5$，$2n+7$と表せるので，この4つの奇数の和は，

$(2n+1)+(2n+3)+(2n+5)+(2n+7)$
$=8n+16=8(n+2)$…………………………①

となり，$n+2$は整数だから，$8(n+2)$は8の倍数．よって，連続する4つの正の奇数の和は必ず8の倍数となる．

（2） ①$(=2^3(n+2))$が自然数の2乗になるとき，kを自然数として，$n+2=2k^2$ ……②と表せる．

このとき，①$=2^4k^2=(4k)^2$となるが，これが500に最も近くなるのは，$k=6$のときである($(4\times5)^2=400$，$(4\times6)^2=576$)．

このとき②より，$n=2\times6^2-2=70$だから，求める数は，$2n+1=$**141**

2． 解　（1）

$m=100-n$の計算は，右の筆算のようになる($d=9$のときは，mの十の位はない)から，

	1	0	0
−)		d	e
($m\to$)		$9-d$	$10-e$

$b=(9-d)+(10-e)=19-d-e=19-a$
$\therefore$　$c=a+b=19$（一定）

よって，題意は示された．

（2） $c=a+b=(d+e)+b$

ここで，$d+e\geqq2$，$b\geqq1$だから，$c=4$となるとき，$(d+e,\ b)=(3,\ 1)$，$(2,\ 2)$

・$(d+e,\ b)=(3,\ 1)$のとき，
　$n=12$，21；$m=1$，10，100
　このうち$x=n+m$が3桁の数となる場合は，
　$x=12+100=112$，$21+100=121$

・$(d+e,\ b)=(2,\ 2)$のとき，
　$n=11$；$m=2$，11，20，101，110，200
　このうち$x=n+m$が3桁の数となる場合は，
　$x=11+101=112$，$11+110=121$，
　$11+200=211$

以上により，$x=$**112，121，211**

➡注　上のそれぞれのxに対し，考えられる4以外のcの値は，$c=13$，22です．

＊　＊　＊

近年の公立高校入試では「その場で考えさせる問題」の出題が多くなっていて，その代表例が整数です．自分の地域での出題傾向を探ることはもちろんですが，地域に関係なく継続的に演習を重ねて十分に準備をしておきましょう．

「資料の活用なんて楽勝！」と言っていられない理由とは

0. 油断できない「資料の活用」について

「資料の活用(資料の散らばりと代表値・標本調査)」は，2011年頃から本格的に出題が始まった「新入り」なのですが，2013年春には40県(都，道，府も便宜上県とします)で出題され，二次方程式の解の公式(同年31県)を軽く越えてしまい，2016年春には45県で出題されるなどあっという間に定番の仲間入りをしてしまいました．出題開始当初は中央値や平均値などを計算させるだけの問題が多かったものの，最近では「記述式の出題」が増えています．過去問で記述問題がないからといっても油断は禁物．傾向が変わることを前提に，記述を視野に入れた新たな対策が必要なのです．

1. 計算処理を中心とした出題の例

「中央値」「最頻値」といった用語の意味を理解しておくことは当たり前ですが，差がつく問題ではこれらの値を求める計算処理が少々煩雑になってきます．

例題・1

10人ずつの2つのグループX，Yが，ゲーム大会をした．下の**表**はその得点を表したものであり，**図**はYグループの得点をヒストグラムに表したものである．ただし，a，b，c，dにはそれぞれ得点が入る．

表

番号	1	2	3	4	5	6	7	8	9	10	平均値
Xグループ	55	a	65	39	81	88	72	b	95	35	60.0
Yグループ	72	69	41	94	c	30	55	d	65	60	58.0

図

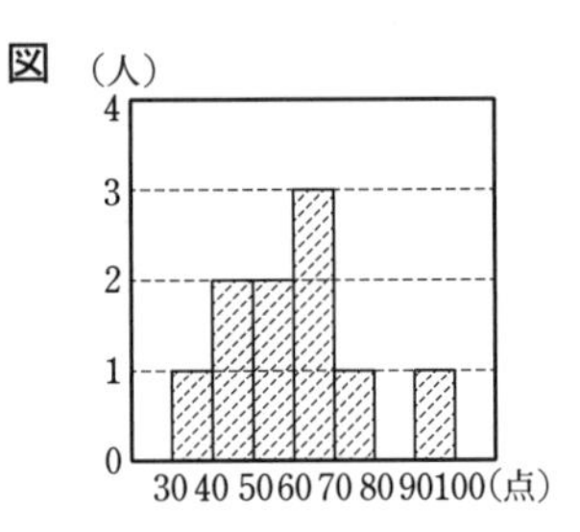

(1) Xグループの得点の範囲が81で，aがbより小さいとき，a，bの値をそれぞれ求めなさい．

(2) Yグループの得点の中央値(メジアン)を求めなさい．　(16 茨城県)

公表されているデータによると，正答率は(1)で14.4%，(2)で12.4%とのことです．(2)の条件整理で戸惑わないように気をつけましょう．

解 (1) 10人の得点合計$=60\times10$より，

$55+a+65+39+81+88+72+b+95+35=600$　∴　$a+b=70$ ……①

aとbを除く8人の得点に注目すると，最大値95，最小値35より，範囲は$95-35=60$となり条件を満たさない．

ここで，①と$a<b$より，$0\leqq a<b\leqq70$であるから，10人の得点の最大値は95とわかる．

よって，aが最小値で，

$95-a=81$より，$\boldsymbol{a=14}$

これと①より，$\boldsymbol{b=56}$

(2) 10人の得点合計$=58\times10$より，

$72+69+41+94+c+30+55+d+65+60=580$　∴　$c+d=94$ ……②

ヒストグラムより，c と d の一方が 40 点以上 50 点未満，他方が 50 点以上 60 点未満とわかるので，$c<d$ とすれば，②を用いて，
$(c,\ d)=(40,\ 54)$，$(41,\ 53)$，$(42,\ 52)$，$(43,\ 51)$，$(44,\ 50)$ の 5 通りが考えられる.

この 5 通りのいずれにおいても，10 人の得点を低い方から並べた際の 5 番目は 55 点，6 番目は 60 点に確定するから，求める中央値は，

$(55+60)\div 2=$ **57.5（点）**

2. どんな「記述」が出題されるの？

記述欄は計算欄とは違いますから，ただ数値を書き並べるだけでは通用しません．心の準備なくいきなり出題されたら頭が真っ白になりそうですね．

例題・2

右は，T さんが所属している柔道部の男子部員 12 名全員が，鉄棒で懸垂をした回数の記録です．

懸垂の回数の記録（回）

6, 5, 8, 3, 3, 4,
5, 24, 28, 3, 7, 6

（1） 平均値と中央値をそれぞれ求めなさい．

（2） T さんの懸垂の回数は 8 回でした．家に帰ると，兄に T さん自身の懸垂の回数と，柔道部員の平均値を聞かれました．それに答えると，「平均値と比べると，柔道部の男子部員の中では懸垂ができない方だね．」と言われました．この兄の意見に対する反論とその理由を述べ，代表値として平均値よりふさわしいものを書きなさい． （12 埼玉県）

解 （1） 12 人の回数を少ない順に並べると，3，3，3，4，5，5，6，6，7，8，24，28（合計 102）となるので，平均値は，

$102\div 12=$ **8.5（回）**

中央値は回数を少ない順に並べた際の 6 番目と 7 番目の平均だから，$(5+6)\div 2=$ **5.5（回）**

（2） 平均値は 8.5 回だが，平均値を大きく押し上げている部員が 2 人（24 回，28 回）いて，平均値を越えているのもこの 2 人しかいない．T さんの 8 回は，平均値は下回っているものの 12 人中 3 番目の回数であるから，兄の言う「できない方」に分類するのは無理があり，代表値としては**中央値のほうがふさわしい**.

＊　　＊　　＊

（2）の考え方は，日常生活の中でもよく使われます．例えば「平均所得」を考える際にも，400 万円前後が 5 人いて，1 人だけ 1 億円の所得があれば，6 人の平均所得は大きくはねあがりますから，この平均所得をもって 6 人の状況を語ることにあまり意味はありませんね．代表値とは何か，という理解に加えて知識を活用する力が試される傾向は，今後全国的に増えていくことが予想されます．演習問題を通して，さらに経験値を高めておきましょう．

演　習　問　題

1．ある中学校の 1 年 1 組 40 人，2 組 40 人がバスケットボールのフリースローを 1 人 20 回ずつ行った．下の**表**は，1 組 40 人，2 組 40 人のボールの入った回数の記録をもとに，代表値を計算した結果である．また，下の**図**は 1 組 40 人のボールの入った回数と人数の関係をヒストグラムに表したものである．

表

	平均値	中央値	最頻値
1 組	6.5 回	（ア）回	（イ）回
2 組	6.5 回	5 回	4 回

図

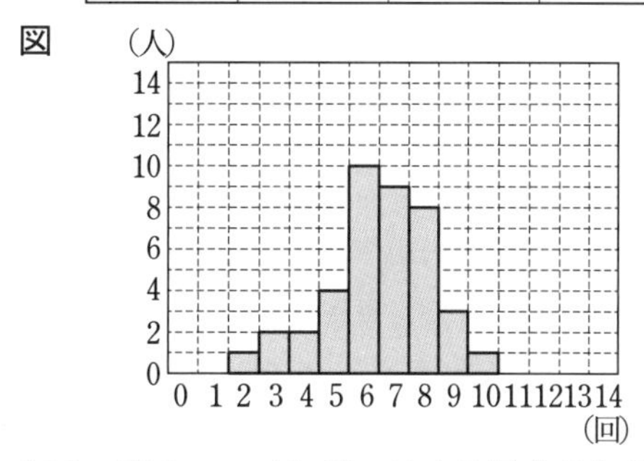

（1） **表**のア，イに当てはまる数をそれぞれ求めなさい．

（2） 次は，1 組の太郎さんと，2 組の花子さんとの会話である．会話中の下線部の花子さんの考えが正しくないことを説明しなさい．ただし，「平均値」「中央値」「最頻

値」のうち，いずれか1つの用語を必ず使うこと．

> 太郎　僕のボールが入った回数は6回で，平均値より小さいです．また，1組では僕よりもボールの入った回数が多い人は21人います．
> 花子　ボールの入った回数の平均値は1組も2組も同じです．また，私もボールの入った回数が6回で，2組の平均値より小さいです．だから，<u>2組で私よりボールの入った回数が多い人は20人以上いるはずですよね．</u>

（16　富山県）

2．表は，クラスの生徒40人のうち欠席者を除く35人の通学時間について調査し，その結果から度数分布表をつくり，
(階級値)×(度数)を計算する列を加えたものである．

階級(分)	度数(人)	(階級値)×(度数)
以上　未満		
0 ～ 10	①	30
10 ～ 20	□	□
20 ～ 30	9	225
30 ～ 40	5	175
40 ～ 50	5	225
計	35	□

（1）　表の①に当てはまる数を求めなさい．

（2）　表をもとに，35人の通学時間の平均値は何分か，求めなさい．

（3）　表から読み取れることを述べた文として正しいものを，次のア～エから2つ選んで，その符号を書きなさい．

ア　中央値(メジアン)は，10分以上20分未満の階級に入っている．

イ　最頻値(モード)は，10分以上20分未満の階級に入っている．

ウ　中央値と平均値は同じ階級に入っている．

エ　40分以上50分未満の階級の相対度数は7である．

（4）　調査した日の欠席者5人の通学時間を調べたところ，5人とも30分以上50分未満であった．この5人を合わせたクラスの生徒40人の通学時間を，上の表の階級を変えずにまとめなおし，その表をもとに40人の通学時間の平均値を求めるとちょうど25分になった．この5人のうち，通学時間が40分以上50分未満の生徒は何人か，求めなさい．

（16　兵庫県，一部改）

3．あきらさんの所属する生徒会では，1年生70人と2年生80人に対して，登校時刻に関する調査を校門前で実施した．次は，生徒会がこの調査結果をまとめた資料の一部である．

資料

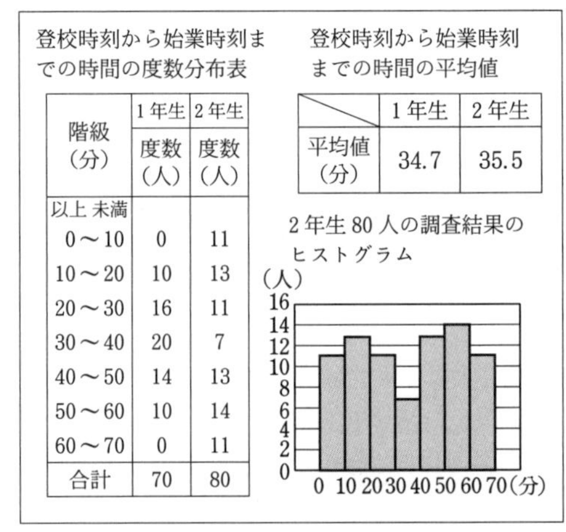

登校時刻から始業時刻までの時間の度数分布表

階級(分)	1年生 度数(人)	2年生 度数(人)
以上 未満		
0～10	0	11
10～20	10	13
20～30	16	11
30～40	20	7
40～50	14	13
50～60	10	14
60～70	0	11
合計	70	80

登校時刻から始業時刻までの時間の平均値

	1年生	2年生
平均値(分)	34.7	35.5

2年生80人の調査結果のヒストグラム

（1）　資料中の度数分布表から分かることを述べた文として正しいものを，次のア～エから1つ選び，その記号を書け．

ア　1年生と2年生それぞれの調査結果において，範囲は同じである．

イ　1年生と2年生それぞれの調査結果において，最頻値は1年生の方が大きい．

ウ　1年生と2年生それぞれの調査結果において，中央値を含む階級は同じである．

エ　1年生と2年生それぞれの調査結果において，30分以上の階級における度数は，1年生の方が大きい．

（2）　あきらさんは，生徒会が中心となって行うボランティア活動に，できるだけたく

さんの2年生を誘いたいと考え，毎朝10分間，校門前で参加の呼びかけをしようと考えた．あきらさんは，資料中の2年生の平均値に注目して，登校時刻から始業時刻までの時間が30分以上40分未満の時間帯に参加の呼びかけをすることにした．しかし，この呼びかけは適切ではない．あきらさんに対して「この時間帯に参加の呼びかけをすることは適切ではない」理由を説明せよ．（15　高知県，一部改）

解答・解説

1．解　（**1**）中央値は20番目と21番目の回数の平均で，ヒストグラムより，この回数はどちらも7回なので，中央値は**7**（回）……ア

最頻値は最も多くの人数が属する階級の階級値で，ヒストグラムより，10人が属する階級に注目して，最頻値は**6**（回）………………イ

（**2**）2組の中央値は5回で，最頻値が4回である（4回の人はいる）ことから，2組40人の回数を多い方から並べた際の20番目の回数は5回か6回である．よって，6回の花子さんより回数が多い人は，多くても19人であるから．

別解（例題2の考え方を使う）平均値が6.5回だからといって，平均値よりも回数の多い人が全体の半分以上であるとは限らないから．

2．解　（**1**）0分以上10分未満の階級において，階級値は，$(0+10)\div2=5$（分）となるので，5×①＝30より，①＝**6**

（**2**）10分以上20分未満の度数は，

$35-(6+9+5+5)=10$（人）

この度数分布表において通学時間の平均値を求めるには，階級値を用いて，5分の者が6人，15分の者が10人，25分の者が9人，35分の者が5人，45分の者が5人と考えればよいので，求める平均値は，

$$\frac{30+15\times10+225+175+225}{35}=\mathbf{23}\text{（分）}$$

（**3**）ア　35人の中央値は通学時間の少ない順に並べたときの18番目．18番目は20分以上30分未満の階級に入っているので正しくない．

イ　10分以上20分未満の階級の度数が最も大きいので正しい．

ウ　（2）より平均値は23分．これは中央値と同様に20分以上30分未満の階級に入るから正しい．

エ　相対度数は，$5\div35=0.142\cdots$となるので，正しくない．

よって，正しいのは**イ**と**ウ**．

（**4**）求める人数をx人とおくと，通学時間が30分以上40分未満の人数は$(5-x)$人とおける．通学時間の平均について，

$$\frac{35\times23+35(5-x)+45x}{40}=25$$

これより，$x=\mathbf{2}$（人）

3．解　（**1**）ア　1年生は0分以上10分未満，60分以上70分未満の階級の度数がいずれも0なので2年生よりも範囲が小さく，正しくない．

イ　1年生の最頻値は，$(30+40)\div2=35$（分），2年生の最頻値は，$(50+60)\div2=55$（分）であるから，正しくない．

ウ　時間の少ない方から順に並べたとき，1年生の35番目と36番目，2年生の40番目と41番目は，いずれも30分以上40分未満の階級に含まれるので正しい．

エ　1年生は$20+14+10=44$（人），2年生は$7+13+14+11=45$（人）だから，正しくない．

よって，正しいのは**ウ**．

（**2**）2年生の平均値は35.5分ではあるが，あきらさんが呼びかけようとしている30分以上40分未満の階級は，最も度数が少ない（7人）分布の谷にあたる．他の階級はいずれも度数が11人～14人であるから，あきらさんが予定している時間帯より多くの人数に呼びかけることが可能である．よって，30分以上40分未満の時間帯に呼びかけをすることは適切ではない．

公立入試問題ピックアップ⑥

正答率が低くなる「資料の活用」の出題内容を探ろう

0. 意外に差がつく「資料の活用」

「資料の活用(資料の散らばりと代表値・標本調査)」を勉強する際に，「どうせ，中央値や平均値を求めさせるだけの軽い出題だから楽勝だ！」と軽視している人をしばしば見かけます．ここでは，そんな人に向けて「油断すると足をすくわれる」出題内容を紹介します．

長文を読み込んだり，初期設定から条件が変わることで自身での作業が必要になったりするので，しっかり慣れて試験会場での戸惑いに備えましょう．

1. 調べた結果に修正が加わるパターン

例題・1-1

あるレストランの6日間の来客数を調べたところ，次のようになった．

	1日目	2日目	3日目	4日目	5日目	6日目
来客数(人)	61	82	56	A	71	63

後日，もう一度伝票で確認したところ，4日目以外の，ある1日だけ来客数が2名誤っていた．正しい数値で計算した6日間の来客数の平均値は65.5人，中央値は62.5人であった．

Aの値を求めよ．　　(19　東京都立西)

本問のように「調べた結果が間違っていたので集計し直したよ」という出題パターンでは，中央値の扱いに細心の注意を払いましょう．

解　表の来客数合計は，333＋A (人) ……①

確認後の来客数合計は，65.5×6＝393 (人)…②

①と②の値の差は2だから，Aの値は，

①＝②－2のとき，A＝58

①＝②＋2のとき，A＝62

のいずれかである．

6日間の表の来客数を小さい順に並べると，

(ア)　A＝58のとき，56，58，61，63，71，82

どの人数を2人増やしても，中央値が62.5人になることはない．

(イ)　A＝62のとき，56，61，62，63，71，82

たとえば61人を2人減らすと，中央値は62.5人となり条件に適する．

よって，**A＝62**

例題・1-2

次の文章は，あるクラスの生徒が10月に図書室から借りた本の冊数について述べたものである．文章中の［a］，［b］，［c］にあてはまる数を書きなさい．

生徒が借りた本の冊数を調べて，ヒストグラムに表すと右のようになった．このヒストグラムから，借りた本の冊数の代表値を調べると，最頻値は［a］冊，中央値は［b］冊であることがわかる．

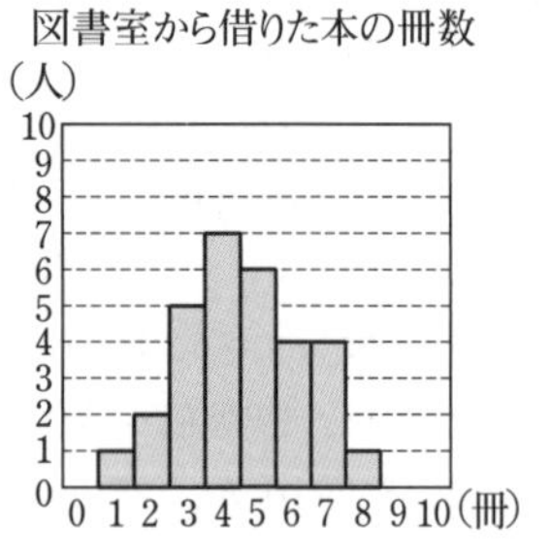

後日，Aさんの借りた本の冊数が誤っていたことに気付いたため，借りた本の冊

数の平均値，中央値，範囲を求め直したところ，中央値と範囲は変わらなかったが，平均値は0.1冊大きくなった．

これらのことから，Aさんが実際に借りた本の冊数は［ c ］冊であることがわかる．

（19　愛知県）

解　ヒストグラムより，最頻値は4冊とわかるので，**a＝4**

また，本を借りた人数は全部で30人だから，中央値は，冊数の少ない順に並べたとき，15番目と16番目の冊数の平均となる．

	①	…	⑭	⑮	⑯	⑰	…	㉚
冊数	1	…	4	4	5	5	…	8

中央値は，$\mathbf{b}=\frac{4+5}{2}=\mathbf{4.5}$

次に，Aさんの誤りによって30人が借りた本の合計は，$30\times0.1=3$（冊）増えた．

よって，Aさんの借りた冊数も当初のヒストグラムの数値より3冊増える．

Aさんの冊数が，$1\to4$，$6\to9$，$7\to10$，$8\to11$と変わることは，範囲が変わってしまうことよりあり得ない．

$2\to5$，$3\to6$，$4\to7$と変わると，中央値が4.5から5に変わってしまうので不可．

よって，考えられるのは$5\to8$と冊数が変わる場合だけなので，**c＝8**

2. 標本調査で正答率が低くなるパターン

標本調査では，比を用いるだけの小問扱いの出題も多いのですが，文章題の要素が加わって長文化すると，イッキに難易度が上昇します．

例題・2

ある工場には，機械Aと機械Bがそれぞれ何台かずつある．機械Aと機械Bが製造している品物はすべて同じである．

どの機械Aも，1日に製造する品物の個数はすべて同じであり，その中に含まれる不良品の割合は，すべて2％である．

どの機械Bも，1日に製造する品物の個数はすべて同じであり，その中に含まれる不良品の割合は，すべて0.5％である．

（1）　機械Aを1台使って品物を製造した．

1日に製造した品物がすべて入った箱の中から100個を無作為に取り出して，その全部に印をつけた．これを，箱の中にもどしてよく混ぜた．その後，ふたたび箱の中から150個を無作為に取り出したところ，印のついた品物が5個あった．

1台の機械Aが1日に製造した品物の個数は，およそ何個と推測できるか，求めなさい．

（2）　機械Aと機械Bを1台ずつ同時に使って品物を製造し，この2台で1日に製造した品物の個数を合わせると，その中に含まれる不良品の割合は1.4％であった．

ただし，1台の機械Aが1日に製造した品物の個数は，（1）で得られた結果とする．

① 1台の機械Bが1日に製造した品物の個数を求めなさい．

② 次に，この工場にある機械Aと機械Bをすべて同時に使って品物を製造した．

すべての機械で1日に製造した品物の個数を合わせると18000個であり，その中に含まれる不良品の割合は1％であった．

この工場には，機械Aと機械Bがそれぞれ何台あるか，求めなさい．

（19　大分県）

方程式の立式がからむ（2）では，①が8.8％，②は4.5％と正答率は低くなっています．

解　**（1）**　取り出した150個中印のついた品物は5個だったことから，機械Aが製造した品物全体についても，

全体：印＝150：5＝30：1

の割合になることが推測できる．

印のついた品物は全部で100個あるので，求める個数をxとおくと，

$x:100=30:1$　∴　$x=$**3000（個）**

（2）　①　機械Aでは，1日に製造した品物のうち2％が不良品となるので，1日に

$3000\times0.02=60$(個)の不良品ができる．

機械Bでは，1日に製造した品物のうち0.5％が不良品となるので，

品物全体：不良品＝100：0.5＝200：1

1台のBが1日に生じる不良品の個数を y 個とおくと，製造する品物の個数は $200y$ 個

両者を合わせたときの不良品の割合が1.4％であることから，

$(3000+200y):(60+y)=100:1.4$

と立式できるので，これを整理して，

$4200+280y=6000+100y$

これより，$180y=1800$ $\therefore$ $y=10$

よって，1台のBが1日に製造する品物の個数は，$200\times10=$**2000(個)**

② 機械Bでは，1日に製造した品物のうち0.5％が不良品となるので，

$2000\times0.005=10$(個)の不良品が1日にできる．

機械Aが a 台，機械Bが b 台あるとすると，製造した品物の個数について，

$3000a+2000b=18000$

$\therefore$ $3a+2b=18$ ………………………㋐

不良品は，$18000\times0.01=180$(個)発生しているので，不良品の個数について，

$60a+10b=180$ $\therefore$ $6a+b=18$ ……㋑

㋐と㋑より，$a=2$，$b=6$

よって，**機械Aは2台，機械Bは6台**

＊　＊　＊

それでは演習問題です．正答率は，**1**の(1)が11.5％で(2)の23.9％よりも低くなっており，「調べた結果に修正が加わる」ことが多くの受験生に戸惑いを与えることがわかりますね．

演習問題

1．AさんとBさんのクラスの生徒20人が，次のルールでゲームを行った．

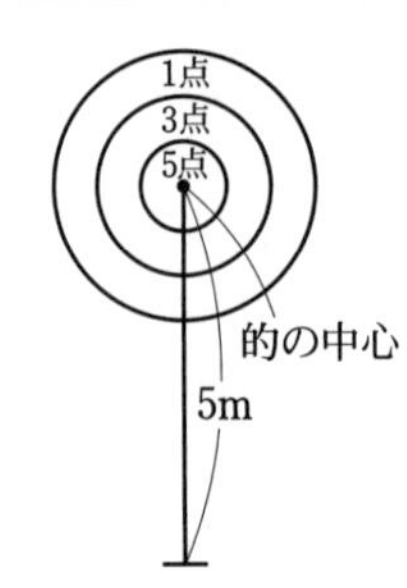

・図のように，床に描かれた的があり，的の中心まで5m離れたところから，的をねらってボールを2回ずつ転がす．

・的には5点，3点，1点の部分があり，的の外は0点の部分とする．

・ボールが止まった部分の点数の合計を1ゲームの得点とする．

・ボールが境界線上に止まったときの点数は内側の点数とする．

たとえば，1回目に5点，2回目に3点の部分にボールが止まった場合，この生徒の1ゲームの得点は5+3=8(点)となる．

1ゲームを行った結果，下のようになった．このとき，2回とも3点の部分にボールが止まった生徒は2人であった．

得点(点)	0	1	2	3	4	5	6	8	10
人数(人)	0	0	5	2	5	1	4	2	1

AさんとBさんが，クラスの生徒20人の得点の合計を上げるためにどうすればよいかそれぞれ考えてみた．次の問いに答えなさい．

(1) Aさんは「ボールが止まった5点の部分を1点，1点の部分を5点として得点を計算してみるとよい」と考えた．この考えをもとに得点を計算した場合の，20人の得点の中央値(メジアン)は何点か．ただし，0点と3点の部分の点数はそのままとする．

(2) Bさんは「1m近づいてもう1ゲームやってみるとよい」と考えた．この考えをもとに図の的の点数は1ゲーム目のままで20人が2ゲーム目を行った．その結果は，中央値(メジアン)が5.5点，Aさんの得点が4点，Bさんの得点が6点で，Bさんと同じ得点の生徒はいなかった．この結果から必ずいえることを下のア〜エの中からすべて選び，記号で答えよ．

ア　1ゲーム目と2ゲーム目のそれぞれの得点の範囲(レンジ)は同じ値である．

イ　5点の部分に1回でもボールが止まった生徒の人数は，2ゲーム目の方が多い．

ウ　2ゲーム目について，最頻値(モード)

は中央値(メジアン)より大きい.

エ　2ゲーム目について，Aさんの得点を上回っている生徒は11人以上いる.

(19　鹿児島県，一部略)

2. 袋の中に黒色の碁石と白色の碁石がたくさん入っている．この袋の中から40個の碁石を無作為に抽出したところ，黒色の碁石が32個であり，白色の碁石が8個であった．取り出した40個の碁石を袋に戻し，新たに100個の白色の碁石を袋に加えてよくかき混ぜた後，再びこの袋の中から40個の碁石を無作為に抽出したところ，黒色の碁石が28個であり，白色の碁石が12個であった．標本調査の考え方を用いて，袋の中に初めに入っていた黒色の碁石の個数を推定しなさい.

(19　大阪府，一部改)

解答・解説

1. 解　(1)　1ゲーム目の得点が6点だった4人のうち，2回とも3点だった生徒が2人なので，残り2人は5点と1点だったことがわかる.

したがって，Aさんの考えをもとに20人の得点を再計算すると，

得点	得点の内訳	人数	新しい得点の内訳	新しい得点
10	5と5	1	1と1	2
8	5と3	2	1と3	4
6	5と1	2	1と5	6
6	3と3	2	3と3	6
5	5と0	1	1と0	1
4	1と3	5	5と3	8
3	3と0	2	3と0	3
2	1と1	5	5と5	10

となるから，新しい得点での度数分布表は，

得点(点)	0	1	2	3	4	5	6	8	10
人数(人)	0	1	1	2	2	0	4	5	5

となる．得点の低い順に並べたとき，10番目と11番目の得点はそれぞれ6点と8点なので，

中央値は，$\frac{6+8}{2}=$**7(点)**

(2)　ア…この情報だけでは，2ゲーム目の最大値，最小値がわからないので範囲を求めることができない.

イ…1ゲーム目で5点の部分に1回でもボールを止めた生徒の人数は，(1)の表「得点の内訳」より6人.

2ゲーム目では，Bさんの得点が6点で中央値が5.5点だから，5.5は5と6の平均で，6点以上の人数が10人であることがわかる.

さらに，6点はBさん1人なので，8点と10点の合計人数が9人である.

この9人は，必ず5点の部分にボールを止めているので，$6<9$より，必ずいえる.

ウ…この情報からは，2ゲーム目の度数分布表を作ることができないので，最頻値は不明.

エ…Aさんは4点なので，イより5点〜10点の生徒は5点に少なくとも1人，6点以上に10人の合計11人はいることがわかる．よって，必ずいえる.

したがって，答えは**イ**と**エ**.

2. 解　1回目の結果について，取り出した40個中黒色が32個，白色が8個だったことから，袋全体についても，黒色：白色＝4：1の割合で碁石が入っていたことが推測できる．したがって，初めに入っていた碁石の個数を，

黒色$4x$個，白色x個，全部で$5x$個

とおくことができる.

次に，新たに100個の白色の碁石を加えると，入っている碁石の個数は，

黒色$4x$個，白色$(x+100)$個

より全部で$(5x+100)$個となり，2回目の結果より黒色：白色＝28：12＝7：3の割合で碁石が入っていることが推測できるので，

$4x:(x+100)=7:3$　∴　$x=140$

よって，初めに入っていた黒色の碁石の個数は，$4\times140=$**560(個)**

公立入試で問われる「規則性」の全体像をつかもう

0. 公式やテクニックに頼れない「規則性」

近年の公立入試問題が難化していることを象徴する1つのテーマに「規則性」が挙げられます．中学校の教科書に単元として登場しているわけではないので体系だって勉強する機会がないこと，便利な公式やテクニックにあてはめれば解けるような簡単な出題があまりないこと，処理量が多くなって計算ミスがでやすいこと，…，といった理由から苦手とする人も多く，公立入試でありながら正答率も低くなりがちです．

中学生が規則性の問題と対峙する際のポイントとして，

① 文字を使って一般化する(例：n 番目の数は $3n$ とおける)

② 表や図を使って，数字の並びに関するルールが見つかるまで丁寧に書きだして調べる

の2点を覚えておきましょう．特に①は，高校生で学習する「数列」につながるので出題者としてはその精度を点検しておきたいものです．

②では，数字の並んだ表を読み取って答えを求める中学入試でおなじみの題材も登場しますが，どの数字・どの並びに注目するかといった視点がポイントになります．ただなんとなく数字を追いかけるのではなく「根拠を持って追いかけ，予測して検証する」姿勢が問われていることを覚えておきましょう．

1. 規則性の発見→文字を使って一般化

ほとんどの場合，(1)では「実際に書きだせば見つかる」ケースが多いのですが，出題者の意図が「隠れている性質を見つけてもらうための誘導」であることを忘れてはいけません．

例題・1

右の表のように，連続する自然数を1から順に規則的に書いていく．上の段から順に1段目，2段目，3段目，…，左の列から順に1列目，2列目，3列目，…とする．たとえば，8が書かれているのは3段目の2列目である．このとき，次の問いに答えよ．

	1列目	2列目	3列目	4列目	5列目	…
1段目	1	4	5	16	17	
2段目	2	3	6	15	18	
3段目	9	8	7	14		
4段目	10	11	12	13		
5段目						
⋮						

(1) 36が書かれているのは何段目の何列目か求めよ．

(2) n 段目の n 列目に書かれている数を n を用いて表せ．

(3) 87段目の93列目に書かれている数を求めよ．

(18 京都府)

(2)がポイントで「とりあえず手を動かしながら規則性を見つけ，文字を使って一般化する」ことが求められています．

解 (1) $36=6^2$ より，表において平方数がどのように配置されているかを調べればよい．2^2 は1段目2列目，4^2 は1段目4列目より，実際に調べて 6^2 は**1段目6列目**．

(2) n が偶数のとき．

2段目2列目の3は「平方数4から1戻る」と考えて，$3=2^2-1$

4段目4列目の13は「平方数16から3戻る」と考えて，$13=4^2-3$

6段目6列目の31は「平方数36から5戻る」と考えて，$31=6^2-5$

よって，n段目n列目の数は，

$n^2-(n-1)=n^2-n+1$

nが奇数のとき．

1段目1列目の1は「平方数1から0戻る」と考えて，$1=1^2-0$

3段目3列目の7は「平方数9から2戻る」と考えて，$7=3^2-2$

5段目5列目の21は「平方数25から4戻る」と考えて，$21=5^2-4$

よって，n段目n列目の数は，

$n^2-(n-1)=n^2-n+1$ ………………①

したがって，nの偶奇によらずn段目n列目の数は，$\boldsymbol{n^2-n+1}$

(3) 93段目93列目の数は，①より

$93^2-93+1=8557$ ………………………②

以降，92段目93列目，91段目93列目，…，と②から数が1つずつ減っていくので，87段目93列目の数は，

②$-(93-87)=$**8551**

例題・2

右の**図1**のように，同じ大きさの青紙と白紙がたくさんある．これらの青紙と白紙を，下の**図2**のように，交互に一定の規則にしたがって，1番目，2番目，3番目，4番目，…と並べて階段状の図形をつくっていく．右上の**表**は，**図2**で，各図形をつくるときに使った青紙の枚数，白紙の枚数，紙の総枚数をまとめたものである．

図1

青紙　白紙

このとき，あとの(1)〜(3)の問いに答えなさい．

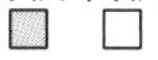

図2

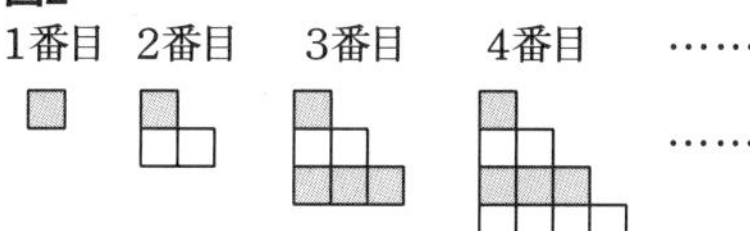

表

	1番目	2番目	3番目	4番目	5番目	6番目	…
青紙の枚数	1	1	4	4	(ア)		…
白紙の枚数	0	2	2	6		(イ)	…
紙の総枚数	1	3	6	10			…

(1) 青紙の枚数がはじめて36枚になるのは何番目のときか，求めなさい．

(2) 30番目のとき，紙の総枚数は何枚になるか，求めなさい．

(3) 紙の総枚数が1275枚のとき，白紙の枚数は何枚になるか，求めなさい．

(18　千葉県，一部略)

原題では，初めに表の(ア)，(イ)に入る数がきかれていました((ア)…9，(イ)…12)．

(3)の正答率は6.3%と低くなっています．(1)と(2)で見つけたことを，文字を使って一般化しておかないと苦しくなるでしょう．

解 **(1)** 青紙の枚数は，順に，

1，1，4，4，9$(=1+3+5)$，9，

16$(=1+3+5+7)$，16，…

と増えていく．

この数字の並びから，

「$(2k-1)$番目と$2k$番目の青紙の枚数はk^2枚になる(kは自然数)」…………………①

と読み取れる．

したがって，青紙の枚数が36枚になるのは$k=6$のときで，11番目と12番目であるから，条件を満たすのは**11番目**．

(2) 紙の総枚数は，順に，

1，3$(=1+2)$，6$(=1+2+3)$，

10$(=1+2+3+4)$，…

と増えていく．

これから，

「n番目の紙の総枚数は，

$$1+2+3+4+\cdots+n=\frac{n(n+1)}{2}\text{(枚)」}\cdots②$$

となるから，②において$n=30$とすれば，答えは，$\dfrac{30\times(30+1)}{2}=$**465(枚)**

(3) 紙の総枚数が1275枚(…③)のとき，

②$=1275$より，$n(n+1)=2550$

$2550=50\times51$ より，$n=50$ と分かる．

このときの青紙の枚数は，①において $k=(50\div2=)25$ とおけば，

$25^2=625$（枚） ……………………………④

だから，求める白紙の枚数は，

③－④＝**650（枚）**

2. 自分で書きだしながら調べる

例題・1 や **例題**・2 は，最初から図や表が与えられているので「規則性の問題！」と気付きやすいのですが，次の問題は類題を解いた経験のない人には規則性が見えにくいかもしれません．

例題・3

図のように，縦 3m，横 nm の壁に，縦 3m，横 1m の長方形の壁紙を何枚か用いて壁からはみ出ることなく，重なることなく，また，隙間なく壁全体を覆うように貼りたい．

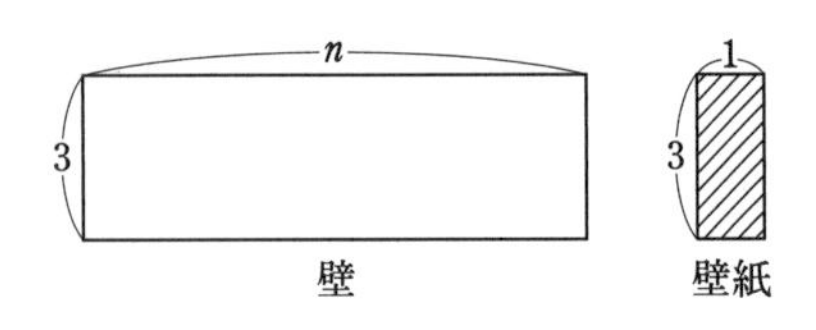

このとき，次の問いに答えよ．ただし，壁紙は縦に貼っても，横に貼ってもよいものとする．

（1） $n=3$ のとき，壁紙の貼り方は全部で何通りあるか求めよ．

（2） $n=4$ のとき，壁紙の貼り方は全部で何通りあるか求めよ．

（3） $n=9$ のとき，壁紙の貼り方は全部で何通りあるか求めよ．

（18　京都市立堀川）

（3）まで解き進めることを考えると，（1）や（2）を解答する前に $n=1$ の場合から順に確認して先に規則性を見つけ，一気に答えを書いてしまいたいところです．

解　（1） $n=a$ の場合の貼り方を $N(a)$ 通りと表すことにする．

$N(1)=1$，$N(2)=1$ は明らかで，右図のように，$N(3)=$**2（通り）**

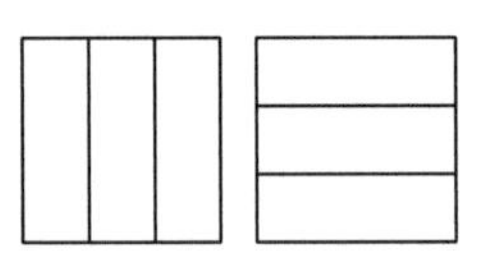

（2）「壁紙は左端から貼っていき，新たに付け加える場合，必ず右側に貼る」ことにする．

$n=4$ のとき，貼り方は，$n=3$ の図の右側に 1 枚付け加える場合と，$n=1$ の図に 3 枚付け加える場合がある．

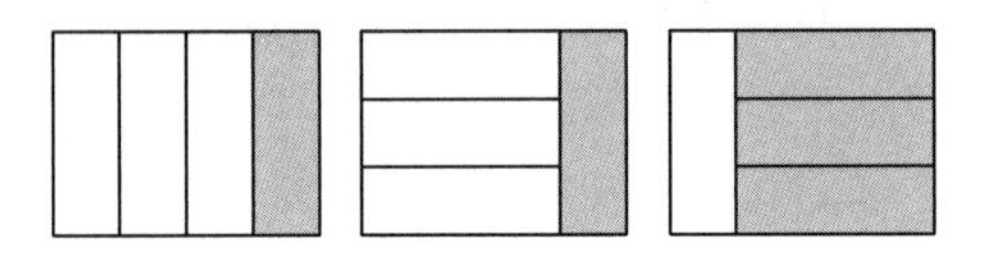

よって，

$N(4)=N(3)+N(1)=2+1=$**3（通り）**

（3） $n=5$ の場合の貼り方を考えると，5 枚の貼り方は，

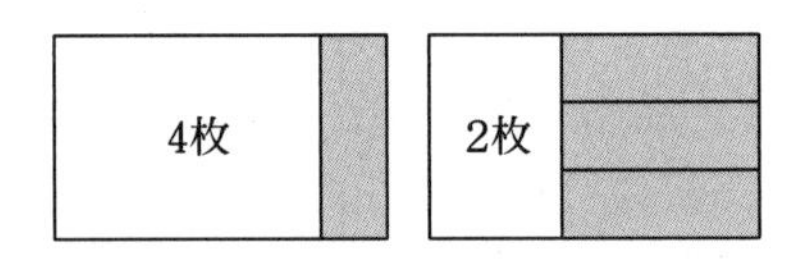

と考えればよいので，

$N(5)=N(4)+N(2)=3+1=4$

同様に考えると，$n=a$ の場合の貼り方は，

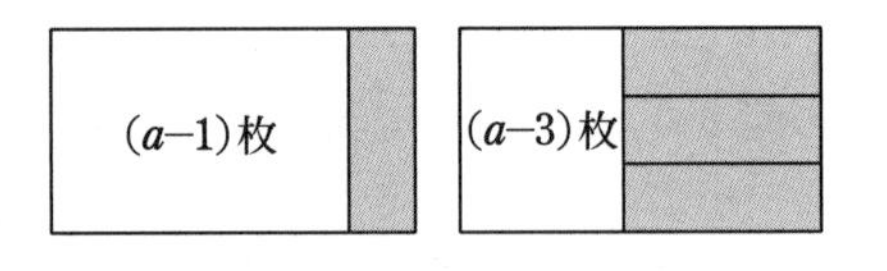

の 2 通りがあるので，

$N(a)=N(a-1)+N(a-3)$

という関係が成り立つ．よって，

$N(6)=N(5)+N(3)=4+2=6$

$N(7)=N(6)+N(4)=6+3=9$

$N(8)=N(7)+N(5)=9+4=13$

$N(9)=N(8)+N(6)=13+6=19$

よって，$n=9$ のときは，**19 通り**．

*　　　*　　　*

それでは演習問題に進みましょう．正答率は（1）が 8.7%，（2）が 8.5%，（3）が 6.9% といずれも低くなっていますから，時間を気にせず丁寧に粘り強く数字を拾いましょう．

演 習 問 題

1．灰色と白色の同じ大きさの正方形のタイルをたくさん用意した．これらのタイルを使って，下の図のように，灰色のタイルを1個おいて1番目の正方形とし，2番目以降は，正方形の四隅のうち，左下隅に灰色のタイルをおいて，灰色のタイルと白色のタイルが縦横いずれも交互になるようにすき間なく並べて，大きな正方形をつくっていく．

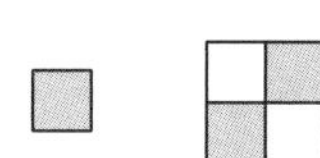
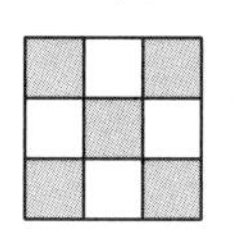

……

1番目　2番目　3番目

できあがった正方形の1辺に沿って並んだタイルの個数が1個，2個，3個，…のとき，それぞれできあがった正方形を，1番目，2番目，3番目，…とする．このとき，次の問いに答えなさい．

（1） $2k-1$ 番目(奇数番目)の正方形には，灰色のタイルと白色のタイルがそれぞれ何個使われているか，k を用いて答えなさい．ただし，k は自然数とする．

（2） $2k$ 番目(偶数番目)の正方形には，灰色のタイルと白色のタイルがそれぞれ何個使われているか，k を用いて答えなさい．ただし，k は自然数とする．

（3） 灰色のタイルを221個使ってできる正方形は，何番目の正方形か，求めなさい．

（18　新潟県，一部略）

解答・解説

1．タイルの個数を表にまとめて整理し規則性を見つける作業を進めるのですが，この段階で(1)と(2)の誘導にのり，最初から奇数番目と偶数番目に分けた表を用意しましょう．

先に置くのが灰色のタイルなので，できあがった正方形の全タイルの個数が奇数(例：3番目は9個)のケースでは灰色のタイルが白色よりも1枚多く，偶数(例：2番目は4個)のときは灰色と白色のタイルの個数は等しくなることを見つけておきましょう．

解　（**1**） 奇数番目のタイルの個数を表にして整理すると，

	1番目	3番目	5番目	7番目	9番目
灰色	1	5	13	25	41
白色	0	4	12	24	40

白色のタイルの枚数に注目すると，

1番目($k=1$) … $0=0\times1$

3番目($k=2$) … $4=2\times2$

5番目($k=3$) … $12=4\times3$

7番目($k=4$) … $24=6\times4$

9番目($k=5$) … $40=8\times5$

と表せるので，$2k-1$ 番目の**白色のタイル**の個数は，$2(k-1)\times k=\boldsymbol{2k^2-2k}$ **(個)** ………①

よって，**灰色のタイル**の個数は，

①$+1=\boldsymbol{2k^2-2k+1}$ **(個)**………………②

（**2**） 偶数番目のタイルの個数を表にして整理すると，

	2番目	4番目	6番目	8番目	10番目
灰色	2	8	18	32	50
白色	2	8	18	32	50

白色のタイルの個数に注目すると，

2番目($k=1$) … $2=2\times1$

4番目($k=2$) … $8=4\times2$

6番目($k=3$) … $18=6\times3$

8番目($k=4$) … $32=8\times4$

10番目($k=5$) … $50=10\times5$

と表せるので，$2k$ 番目の**白色のタイル**の個数は，$2k\times k=\boldsymbol{2k^2}$ **(個)** ………………………③

白色と灰色のタイルの個数は等しいので，このとき**灰色のタイル**の個数も $\boldsymbol{2k^2}$ **(個)**

（**3**） 灰色のタイルの個数は②，③のどちらかで表せるが，③が偶数であることから，条件を満たすのはタイルの個数を②と表す場合に限られる．よって，$2k^2-2k+1=221$

$(k-11)(k+10)=0$　$k>0$ より $k=11$

よって，$2\times11-1=\boldsymbol{21}$ **(番目)**

公立入試問題ピックアップ⑧

規則的な数字の変化を追いかける

0. 全国で出題される「規則性」

近年全国的に「規則性」の出題が増えています．その背景として「その場で考え，作業をしながら規則性を**自分で発見する**力」を持っていてほしいという意図がこめられていることを肝に銘じておいてください．

問題を解いてみると，多くの場合小問(1)では「実際に数えればOK」という出題がほとんどですが，本当にただ数えるだけで終わらせると(2)以降で苦戦します．(1)が誘導になっているという前提で，隠れている性質を見つけましょう．これこそが出題意図なのです．

1. 典型的な「規則性」の扱い方

例題・1

xは自然数とします．1辺の長さが$x$cmの正四面体について，各辺をx等分する点とすべての頂点に●印をつけることとします．

例えば，1辺の長さが2cmの正四面体のときは，右の図のように●印が10個つきます．

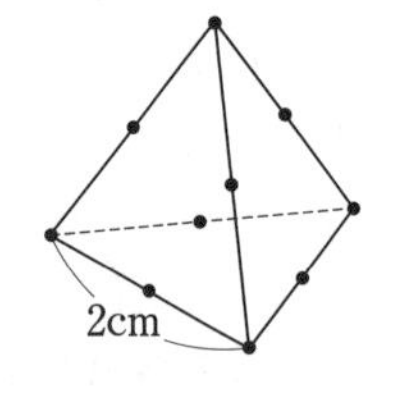

次の(1)，(2)に答えなさい．

(1) 1辺の長さが3cmの正四面体のときにつく●印の個数を求めなさい．

(2) 1辺の長さが$x$cmの正四面体のときにつく●印の個数をy個とするとき，yをxの式で表しなさい．　　(17 北海道)

正四面体の1辺が何cmになっても「頂点の●が合計4個」は変わりません．よって，「頂点以外の●の個数…①」の変化に注目することが第一歩となります．

解 (1) 1辺が2cmの場合には①が各辺上に1個ずつ存在する．正四面体は6辺あるので，●の個数は$4+1\times6=10$(個)となる．

同様に1辺が3cmの場合には①が各辺上に2個ずつ存在するから，●の個数は，

$4+2\times6=$**16(個)**

(2) ①が各辺上に何個存在するかを考える．

1辺の長さx	2	3	4	…	x
各辺上の①の個数	1	2	3	…	$x-1$

表より，1辺が$x$cmの場合，①は各辺上に$(x-1)$個あることがわかる．したがって，

$y=4+6(x-1)$　∴　$\boldsymbol{y=6x-2}$

*　　*　　*

最終的に「文字を使って一般化すること」まで要求されますから，初めから準備を整えて数字の変化を追いかけましょう．

2. 受験生の心を折る「長文化」

例題・2

右の図1は，上から順に，1段目に2個，2段目に3個，3段目に4個と，1段ごとに1個

図1

1段目
2段目
3段目
4段目
5段目

ずつマスを増やし，左端のマスが縦にそろうように5段目まで並べたものである．

図2は，**図1**において，全ての段の左端のマスに1，右端のマスに4を入れ，2段目以降にある両端のマス以外のそれぞれのマスに，1つ上の段にある真上のマスと，その左隣のマスに入っている2つの数の和を入れたものである．

図2

1段目	1	4				
2段目	1	5	4			
3段目	1	6	9	4		
4段目	1	7	15	13	4	
5段目	1	8	22	28	17	4

図2のそれぞれの段について，全てのマスに入っている数の和について考えると，
1段目は，$1+4=5$
2段目は，$1+5+4=10=5\times2$
3段目は，$1+6+9+4=20=5\times4$
4段目は，$1+7+15+13+4=40=5\times8$
5段目は，$1+8+22+28+17+4=80=5\times16$
となり，2段目以降のすべての段において，全てのマスに入っている数の和は，1段目の2個のマスに入っている数の和である5の倍数となっている．

図1において，全ての段の左端のマスに入れる数をa，右端のマスに入れる数をbとする．2段目以降にある両端のマス以外のそれぞれのマスに，1つ上の段にある真上のマスと，その左隣のマスに入っている2つの数の和を入れるとき，5段目にある6個のマスに入っている数をそれぞれa，bを用いた式で表し，5段目に入っている6個のマスに入っている数の和が，1段目の2個のマスに入っている数の和の何倍になるかを説明せよ．ただし，a，bは自然数とする．　（17　東京都，一部略）

最近の公立入試問題における顕著な傾向として「長文化」があります．大学入試共通テストでも同様の傾向があり，この「長文化」傾向は一過性のもので終わりそうにありませんから注意してください．なお，この原題は実際にはもっと長く（！），正答率は11.0％とのことです．

解　1段目の2数の和は$a+b$　…………①

条件より2段目の3数はa，①，bとなり，3段目の4数はa，$a+$①，①$+b$，bと表せる．

ここで3段目の4数をaとbで表すと，
a，$2a+b$，$a+2b$，b ……②　となる．

同様に，②を用いて4段目の5数を表すと，
a，$3a+b$，$3a+3b$，$a+3b$，b ……………③
となるので，③を用いて5段目の6数を表すと，
$\boldsymbol{a}$，$\boldsymbol{4a+b}$，$\boldsymbol{6a+4b}$，$\boldsymbol{4a+6b}$，$\boldsymbol{a+4b}$，$\boldsymbol{b}$ …④
となる．このとき，④の6数の和は，

$$a+(4a+b)+(6a+4b)+(4a+6b)+(a+4b)+b$$
$$=16a+16b=16(a+b)\ \cdots\cdots⑤$$

であるから，⑤は①の**16倍**となる．

例題・3

右の**図1**のように，数字を記録するためのます目があり，ます目中のAからBを通り，Cまで数字を記録しながら移動することにする．ただし，移動の仕方は，右または上に1ますずつとし，右に移動するときは，移動前のます目に記録された数に1を加えた数を，移動後のます目に記録する．また，上に移動するときは，移動前のます目に記録された数を2倍した数を，移動後のます目に記録する．

図1

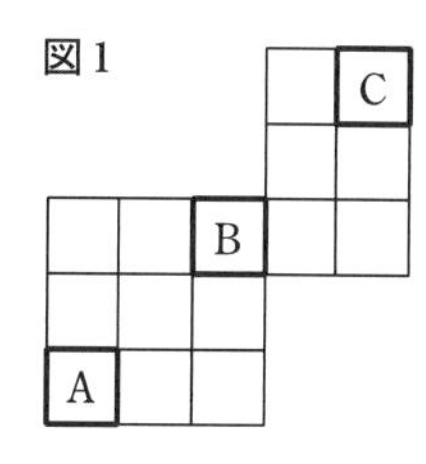

図2

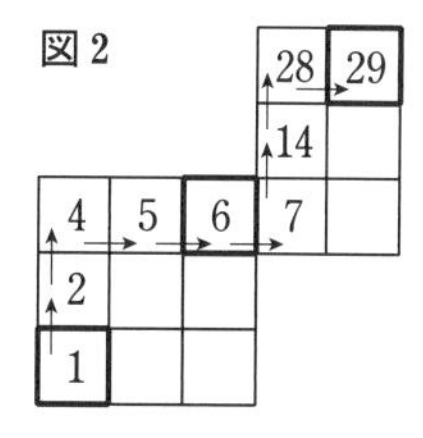

例えば，**図2**のように移動するとき，ます目中のAに記録された数字が1ならば，B，Cに記録された数字は，それぞれ6，29となる．
図1のA，B，Cに記録された数を，それぞれx，y，zとするとき，次の(1)～(3)の問いに答えなさい．ただし，x，y，zは自然数とする．

(1)　**図3**のように移動するとき，yをxの式で表しなさい．

（2） **図4** のように，$z=586$ のとき，x の値を答えなさい．

図3

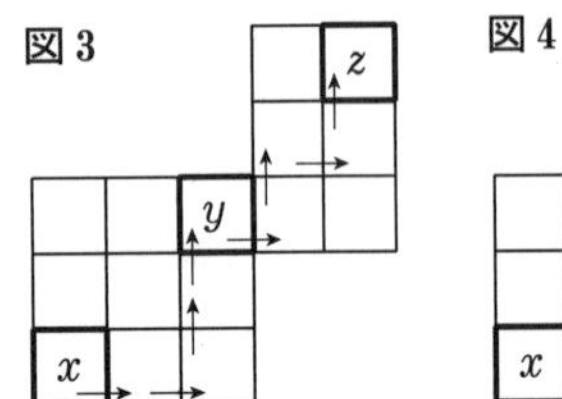

図4

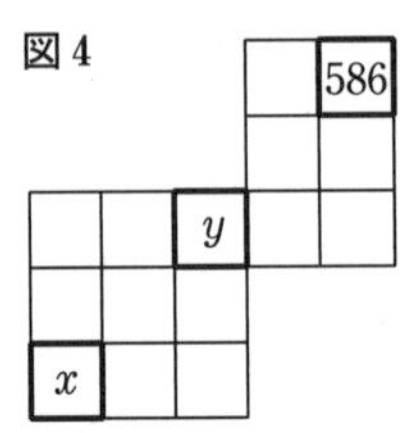

（3） x の値は同じでも，Ⓐから Ⓒまでの移動の仕方によって z の値は異なる．x の値が同じとき，z が最も大きくなるように移動するときの z の値を M，最も小さくなるように移動するときの z の値を N とする．このとき，M－N の値を求めよ．

（17　新潟県，一部略）

（1）で動き方の約束を正しく把握できないと，（3）の正誤に影響を及ぼします．（3）の正答率は 6.6％と低いですが，皆さんは積極的に取り組んでください．

解　（**1**）「横→横→縦→縦」と移動しているので，ます目中の数は「(＋1)→(＋1)→(×2)→(×2)」と増えていく．

したがって，

$y=(x+2)\times 2^2$　∴　$\boldsymbol{y=4x+8}$

（**2**） 586 に移動する前のます目は右図①か④に絞られる．

①の場合，①＋1＝586 より①＝585 となるが，①に移動する前のます目が②となることから，②×2＝①が成り立つので，①の数は偶数でなければならず不適．

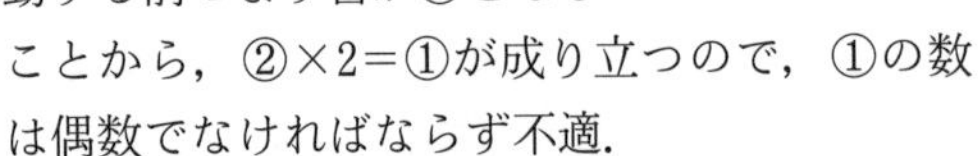

したがって，586 に移動する前のます目は④で，④×2＝586 より，④＝293

ここで，④が奇数であることより⑤→④の移動はできないので，④の前のます目は②とわかる．よって，②＋1＝293 より②＝292

また，②の前のます目は③だから，

③×2＝292　∴　③＝146

また，③の前のます目は y なので，

$y+1=146$　∴　$y=145$

y が奇数であることから，右図で⑨から上に移動できないので，y の前のます目は⑥しかない．

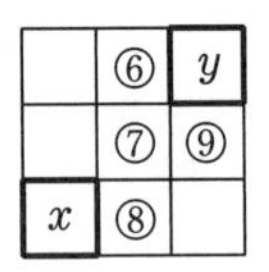

よって，⑥＋1＝145 より，

⑥＝144

以下，同様に考えると，上図において，

x →⑧→⑦→⑥→ y

と移動したことがわかるので，

⑦＝⑥÷2＝72

⑧＝⑦÷2＝36

よって，$\boldsymbol{x}$＝36－1＝**35**

（**3**） 図1のⒶからⒷへの移動には「右に2マス，上に2マス」動く必要がある．

Ⓑに記録される数字が最大となるのは，2倍される数が最大になる「右→右→上→上」と動く場合で，最小となるのは，2倍される数が最小となる「上→上→右→右」と動く場合である．

したがって，y の最大値と最小値は，

$y=(x+2)\times 2^2=4x+8$ …………… 最大

$y=x\times 2^2+2=4x+2$ ………………… 最小

となる．

ⒷからⒸへの移動においては，Ⓒに記録される数字が最大となるのは「右→右→上→上」と動く場合で，最小となるのは「右→上→上→右」と動く場合だから，z の最大値と最小値は，

$z=(y+2)\times 2^2=4y+8$ …………… 最大

$z=(y+1)\times 2^2+1=4y+5$ ……… 最小

となる．したがって，

M＝4×(y の最大値)＋8

＝4(4x＋8)＋8＝16x＋40

N＝4×(y の最小値)＋5

＝4(4x＋2)＋5＝16x＋13

∴　**M－N**＝(16x＋40)－(16x＋13)＝**27**

＊　　＊　　＊

それでは演習問題です．長文にひるまずしっかりと条件を読み込み，隠れている規則性を発見しましょう．

なお，この問題でも（3）の正答率は 4.3％と大変低くなっていますから，油断せず丁寧に数字を拾ってください．

演　習　問　題

1．ある中学校で，入学予定者 100 名に新入生説明会を行うことになった．**図 1** は，そのときに使用する[資料]の一部である．

①　受付で 1 番から 100 番までの番号札を受け取ってください．

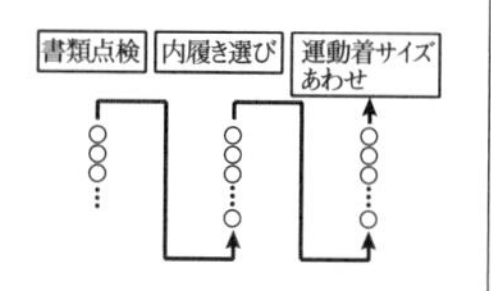

1 番から 50 番までが 1 班，51 番から 100番までが 2 班になります．

②　生徒会役員が誘導するので，指示があった班は書類点検を行う場所の前に並んでください．

③　番号順に 1 人ずつ，書類点検，内履き選び，運動着サイズあわせの順番ですすんでください．

図 1

入学予定者 1 人につき，書類点検に 20 秒，内履き選びに 30 秒，運動着サイズあわせに 50 秒かかるとき，次の(1)〜(3)に答えなさい．ただし，次の場所への移動時間は考えないものとする．

(1)　図 2 で，A は書類点検の時間，B は内履き選びの時間，C は運動着サイズあわせの時間，⟷ は待ち時間を表している．例えば，図 2 から，3 番の人の運動着サイズあわせが終わるまでにかかる時間は 200 秒，そのうち待ち時間の合計は 100 秒であることがわかる．1 班から始めるとき，1 班の n 番の人の運動着サイズあわせが終わるまでにかかる時間は何秒か，n を用いて表しなさい．

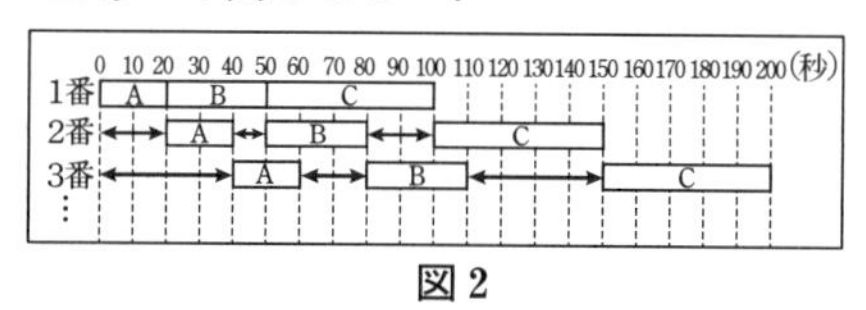

図 2

(2)　午前 9 時に，1 班から書類点検を始めるとき，45 番の人の運動着サイズあわせが終わる時刻は何時何分何秒か，求めなさい．

(3)　45 番の人の運動着サイズあわせが終わった時点で，2 班の書類点検を始めるとき，51 番の人の書類点検が始まってから運動着サイズあわせが終わるまでの待ち時間の合計は何秒か，求めなさい．

(17　青森県，一部略)

解答・解説

1．**解**　(**1**)　図 2 より，1 班の人について，

・書類点検開始までの待ち時間は，1 番が 0 秒，2 番が 20 秒，3 番が 40 秒，… と，20 秒ずつ増えているので，n 番は $20(n-1)$ 秒 …①

・書類点検終了時から内履き選び開始までの待ち時間は，1 番が 0 秒，2 番が 10 秒，3 番が 20 秒，…と，10 秒ずつ増えているので，n 番は $10(n-1)$ 秒 ……………………………②

・内履き選び終了時から運動着サイズあわせ開始までの待ち時間は，1 番が 0 秒，2 番が 20 秒，3 番が 40 秒，…と，20 秒ずつ増えているので，n 番は $20(n-1)$ 秒 ……………③

したがって，n 番の人の待ち時間合計は，①＋②＋③＝$50(n-1)$ 秒となるので，答えは，

$20+30+50+50(n-1)$

$=\mathbf{50(n+1)}$ **(秒)** ……………………………④

(**2**)　④に $n=45$ を代入して，

$50\times(45+1)=2300$(秒)$=38$ (分)20 (秒)

よって，**9 時 38 分 20 秒**．

(**3**)　50 番の人が運動着サイズあわせを終了するのは，$n=50$ を④に代入して，

$50\times(50+1)=2550$ (秒後)

51 番の人が書類点検を開始するのは，(2)より 2300 秒後だから，51 番の人が書類点検を開始してから運動着サイズ合わせを開始するまでの時間は，$2550-2300=250$ (秒) ………⑤

よって，求める待ち時間の合計は，⑤から書類点検と内履き選びにかかる時間を引いて，

$250-(20+30)=$ **200 (秒)**

公立入試問題ピックアップ⑨

「作業しながら数字の推移に注目する」ことがテーマの長文問題に挑もう

0. 長文＋作業＋規則性＝面倒

ここでは，私自身も読み込むのに苦戦することがある長文問題をテーマとして扱います．

最近の流行として，「ある操作に関するルールが与えられ，実際に作業しながら状況を把握し，何らかの規則性・周期性をみつけて解き進める」ことを挙げることができます．

公式やパターンにあてはめて解くことができない分，丁寧に題意を読みとって考える必要が生じます．紹介する問題に共通するポイントを理解し，作問者が受験生に求めている資質を確認しましょう．

2. 書きだして調べるだけでは限界がある！

さっそく，今回のテーマを象徴するような1題を紹介するね．時間を気にせずじっくり取り組んでみよう．

例題・1

Ⅰ図のように，1から m までの自然数が書かれたカードが1枚ずつあり，下にあるカードほど書かれた数が大きくなるように，重ねて置かれている．これらのカードに対し，次の<操作>をくり返し行った後，残ったカードのうち，一番上のカードに書かれている数と一番下のカードに書かれている数を調べる．

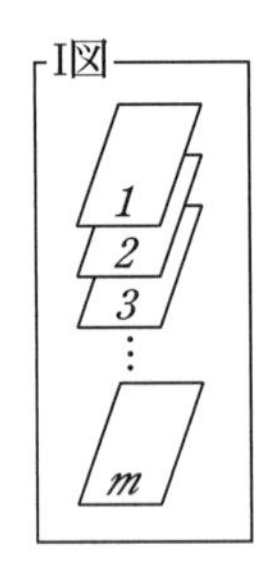

<操作>

重ねて置いてあるカードの，上から2番目のカードを一番下に移動し，一番上のカードは取り除く．

次のⅡ図のように，たとえば，$m=7$ において，残ったカードが3枚になるまで<操作>をくり返し行うとき，残った3枚のカードのうち，一番上に書かれている数は4，一番下のカードに書かれている数は2となる．

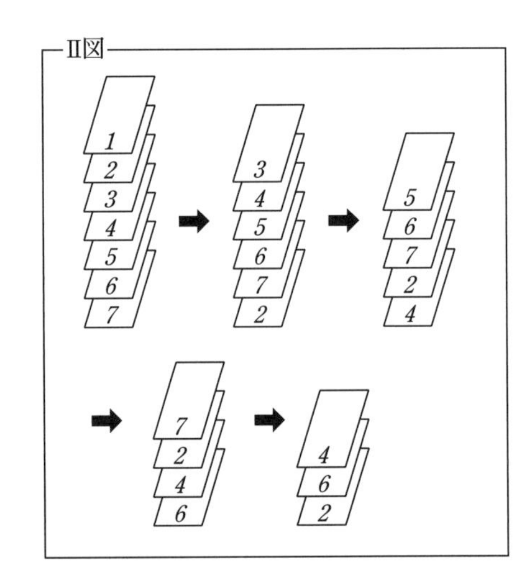

（1） $m=8$ において，残ったカードが4枚になるまで<操作>をくり返し行うとき，残った4枚のカードのうち，一番上のカードに書かれている数と，一番下のカードに書かれている数をそれぞれ求めよ．

（2） $m=31$ において，残ったカードが16枚になるまで<操作>をくり返し行うとき，残った16枚のカードのうち，一番上のカードに書かれている数と，一番下のカードに書かれている数をそれぞれ求めよ．

（3） $m=294$ において，残ったカードが 73 枚になるまで<操作>をくり返し行うとき，残った 73 枚のカードのうち，一番上のカードに書かれている数と，一番下のカードに書かれている数をそれぞれ求めよ．

（19　京都府）

（1）はすべて書き出せば解決しますが，（2）や（3）を書き出して調べるには無理があります．（1）で規則性を見つけて，（2）以降を解き進める手がかりとして利用しましょう．

解　上から下に並んでいる様子を左から右に並べて書くことにする．

（1） $m=8$ のとき，

① 1，2，3，4，5，6，7，8
　→1 を除いて 2 を右へ．

② 3，4，5，6，7，8，2
　→3 を除いて 4 を右へ．

③ 5，6，7，8，2，4
　→5 を除いて 6 を右へ．

④ 7，8，2，4，6
　→7 を除いて 8 を右へ．

⑤ 2，4，6，8

これで残り 4 枚なので，答えは，

一番上… 2，一番下… 8

（2） （1）の結果より，「奇数が小さい方から順に除かれ，2，4，6，…が下から浮かび上がってきては，一番下に移動する」ことがわかる．

$m=31$ のとき，残りを 16 枚にするには，1，3，5，…と順に 15 枚の奇数を除けばよい．

31 枚のカードの内訳は，奇数 16 枚，偶数 15 枚なので，残り 16 枚の並びは最後の奇数のみを残して，

31，2，4，6，…，30

となる．よって答えは，

一番上… 31，一番下… 30

（3） $m=294$ のとき，$294\div2=147$ より，奇数と偶数はともに 147 枚ずつある．

したがって，奇数がなくなるまで<操作>を続ければ，残りは偶数のみ 147 枚．

このとき数字の並びは，

2，4，6，8，10，…，294

となり，<操作>を続けると，

2 を除いて 4 を右へ
6 を除いて 8 を右へ
…………………………

と，4 の倍数でないものが小さい方から除かれて，4，8，12，…が順に残る．

294 以下の 4 の倍数で最大のものは，$292(=4\times73)$ であるから，73 回の<操作>を続けて 73 枚のカードを除いた(残り 74 枚)ときの並びは，

294，4，8，12，16，…，292

となる．

あと 1 枚カードを除けば題意を満たすので，次の<操作>を行った後の数字の並びは，

8，12，16，…，4

とわかる．

よって答えは，

一番上… 8，一番下… 4

とくに面倒な計算は必要ありません．実際に操作をしながら「数の並びに関するルール」を自分の中でみつけることがテーマです．

「全部書きだして調べるよ！」と意気込みは，試験時間が限られている以上ここでは封印しましょう．

例題・2

与えられた自然数について，次の〔ルール〕に従って繰り返し操作を行う．

〔ルール〕
・その自然数が偶数ならば 2 でわる．
・その自然数が奇数ならば 3 をたす．

例えば，与えられた自然数が 10 のとき

10 →	5 →	8 →	4 →	2 →	1 → …
	1回目の操作	2回目の操作	3回目の操作	4回目の操作	5回目の操作	6回目の操作

となり，5 回目の操作のあとではじめて 1 が現れる．

（1） 与えられた自然数が 7 のとき，何回目の操作のあとで，はじめて 1 が現れるか求めな

さい．

（2） 1から9までの自然数の中で，何回操作を行っても1が現れない自然数をすべて求めなさい．

（3） 与えられた自然数が4のとき，8回目の操作のあとで現れる自然数を求めなさい．

（4） 与えられた自然数が4のとき，何回目の操作のあとで，25個目の1が現れるか求めなさい．

（18 佐賀県）

（2）は，1から9までの自然数すべてを調べる手もありますが，今回のテーマの通りあることに気づくと作業量を格段に減らすことができます．（4）では（3）が誘導になっていることを利用しましょう．

解 （**1**） 実際に操作を行ってみると，

7 → 10 → 5 → 8 → 4 → 2 → 1

と，**6回目**の操作のあとで初めて1が現れる．

（**2**） 問題文中の例より，5，8，4，2に，また（1）の結果から7には1が現れる．また，

1 → 4 → 2 → 1 ……………………………①

より，1にも操作によって1が現れる．

次に，残った自然数の9について調べると，

9 → 12 → 6 → 3 → 6 → …

（以下3，6の繰り返し）

となり，**3，6，9**では何回操作を行っても1が現れないことがわかる．

【**研究**】 この〔ルール〕では，3の倍数に対しては何回操作を行っても1は現れません．

・操作する自然数が奇数の場合
3の倍数に3を加えた結果も3の倍数になる．

・操作する自然数が偶数の場合
3の倍数を2で割った結果も3の倍数になる．

つまり，3の倍数に操作を行うとその数の偶奇によらず結果は3の倍数が現れ続けます．

（**3**） ①より，4に操作を行うと，その後

1回目：2　2回目：1　3回目：4

と，2 → 1 → 4 …②　が繰り返し現れる．

4が現れるのは順に3回目，6回目，9回目，…であるから，8回目に現れる数は**1**である．

（**4**） （3）の結果より，n個目の4が現れるまでに全部で$3n$回の操作を行っている．

$n=25$のとき，全部で$3\times25=75$（回）操作を行っているので，25個目の1が現れるには，$75-1=74$（回）の操作を行えばよい．

答えは，**74回目**．

*　　　*　　　*

それでは演習問題です．例題と同様，実際に操作して解き進める過程で，どんな規則性・周期性を見つけるかがポイントであることを忘れずトライしましょう．

演　習　問　題

1．1から72までの異なる整数が1つずつ書かれた72枚のカードが3組ある．この3組のカードが図1のように，書かれた数が小さい順に左から横一列に並べられており，上から順番にカードの列をそれぞれ列A，列B，列Cと呼ぶことにする．これらの列に対して，次の操作①または②を何回か行う．

図1

列A
1 2 3 4 5 … 68 69 70 71 72

列B
1 2 3 4 5 … 68 69 70 71 72

列C
1 2 3 4 5 … 68 69 70 71 72

① 列Aの右端からn枚のカードを，列Aの左側にそれらの順番を変えずに並べる．

② 列Bの右端からl枚のカードを，列Bの左側にそれらの順番を変えずに並べ，列Cの右側からm枚のカードを，列Cの左側にそれらの順番を変えずに並べる．

例

・図1の状態で，$n=3$とし操作①を1回行うと，図2のようになる．

図2

列A
70 71 72 1 2 … 65 66 67 68 69

図3

列A
64 65 66 67 68 … 59 60 61 62 63

・図1の状態で，$n=3$ とし操作①を3回行うと，図3のようになる．

図4

列B

67 68 69 70 71 … 62 63 64 65 66

列C

58 59 60 61 62 … 53 54 55 56 57

・図1の状態で，$l=2$，$m=5$ とし操作②を3回行うと，図4のようになる．

このとき，次の問いに答えなさい．

（1） 図1の状態で，$n=4$ とし操作①を12回行った．このとき，列Aの左端にあるカードに書かれた数を求めなさい．

（2） 図1の状態で，$n=20$ とし操作①を行う．45が書かれたカードが，初めて列Aの左端にくるまで，操作①は何回必要かを求めなさい．

（3） 図1の状態で，$l=32$，$m=42$ とし操作②を行う．列Bの左端にあるカードと列Cの左端にあるカードが，両方とも1が書かれたカードになるまで，操作②は最低何回必要かを求めなさい．ただし，操作②は1回以上行うものとする．

（10　神奈川県立横浜翠嵐）

解答・解説

1．（1）は実際に調べれば正解にたどり着くことでしょう．ただし，（2）以降もすべて調べることは難しいので，（1）の段階で左端の数の推移について何らかのルールを見つけておきましょう．

解　（**1**）実際に調べて何回目に左端の数がどのようになったか，下表のようになる．

回数	1	2	3	4	5	6	…
左端	69	65	61	57	53	49	…

1回の操作によって左端の数は4ずつ減少することがわかる．したがって，12回行った後の左端の数は，

$69-4\times(12-1)=69-44=$**25**

➡**注**　表において左端の数は4ずつ減少しますが，1回目の操作で左端の数が69となることは開始前（0回目）の左端の数を1ではなく，$1+72=73$ と考えておくことで，$73-4=69$ と，実際の作業をせずとも求めることが可能です．

（**2**）$n=20$ のとき，実際に操作をすると，

1回目に移したのは53～72で，

右端の数字は52

2回目に移したのは33～52で，

右端の数字は32

3回目に移したのは13～32で，

右端の数字は12

4回目に移したのは1～12と65～72で，

右端の数字は64

5回目に移したのは45～64

よって，左端の数は

53→33→13→65→45

と推移し，**5回目**で題意を満たす．

➡**注**　$n=20$ のとき左端の数は20ずつ減少しますから，開始前の左端の数を73と考えることで，1回目の左端の数は $73-20=53$ と計算可能です．また，4回目の操作で左端の数が65となることも，$13+72-20=65$ という計算で求められます．

（**3**）列Bだけを考えると，$l=32$ のとき，1回目の左端の数は，$73-32=41$

以降，左端の数は，

41→9→49→17→57→25→65→33→1

と，9回の操作で1に戻る．

よって，左端が1になるのは，9回目，18回目，27回目，…と回数が9の倍数になるとき．

列Cだけを考えると，$m=42$ のとき，1回目の左端の数は，$73-42=31$

以降，左端の数は，

31→61→19→49→7→37

→67→25→55→13→43→1

と，12回の操作で1に戻る．

よって，左端が1になるのは，12回目，24回目，36回目，…と回数が12の倍数になるとき．

これより，列Bと列Cの左端の数が同時に1に戻るのは，（9と12の最小公倍数である）**36回目**となる．

公立入試問題ピックアップ⑩

パターン通りの出題とは限らない「速さ」の文章題

0. 出題頻度は減っているけれど…

文章題といえば，速さや濃度あるいは売買損益といったテーマが定番ですが，近年の公立高校入試では「長文を読み，その場で考える問題」として，整数や確率との融合が増えているため，パターン通りに立式して正確に処理すれば正解できる問題を目にする機会が少なくなっています．

一方で，速さに関してはここで紹介している問題のように「関数との融合」で出題できるので，たまに登場したときには「難易度の高い問題」に仕上がっていることが多いのです．

1. 一次関数で解く？それとも？

例題・1

兄と弟はP地点とQ地点の間でトレーニングをしている．P地点とQ地点は2400m離れており，P地点とQ地点の途中にあるR地点は，P地点から1600m離れている．

兄は，午前9時にP地点を出発し，自転車を使って毎分400mの速さで，休憩することなく3往復した．また，弟は兄と同時にP地点を出発し，毎分200mの速さで走り，R地点へ向かった．弟がR地点に到着すると同時に，P地点に向かう兄がR地点を通過した．その後，弟は休憩し，兄が再びR地点を通過すると同時に，P地点に向かって歩いて戻ったところ，3往復を終える兄と同時にP地点に着いた．

次のグラフは，兄と弟がP地点を出発してからx分後にP地点からym離れているとして，xとyの関係を表したものである．兄と弟は，各区間を一定の速さで進むものとし，あとの問いに答えなさい．

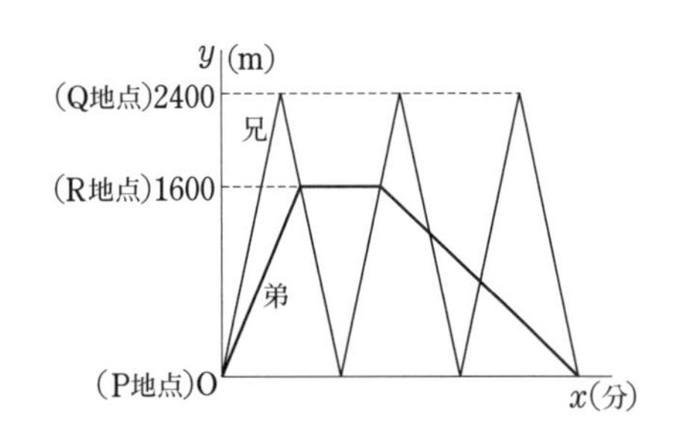

(1)　弟はR地点で何分間休憩したか求めなさい．

(2)　弟は休憩した後，毎分何mの速さでP地点に向かって歩いたか求めなさい．

(3)　弟がR地点からP地点へ歩いているとき，Q地点に向かう兄とすれちがう時刻を求めなさい．　(18　富山県)

縦軸に距離，横軸に時間をとるグラフを一般に「ダイヤグラム」とよび，直線の傾きが速さ(この場合は分速)を示すことを覚えておきましょう．もちろん一次関数として解くこともできますが，ダイヤグラムには「計算の手間を減らせる」利点があるのです．

解　(1)　次ページ上のグラフにおいて，弟が休憩した時間(①～②)は，兄がR地点→P地点→R地点と往復した時間に等しい．

よって，求める時間は，

$(1600\times2)\div400=8$ **(分間)**

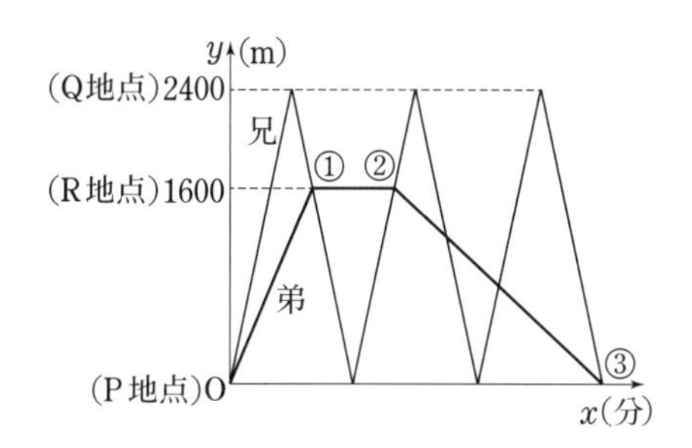

（2） 兄は，PQ 間の 3 往復に，
$2400\times6\div400=36$ (分)かかる．また，弟は，P 地点から R 地点までに，$1600\div200=8$ (分)かかる．これに(1)より休憩を 8 分取っているので，弟が休憩後，R 地点から P 地点に戻るまでにかかった時間(②〜③)は，

$36-(8+8)=20$ (分)

このときの速さは，$1600\div20=$ **80 (m/分)**

（3） 図の網目部分に注目すると，
△ABE∽△DCE で，図より AB＝DC＝12
よって，AE：ED＝AB：DC＝1：1

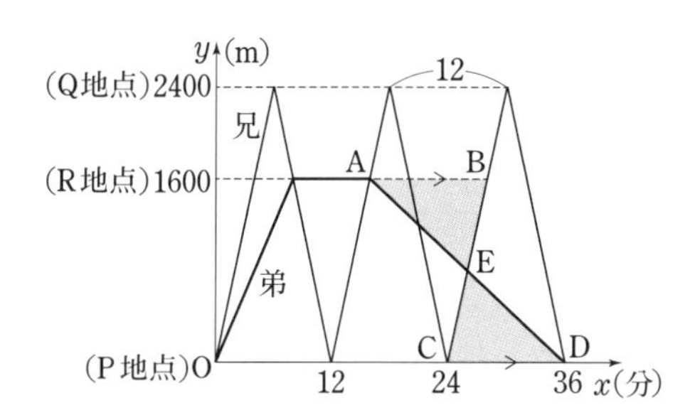

つまり，2 人のグラフの交点 E は R 地点と P 地点のちょうど真ん中(P 地点から 800 m)のところになる．(2)より弟はこの交点から P 地点まで，$800\div80=10$ (分)歩くので，
$36-10=26$ より，答えは，**午前 9 時 26 分**

＊　　＊　　＊

一次関数を学習済みの皆さんにとって，(3)の模範解答はもちろん直線 AD と直線 BC の式をそれぞれ求め，2 直線の交点を求める作業になるでしょう．一方，このグラフ(ダイヤグラム)の利点は，これを「平面図形」と見て相似を使う場面で活きてきます．難関私国立高校受験生にとっては定番ですが，公立高校受験生も負けないように身につけておきましょう．

2. 中学生が苦手とする「比」の扱い

一般的に中学生は，定期試験などでは「方程式を立てる→計算して解を求める」ことが主に問われますので，それほど速さの問題で「比」を意識する場面がありません．だからといって準備を怠ると，次のような問題に対峙したときに困ってしまうことになります．

例題・2

ジョギング愛好家の A さん，B さん，C さんの 3 人は，毎週日曜日に 1 周 400 m の周回コースを 10 周走っています．ある日曜日に 3 人は，周回コースの同じスタート地点から同じ方向に同時に走り始めました．このとき，次の①〜③のようになりました．

① A さんがちょうど 1 周してスタート地点に戻ってきたとき，B さんは A さんの 16 m 後方を走っていました．
② B さんがちょうど 1 周してスタート地点に戻ってきたとき，C さんは B さんの 50 m 後方を走っていました．
③ A さんがちょうど 10 周してスタート地点に戻ってきた 36 秒後に，B さんがちょうど 10 周してスタート地点に戻ってきました．

ただし，3 人ともそれぞれ一定の速さで走るものとします．また，A さんの走る速さは，B さんの走る速さより速く，B さんの走る速さは，C さんの走る速さよりも速いものとし，周回コースの幅は考えないものとします．

(1) A さんがちょうど 1 周してスタート地点に戻ってきたとき，C さんは A さんの何 m 後方を走っていたか求めなさい．
(2) A さんが C さんを最初に追い越したのは，A さんが走り始めてから何周目だったか求めなさい．
(3) A さんがちょうど 10 周してスタート地点に戻ってきたのは，走り始めてから何分何秒後だったか求めなさい．

(11　神奈川県立柏陽)

AとBが，例えば12分間走のように同じ時間走った際には，

「速さの比と移動距離の比は等しい」……(ア)，

そして，1500m 走のように同じ距離を走った際には，

「速さの比と所要時間の比は逆になる」…(イ)

この2つは「速さと比」に関する基本事項ですので確認しておきましょう．

解　(**1**)　AとB，BとCがそれぞれ同じ時間走る際の移動距離の比は，

①より，A：B＝400：(400－16)＝25：24

②より，B：C＝400：(400－50)＝8：7

となるので，比を揃えて，

A：B：C＝25：24：21 …………………④

よって，求める距離を xm とおくと，

400：$(400-x)$＝25：21

$400-x=336$　∴　$x=$**64 (m)**

(**2**)「AがCを最初に追い越した」は，「AがCに400mの差をつけた」と同じことです．

④より，条件を満たすときのAの移動距離を $25y$ (m)，Cの移動距離を $21y$(m)とおく．

2人の差が400mになっているので，

$25y-21y=400$　∴　$y=100$

つまり，Aが25×100＝2500 (m)走ったときに条件を満たすので，

400×6＜2500＜400×7

より，最初に追い越すのは**7周目**である．

(**3**)　③より，AとBは10周で36秒の差がつくので，1周では3.6秒の差がつく ……⑤

①より，AとBには1周で16m差がついているので，これと⑤より，

Bは3.6秒で16m走る

ことがわかる．

よって，Bが10周するのに要する時間を t 秒とすると，

3.6：16＝t：400×10

∴　t＝900(秒)＝15 (分)

AはBより36秒早く走り終えるので，答えはこれより36秒前の，**14分24秒後**.

*　　　*　　　*

それでは演習問題に進みましょう．

比の扱いが苦手な人は，前問の**解**のように，「10周で36秒差→1周で3.6秒差→ t 周で $3.6t$ 秒差」という形で段階を踏んで整理し，「比の部分を文字で置く」ことを鉄則にしておきましょう．

演　習　問　題

1．自動運転で走る自動車Xがあり，次の2つの走行モード(運転方式)を選択できる．

<走行モード>
Aモード　時速60km
Bモード　時速40km

また，次の条件で考える．

<条件>
- 2つの走行モードのみを使用し，各走行モードでは常に一定の速度で走行する．
- 走行した距離に対して消費する燃料の割合は，各走行モードで一定とする．
- 出発時は燃料が100％あり，出発後は燃料の補給を行わない．

自動車Xは，Aモードのみで最大200km走行できる．図は，最初にAモード，次にBモードで合計250km走行したときの距離と燃料の残量の割合の関係を表したグラフである．

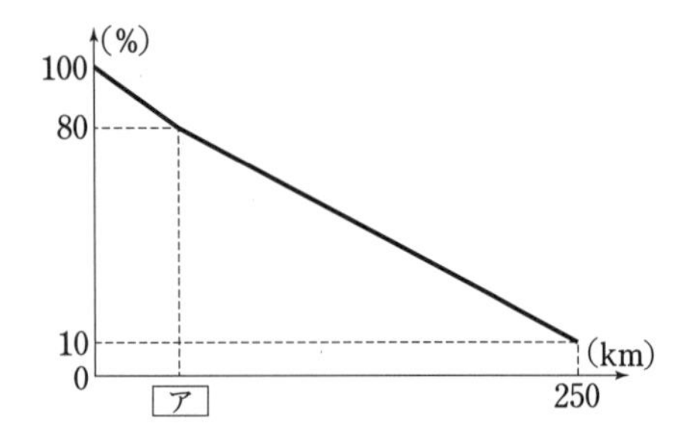

(1)　図の ア に当てはまる数を求めなさい．

(2)　Bモードのみで最大何km走行できる

か，求めなさい．

（3） 最初にＡモードで 160km，次にＢモードで燃料がなくなるまで走行したとき，出発してから燃料がなくなるまでの時間は何時間何分か，求めなさい．

（4） 250km を最短時間で走行するとき，Ａモードで走行する距離は何 km か，求めなさい．

（19 兵庫県）

解答・解説

1． **例題**・1 で紹介したダイヤグラム(縦軸に距離，横軸に時間をとるグラフ)ではないので，グラフ内に時間を表す情報がないことに注意し，比を上手に利用しましょう．

（4）の正答率は 10.5％と低く，与えられた条件を使いこなせなかった受験生が多かったことをうかがわせます．

解 **（1）** 求めるものはＡモードで燃料を20％使うときの走行距離．

Ａモードで 100％燃料を使うと 200km 走行できるので，燃料 a％あたりでは $2a$km 走行できる．……………………………………………①

$a=20$ のときを考えるので，

ア$=20\times2=$**40**

（2） グラフよりＢモードでは，燃料の 70％で 250－ア＝210 (km)走行しているので，燃料 b％につき $3b$km 走行できる．　………②

$b=100$ のときを考えるので，最大走行距離は，$100\times3=$**300 (km)**

（3） ①より，Ａモードで 160km 走行する場合には燃料の 80％を使う．

②よりＢモードで残りの 20％の燃料を消費するとき 60km 走行可能．

したがって，求める時間は，

$$\frac{160}{60}+\frac{60}{40}=\frac{25}{6}=4+\frac{1}{6}\ (時間)$$

よって答えは，**4 時間 10 分．**

（4） Ａモードで燃料の a％を，Ｂモードで燃料の b％を使うものとする．

燃料合計について，$a+b=100$ …………③

①，②より，Ａモードでの走行距離を $2a$km，Ｂモードでの走行距離を $3b$km とそれぞれ表せるから，$2a+3b=250$ ……………④

③，④を連立して解くと，$a=b=50$

よって，Ａモードで走行する距離は，①より，

$50\times2=$**100 (km)**

【別解：一次関数として解く】 一般的な速さの問題のように一次関数を利用して解くには，「250km を最短時間で走行するには，到着したときに燃料が残らない状態になるまで，できる限りＡモードを使う」ことに気づいておく必要があります．

下のグラフの直線 DE はすべてＡモードで運転したとき，直線 CF はすべてＢモードで運転したときをそれぞれ表し，実線のグラフは題意の「燃料が g％になるまでＡモードで運転し，残りをＢモードで運転し，残りの燃料が 0 になった状態で到着した」ときの動きを示している．

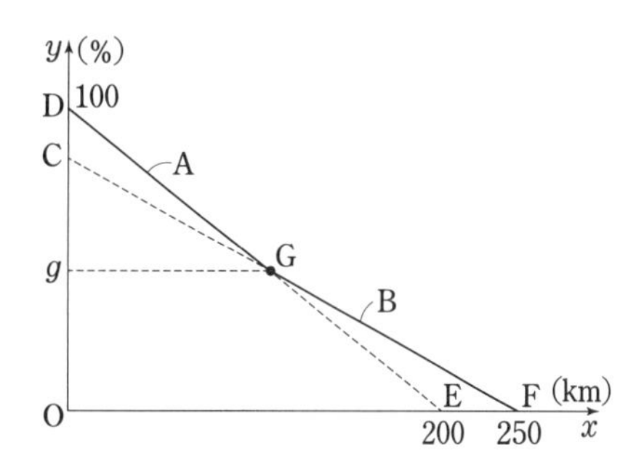

Ｂモードでは②より 250km 走るには $\frac{250}{3}$％の燃料で足りるので，$C\left(0,\ \frac{250}{3}\right)$

よって，

直線 DE の式… $y=-\frac{1}{2}x+100$ …⑤　と

直線 CF の式… $y=-\frac{1}{3}x+\frac{250}{3}$ ……⑥

を得るので，⑤と⑥を連立して交点(100，50)を求めればよい．

公立入試問題ピックアップ⑪

「図形上の動点＋確率」を徹底マーク！

0. 場合の数・確率の出題傾向は？

公立高校入試に登場する「場合の数・確率」では，さいころやカード，玉の取り出しといった定番の出題がもちろん多いのですが，最近目につくのが「図形上の動点＋確率」です．一昔前には大学入試や難関私立高校入試で扱われていた題材ですが，その場で点の動き方を把握して試行錯誤しなければならないため，「(塾で習った)パターンどおりの解き方ができない」という点で出題したくなるテーマの一つなのです．受験生にとってはやっかいですが，この機会に出題傾向をしっかり捉えてください．

1. 点の動きを追いかけながら数え上げよう

例題・1

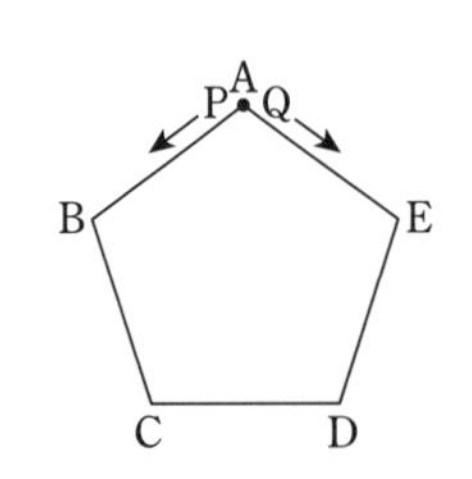

右の図は，正五角形ABCDEであり，頂点Aの位置に2点P，Qがある．いま，さいころ2つを同時に1回投げて，出た目の数の和だけ点Pと点Qが動く場合を考える．

点Pは正五角形ABCDEの頂点を，さいころの出た目の和の数だけ左回りに頂点Aから1つずつ順に動き，点Qは正五角形ABCDEの頂点を，さいころの出た目の和の数だけ右回りに頂点Aから1つずつ順に動く．例えば，出た目の数の和が9ならば点Pは頂点Eに，点Qは頂点Bに止まる．点Pが頂点Cに止まる場合と，点Qが頂点Cに止まる場合を比べると，どちらのほうが頂点Cに止まりやすいかを説明せよ．ただし，さいころはどの目が出ることも同様に確からしいものとする．

（16　高知県，改）

2つのさいころを同時に1回投げたときのすべての目の出方は6×6（通り）です．解説に示すような表を用いて，数え漏れを防ぐ工夫を心がけましょう．

解　点P，点Qがそれぞれ頂点Cに止まる確率を求めればよい．

2つのさいころをA，Bとし，Aの出た目をa，Bの出た目をbとおく．

点Pが頂点Cで止まるための条件は，

$a+b=2,\ 7,\ 12$ ……………………①

点Qが頂点Cで止まるための条件は，

$a+b=3,\ 8$ ……………………②

であり，(6×6)通りのうち①の条件をみたすものは○を，②の条件を満たすものは△をそれぞれ下表に記入して整理すると，

a＼b	1	2	3	4	5	6
1	○	△				○
2	△				○	△
3				○	△	
4			○	△		
5		○	△			
6	○	△				○

○は全部で8個，△は全部で7個あるので，求める確率は，

点P…$\dfrac{8}{6\times6}=\dfrac{8}{36}$　点Q…$\dfrac{7}{6\times6}=\dfrac{7}{36}$

よって，**点Qより点Pのほうが頂点Cに止まりやすい.**

公表されている資料によると，この問題の正答率は21.4%(無答率は31.5%)です．テキパキと処理するには充分な演習に基づいた「慣れ」が不可欠ですね.

それではもう1問，「要領よく数えること」をテーマとして解いて下さい.

例題・2

1枚の硬貨を投げて，表裏の出方によって同じ数直線上を次の[規則]にしたがって移動する2点P，Qを考える．m，nはそれぞれ1けたの自然数とする.

> [規則]
> 硬貨を投げた後，2点P，Qはそれぞれ，硬貨を投げる前の位置から次のように移動する.
> 硬貨の表が出たときは，
> 点Pは正の向きにmだけ，点Qは負の向きにnだけそれぞれ進む.
> 硬貨の裏が出たときは，
> 点Pは負の向きにnだけ，点Qは正の向きにmだけそれぞれ進む.

硬貨は続けて何回か投げ，2点P，Qは硬貨を1回投げるたびに[規則]にしたがって移動を繰り返す．硬貨を投げ始める前，2点P，Qはともに数直線上の0の位置にある.

> [例]
> $m=5$，$n=3$の場合，硬貨を続けて3回投げ，表裏の出方が「裏，表，表」となったとき，2点P，Qは数直線上を次のように移動する.
> 1回目に投げた後，
> 点Pは0の位置から-3の位置に移動し，点Qは0の位置から5の位置に移動する.
> 2回目に投げた後，
> 点Pは-3の位置から2の位置に移動し，点Qは5の位置から2の位置に移動する.
> 3回目に投げた後，
> 点Pは2の位置から7の位置に移動し，点Qは2の位置から-1の位置に移動する.

硬貨を続けて8回投げるとき，次の各問に答えよ.

(1)　$m=3$，$n=2$の場合を考える．8回目に投げた後，点Pの位置を表す数は，点Qの位置を表す数より20だけ大きくなった．硬貨を投げた8回のうち，表が出た回数は何回か.

(2)　硬貨を投げた7回目までは7回とも，投げた後の点Pの位置が点Qの位置より右にあり，8回目を投げた後，2点P，Qが同じ位置に移動する場合を考える．このような場合が起こる確率を求めよ.

(14　東京都立立川，一部略・改)

1枚(1回)硬貨を投げると表裏の出方はもちろん2通り．2枚(2回)投げれば2×2(通り)になりますから，一般に硬貨をn枚(n回)投げる場合の表裏の出方は，2^n(通り)になります.

解　8回投げた後の点Pの座標をp，点Qの座標をqとし，表がx回，裏が$(8-x)$回出たとして考える.

(1)　条件より，$p=q+20$　………………①

このとき，

$p=3x-2(8-x)=5x-16$　……………②

$q=3(8-x)-2x=24-5x$　……………③

とそれぞれおけるので，②と③を①に代入して，

$5x-16=24-5x+20$　∴　$x=6$

よって，表が出た回数は，**6回.**

(2)　条件より，$p=q$　……………………④

このとき，

$p=mx-n(8-x)=(m+n)x-8n$　…⑤

$q=m(8-x)-nx=8m-(m+n)x$　…⑥

とそれぞれおけるので，⑤と⑥を④に代入して，

$$(m+n)x-8n=8m-(m+n)x$$

$$2(m+n)x=8(m+n)$$

$m+n>0$ より，これを解いて，$x=4$

これより，表と裏はそれぞれ4回ずつ出たことがわかる．また，1回目と2回目はともに表，7回目と8回目はともに裏でなければ条件を満たさないので，3回目から6回目における表裏の出方(ともに2回ずつ)について考えればよい．3回目から6回目について，条件を満たす表裏の出方を書き出して調べると，

表表裏裏　表裏表裏　表裏裏表

裏表表裏　裏表裏表

の5通り．

したがって，求める確率は，$\dfrac{5}{2^8}=\mathbf{\dfrac{5}{256}}$

＊　　＊　　＊

(2)は難度が高く，(1)を参考にして表裏の回数を求める作業をこなしたあと，さらに条件を満たす表裏の出方を工夫しながら数えなければなりません．公立高校入試で問われる場合の数・確率は，実際に書き出して調べる作業が多くの場合求められますが，普段の演習では数え漏れやダブリに気をつけるのはもちろんのこと，本問のような「要領よく数え上げるための思考，条件整理」にも目を向け，経験値を高めておくことが必要です．「気合と根性で全部書き出す」ことを面倒がるようでは論外ですが，その一方で「楽な数え方」について検討してみることも忘れないでください．

演　習　問　題

1．図のような立方体があり，点Pはこの立方体の辺上を次の規則に従って移動する．

<規則>

1 最初，点Pは頂点Aにある．

2 1秒後には，点Pは隣り合う頂点のいずれかに移動して止まる．このとき，移動後の頂点は3通りあり，どの場合が起こることも同様に確からしい．

3 1秒ごとに2を繰り返す．

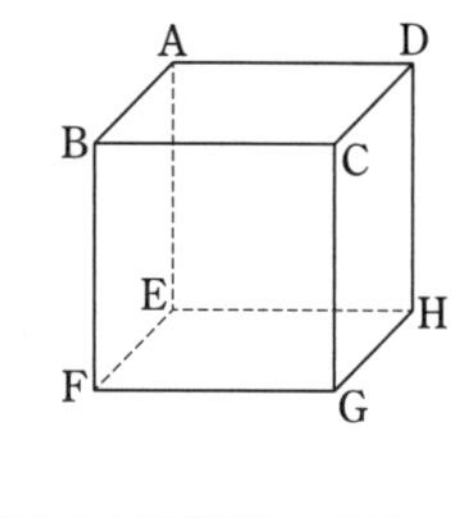

例えば，点Pが1秒後に頂点Bに止まると，その1秒後には頂点A，C，Fのいずれかに止まる．その経路はそれぞれA→B→A，A→B→C，A→B→Fである．このとき，次の確率をそれぞれ求めよ．

(1) 2秒後に点Pが頂点Aに止まる確率．

(2) 3秒後に点Pが頂点Gに止まる確率．

(3) 点Pが3秒後まで移動するとき，1秒後，2秒後，3秒後に止まる頂点をそれぞれ直線で結んで図形をつくる．このとき，できる図形が三角形になる確率．

(4) 点Pが4秒後まで移動するとき，1秒後，2秒後，3秒後，4秒後に止まる頂点をそれぞれ直線で結んで図形をつくる．このとき，できる図形が立体になる確率．

(15　兵庫県)

2．右の図のように，5つの地点に1から4の数字を，また，それらを結ぶ経路にはA，B，C，Dの文字を割り当て，次の[1]〜[5]に従ってコマを動かし，2けたの整数Xをつくる．

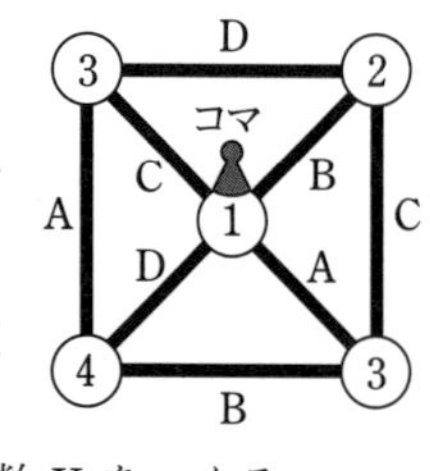

[1] 最初，コマを①の地点におく．

[2] A，B，C，Dと書かれたカードが1枚ずつ入った袋の中から，カードを1枚取り出す．書かれている文字と同じ経路にそってコマを移動させる．

[3] 移動後の地点の数字をXの十の位の数字とする．

[4] カードをもどしたあと，[2]をもう一度行う．ただし，書かれている文字と同じ経路がなければ，コマを移動

させない．
［5］ 最後にコマがある地点の数字をXの一の位の数字とする．

例えば，Ａ，Ａの順にカードを取り出した場合，コマの位置は①→③→①となるので，X＝31．Ｄ，Ｃの順にカードを取り出した場合，コマの位置は①→④→④となるので，X＝44となる．このとき，次の問いに答えよ．

（1） X＝23となるカードの取り出し方を例にならってすべて書きだせ．
　例．Ｃ，Ａの順にカードを取り出す場合，
　　C→Aと記入する

（2） Xが素数となる確率を求めよ．ただし，どのカードの取り出し方も同様に確からしいとする．

（15　福井県）

解答・解説

1．②より，n秒後までの点Pの移動の仕方は3^n(通り)となる．

解 （1） 条件を満たす移動の仕方は，
A→B→A，A→D→A，A→E→A
の3通りが考えられるので，求める確率は，
$\frac{3}{3^2}=\mathbf{\frac{1}{3}}$

（2） 3秒後に頂点Gに止まるためには，2秒後に頂点C，F，Hのいずれかに止まらなければならない．

頂点Aから2秒で頂点Cに移動するにはA→B→C，A→D→Cの2通りがあり，同様に頂点F，Hへの移動の仕方も2通りずつあるので，求める確率は，$\frac{2+2+2}{3^3}=\frac{6}{27}=\mathbf{\frac{2}{9}}$

（3） 1秒後に頂点Bへ移動する場合を考える．頂点Bと，2秒後と3秒後の移動先の頂点で三角形が作れるのは，

BAD，BAE，BCD，BCG，BFE，BFG

の6通り．同様に，1秒後に頂点D，頂点Eへ移動する場合も三角形は6通りずつ作れるので，求める確率は，$\frac{6+6+6}{3^3}=\frac{18}{27}=\mathbf{\frac{2}{3}}$

（4） 1秒後に頂点Bへ移動する場合を考える．頂点Bと2秒後・3秒後・4秒後の移動先の頂点で立体を作るには，（3）で書き出した6通りの三角形を底面と考え，4秒後の頂点を利用して立体にすればよいので，

BADH，BAEH，BCDH，BCGH，
BFEH，BFGH

の6通り．同様に，1秒後に頂点D，頂点Eへ移動する場合も立体は6通りずつ作れるので，求める確率は，$\frac{6+6+6}{3^4}=\frac{18}{81}=\mathbf{\frac{2}{9}}$

2．1枚目，2枚目に取り出したカードと，それによって作られる2けたの整数について整理すると，下表のとおり．

1枚目＼2枚目	A	B	C	D
A	31	34	32	33
B	22	21	23	23
C	34	33	31	32
D	43	43	44	41

解 （1） 表より，X＝23となるのは**B→C**と**B→D**の場合．

（2） 表より，作られるXのすべての場合は4×4(通り)あり，Xが素数になるのは，

23…2通り　31…2通り
41…1通り　43…2通り

の7通りだから，求める確率は，$\frac{7}{4\times4}=\mathbf{\frac{7}{16}}$

＊　　＊　　＊

公立高校入試では問題文が長くなる傾向があります．長い文章を読みながら点の動き方を捉え，設問にあわせて点の動きを追いかけるのですから，作業量を減らすことを強く意識しないと途中でミスが生じるのは必然です．今後全国的に出題が多くなることが予想されますので，今回紹介した問題でまずは「目の付け所」を体感しておきましょう．

公立入試問題ピックアップ⑫

「2つのさいころ」が主役の難問に挑む

0. 6×6＝36（通り）しかないのに…

公立高校入試で扱う「さいころの確率」では，さいころを3回ふる問題を見ることはあまりなく，そのほとんどが「さいころを2回ふる」設定です．その多くは煩雑な処理を必要としないのに総じて正答率は高くありません．それだけミスが出やすいということであり，差がつきやすいので注意が必要です．ここでは「試験会場で初めて見たらおそらく戸惑う」題材をいくつか紹介します．頻出テーマに慣れておくことはもちろん，ミスを防ぐ工夫にも充分気を配ってください．

1. さいころの目を用いて数字を作る

例題・1

1から6までの目が出る大小1つずつのさいころを同時に1回投げる．大きいさいころの出た目の数をa，小さいさいころの出た目の数をbとするとき，次の確率を求めよ．

（1） $3a+2b$ の値が6の倍数になる確率．

（15　東京都立日比谷）

（2） $\dfrac{a+3}{b}$ の値が素数になる確率．

（16　東京都立戸山，改）

大小2つのさいころを同時に1回投げたときのすべての目の出方は6×6（通り）です．解説に示すような表を用いて，数え漏れを防ぐ工夫を心がけましょう．**例題**・1のようなパターンでは，さいころの目の値によってできる数字に注目しますが，「素数」「自然数」といった条件の読み落としが多いので注意してください．

解　（1）　全部の目の出方6×6（通り）のうち，条件をみたすものに○を，下表に記入して整理すると，

$3a$ ＼ $2b$	2	4	6	8	10	12
3						
6			○			○
9						
12			○			○
15						
18			○			○

○は全部で6個あるので，求める確率は，

$$\frac{6}{6\times6}=\mathbf{\frac{1}{6}}$$

（2）　条件をみたすものに○を，下表に記入して整理すると，

$a+3$ ＼ b	1	2	3	4	5	6
4		○				
5	○					
6		○	○			
7	○					
8				○		
9			○			

○は全部で7個あるので，求める確率は $\mathbf{\dfrac{7}{36}}$

＊　　　＊　　　＊

$(a,\ b)=(2,\ 1),\ (4,\ 1),\ \cdots$と書き出す手法もありますが，条件を満たす場合が多くなれ

ばなるほど，数える際にミスが出るものです．6×6の表を書き，しかも最初から条件に準じた値を準備することを心がけましょう．

2．「座標平面＋確率」は難易度アップ

さいころの出た目を座標に見立て，座標平面上にとる問題も出題例が多数あります．関数や図形の知識と融合させる必要があるため，難易度が格段にアップします．

例題・2

下の図のように座標平面上に点A(2，0)，点B(4，4)があります．大小2つのさいころを同時に振り，大きいさいころの出た目の数をa，小さいさいころの出た目をの数bとし，点P(a，b)を右の座標平面上にとります．このとき，次の問いに答えなさい．ただし，さいころは，1から6までのどの目が出ることも同様に確からしいとします．

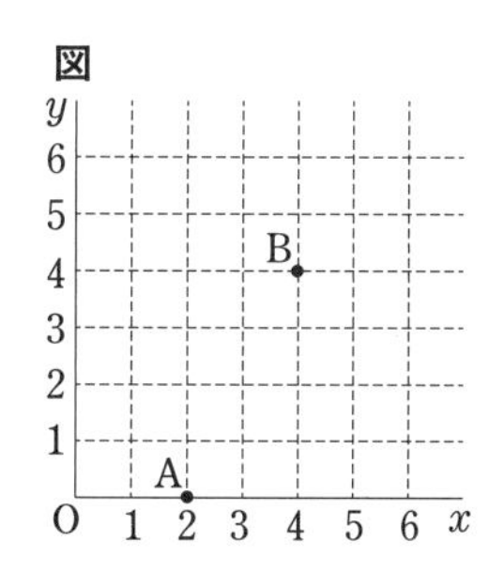

（1） ∠APBが90°になる確率を求めなさい．

（2） △PABの面積が5以上になる確率を求めなさい．（17 滋賀県，一部略）

公表されている正答率は(1)が7.7％，(2)で3.5％と大変低いものです．点Pについて36通りをすべて調べる時間はないので，図形の知識を上手に組合せましょう．

解 （1）

∠APB＝90°になるのは，点PがABを直径とする円周上にくるとき．

∠APB＝90°になる点Pは，右図より5通り考えられる(○印)ので，求める確率は$\dfrac{5}{36}$

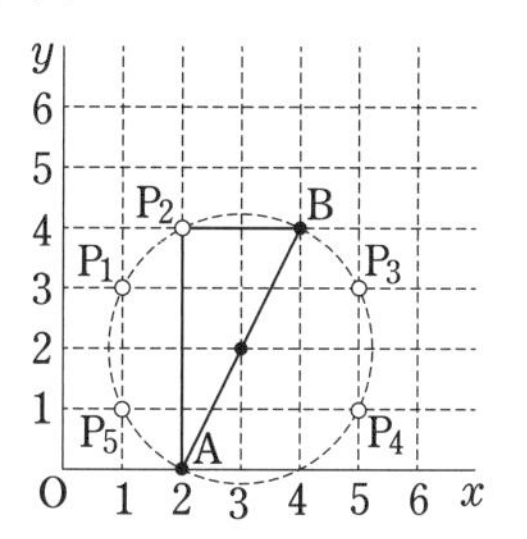

（2） △PABの底辺をABと見ると，

$AB=\sqrt{(4-2)^2+(4-0)^2}=2\sqrt{5}$ より，点Pが直線ABと$\sqrt{5}$以上離れたときに条件を満たす．(1)で用いた円周上にあった5点のうち，△PABが直角二等辺三角形となる点(1，3)と(5，1)を通り，線分ABに平行な直線を右図のように引き，この線上または外部に点Pがくる場合を考えればよい．

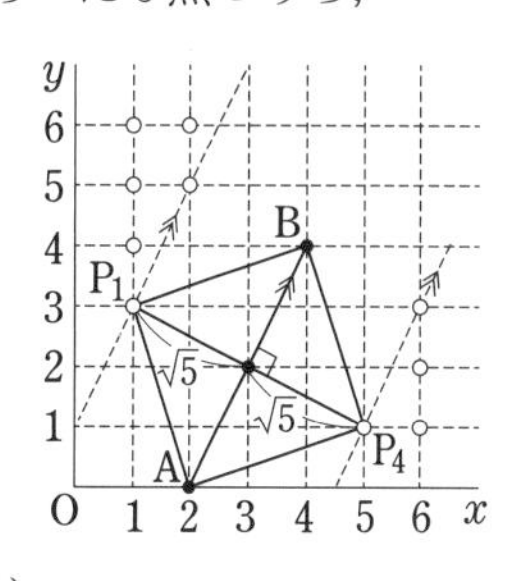

図より，条件を満たす点は全部で10通りある(○印)ので，求める確率は，$\dfrac{10}{36}=\dfrac{5}{18}$

3．ミスが出やすい「図形上の動点＋確率」

例題・3

1辺の長さが1の正五角形ABCDEがある．点Pは最初，頂点Aの上にあり，さいころを投げ，出た目の数だけ点Pは頂点Aから正五角形の辺に沿って頂点を移動し，さらに，その移動した頂点から2回目に投げたさいころの目の数だけ正五角形の辺に沿って頂点を移動し止まるものとする．

（1） 点Pが反時計回りに移動するとき，2回さいころを投げた後，点Pが頂点Bの上で止まる確率を求めなさい．

（2） さいころの目が奇数の場合，点Pは反時計回りに移動し，さいころの目が偶数の場合，点Pは時計回りに移動するものとする．このとき，点Pが頂点Bの上で止まる場合は全部で何通りあるか答えなさい．

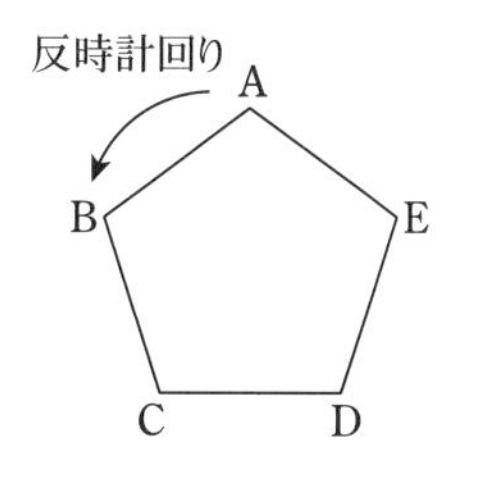

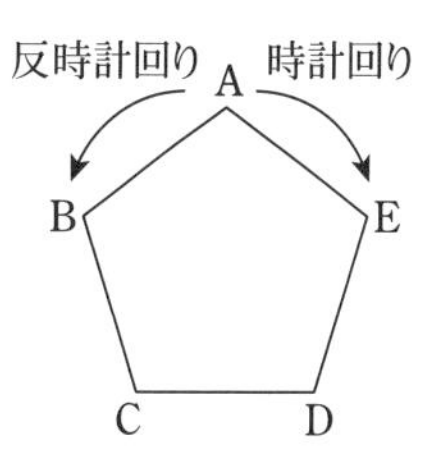

（14 沖縄県，一部略）

さいころの目にあわせて点が動く「動点＋確率」も頻出パターンです．点の動き方を把握してから試行錯誤しなければならないため，ミスが出やすく差がつきます．

解　（1）　1回目に出た目の数をa，2回目に出た目の数をbとすると，2回目終了後に点Pが頂点Bで止まるための条件は，

$a+b=6,\ 11$ ……………………………①

よって，6×6(通り)のうち，①の条件を満たすものに○を，下表に記入して整理すると，

a＼b	1	2	3	4	5	6
1					○	
2				○		
3			○			
4		○				
5	○					○
6					○	

○は全部で7個あるので，求める確率は $\mathbf{\frac{7}{36}}$

（2）　反時計回りに進む方向をプラスと考え，偶数の目にマイナスをつけて整理すれば考えやすくなります．

1回目に出た目の数をa，2回目に出た目の数をbとすると，2回目終了後にPが頂点Bで止まるための条件は，

$a+b=-4,\ 1,\ 6,\ 11$ ……………………②

よって，6×6(通り)のうち②の条件を満たすものに○を，下表に記入して整理すると，

a＼b	1	−2	3	−4	5	−6
1					○	
−2		○	○			
3		○	○			
−4					○	
5	○			○		
−6						

○を数えて，全部で**8通り**.

＊　　＊　　＊

次は，紹介した3テーマにあわせた演習問題です．要領よく数えてください！

演　習　問　題

1．大小2つのさいころを同時に投げるとき，大きいさいころの出た目の数を一の位の数，小さいさいころの出た目の数を十の位の数とし，百の位の数を1として3桁の整数nを作るとき，nが7の倍数になる確率を求めよ．

（16　東京都立日比谷，表現省略）

2．大小2つのさいころを同時に投げる．大きいさいころの出た目の数をa，小さいさいころの出た目の数をbとする．

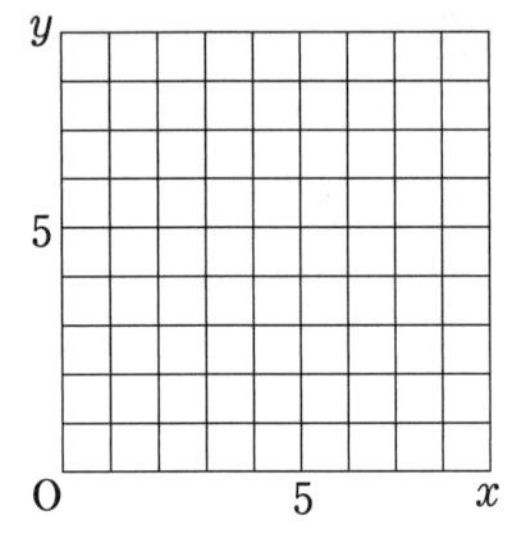

3直線 $y=\frac{b}{a}x$，$y=\frac{a}{b}x$，$y=-x+8$ で囲まれる三角形の内部に，半径$\sqrt{2}$cmの円をかくことができるa，bの組み合わせは何通りあるか，求めなさい．ただし，座標軸の単位の長さは1cmとする．

（17　兵庫県，一部略）

3．右図のように，点A，B，C，D，E，F，G，Hを頂点とする立方体があり，この頂点上を移動する2点P，Qがある．大小2つのさいころを同時に1回投げる．点Pは，点Aを出発点として，大きいさいころの出た目の数だけ，→B→C→D→A→B→Cの順に移動し，点Qは，点Eを出発点として，小さいさいころの目の数だけ，→H→G→F→E→H→Gの順に移動する．このとき，直線PQと直線CGが，ねじれの位置にある確率を求めなさい．

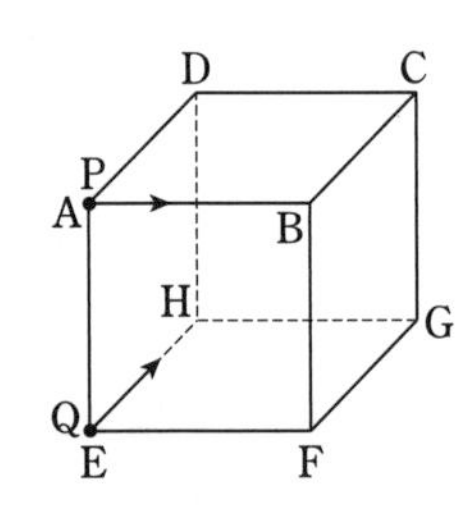

（15　千葉県）

解答・解説

1．**解**　2つのさいころの出た目をそれぞれ a，b とおくと，整数 n は

$100+10a+b$（数の並び $1ab$）

と表せる．ここで，

$n=7(14+a)+(2+3a+b)$

と変形すると，$7(14+a)$ は7の倍数だから，$2+3a+b$ が7の倍数のとき，n は7の倍数となる．

したがって，

$3a+b=5,\ 12,\ 19$ ……………………①

よって，6×6（通り）のうち①の条件をみたすものに○を，下表に記入して整理すると，

3a＼b	1	2	3	4	5	6
3		○				
6						○
9			○			
12						
15				○		
18	○					

○は全部で5個あるので，求める確率は $\dfrac{\mathbf{5}}{\mathbf{36}}$

2．**解**　直線 $y=\dfrac{b}{a}x$ と $y=\dfrac{a}{b}x$ は，直線 $y=x$ について線対称だから，3直線で囲まれる三角形は原点Oを頂点とする二等辺三角形である．

よって，円の中心を直線 $y=x$ 上におけばよい．条件を満たす例($a=1$，$b=5$)は右の通り．

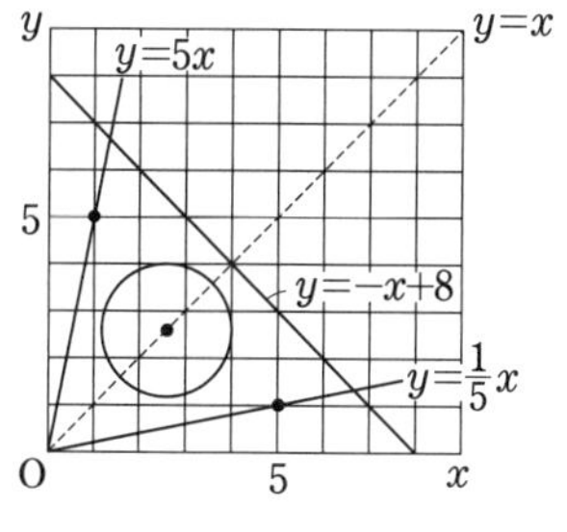

3直線でできる二等辺三角形の等辺がこの円と交わらないケースを数えればよいので，座標の1マスの対角線の長さが $\sqrt{2}$ であることから，下の図のように，円の中心を(3，3)におき，円が直線 $y=-x+8$ と接する場合において，点(a，b)が図中の△印であるとき条件を満たす．

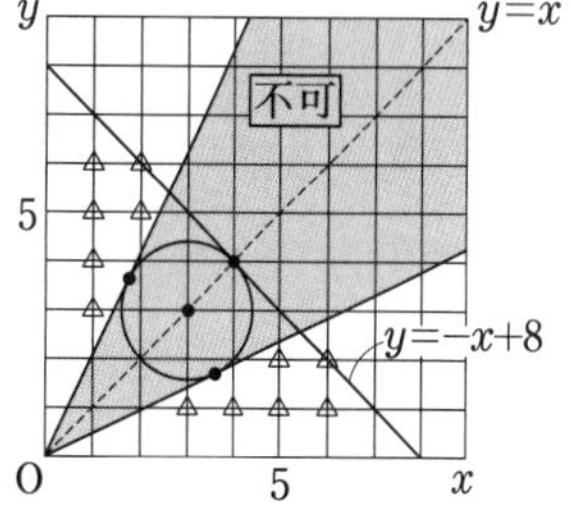

図より，△印は全部で12個あるので，条件を満たす a と b の組合せは **12通り**．

3．**解**　点P，点Qが移動する頂点を結んでできる直線のうち，直線CGとねじれの位置になるものは，

直線AH，直線AF，直線DE，

直線DF，直線BE，直線BH

の6種類．

したがって，6×6通りのうち条件を満たすものは，下表の○を記入したところになる．

小＼大	1B	2C	3D	4A	5B	6C
1H	○			○	○	
2G						
3F			○	○		
4E	○		○		○	
5H	○			○	○	
6G						

○は全部で11個あるので，求める確率は，

$\dfrac{11}{6\times6}=\dfrac{\mathbf{11}}{\mathbf{36}}$

＊　　＊　　＊

演習問題2は正答率が6.0％とのことで，多くの受験生が「座標平面＋確率」に苦戦していることがうかがえます．

準備の優先順位をあげて学習を進め，特有の出題傾向に慣れておきましょう．

公立入試問題ピックアップ⑬

しばらく流行!?「長い文章＋確率」

0．近年目につく新しい傾向

公立高校入試に登場する「場合の数・確率」では，大問1や大問2で小問の1つとして登場するケース（けっして難問ではない）が多いのですが，1つの大問として扱われる場合には苦戦する人が多くなるようです．

出題の特徴として近年目につく「長文の条件（規則やルール）を読み取り，その条件にしたがって操作をさせる」問題の増加がその理由ですが，この長文化の傾向は，変わりつつある大学入試問題と連動していますから，しばらく続くことが予想されます．

その場でルールを把握する読解能力と，情報を整理してまとめる能力がどちらも問われるので，国語を苦手とする受験生にとっては難敵ですが，類題に多く触れて出題傾向をしっかり捉えましょう．

1．ルールを知っているおなじみの題材

例題・1

右の図のような，9つのマスにそれぞれ1から9までの数字が順に書かれたカードと1個のさいころを使って，次のルールでゲームを行う．

次の問いに答えなさい．

BINGO!

1	2	3
4	5	6
7	8	9

〔ルール〕

さいころを投げて，1の目が出たら，素数が書かれているマスをすべて塗りつぶす．2以上の目が出たら，出た目の倍数が書かれているマスをすべて塗りつぶす．縦，横，斜めのいずれかが3マスとも塗りつぶされたときに「ビンゴ」とする．

さいころを2回投げたとき，1回目に投げたところでは「ビンゴ」とならず，2回目に投げたところで「ビンゴ」となる確率を求めなさい．ただし，1回目に塗りつぶしたマスは，そのままにしておくものとする．

（18　群馬県，一部略）

さいころを2回投げたときのすべての目の出方は6×6（通り）ですから，表を用いて数え漏れを防ぐ工夫を心がけましょう．また，さいころの出た目によって，どのマスを塗りつぶすのか先に確認しておきましょう（注参照）．

解　1回目に出た目をa，2回目に出た目をbとおき，下表の6×6通りのうち条件をみたす場合に○を記入して整理すると，

a＼b	1	2	3	4	5	6
1						
2	○		○		○	
3						
4	○		○			
5	○	○	○			
6	○		○			

○は全部で10個あるので，求める確率は，

$\frac{10}{6\times6}=\mathbf{\frac{5}{18}}$

（注）

出た目	塗りつぶすマス
1	2，3，5，7
2	2，4，6，8
3	3，6，9
4	4，8
5	5
6	6

ビンゴに続いて，次はあみだくじを題材とした問題に挑戦しましょう．移動のルールがおなじみであれば手を動かしやすいはずです．

例題・2

右の図1のように，3本の縦線AB，CD，EFとその間を結ぶ①～⑥の番号がついた6本の横の点線がある．

大，小2つのさいころを同時に1回投げ，出た目の数によって，次の(1)，(2)の操作を順に行い経路図をつくり，スタート地点であるA，C，Eのいずれかの点をスタートし，ゴール地点であるB，D，Fのいずれかの点にゴールするまで，移動のルールにしたがって経路図の実線上を進むことにする．

図1

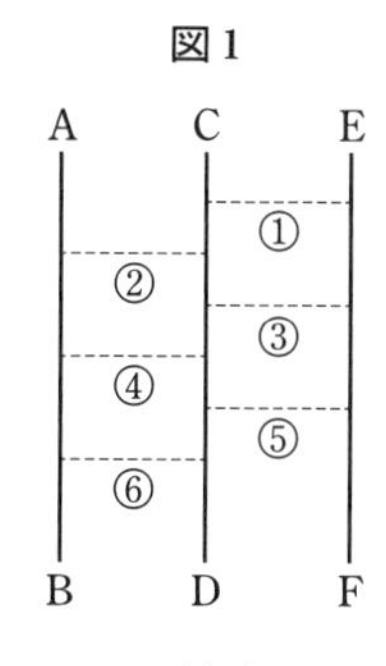

(1) 大きいさいころの出た目の数と同じ番号の点線上に，実線を引く．

(2) 小さいさいころの出た目の数と同じ番号の点線上に，実線を引く．ただし，すでに実線が引かれている場合は，新たに実線は引かないものとする．

〔移動のルール〕
- 縦線上は，ゴール地点に向かって進む．
- 横に実線が引かれた位置にきたら，その横線に移り，横線上をとなりの縦線上に移るまで進む．

例

大きいさいころの出た目の数が6，小さいさいころの出た目の数が1のとき，

(1) ⑥の点線上に，実線を引く．

図2

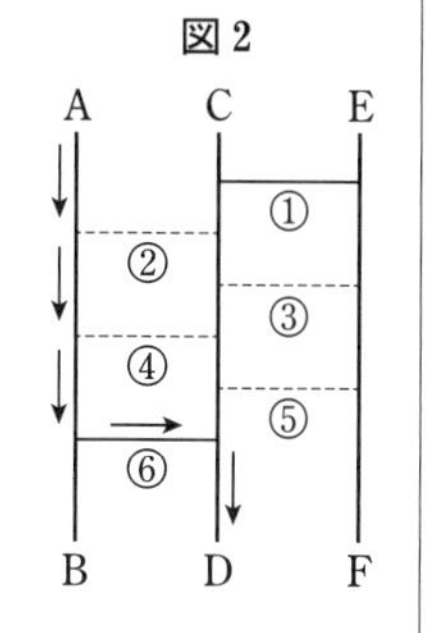

(2) ①の点線上に，実線を引く．

これで経路図を完成する．

点Aをスタートした場合，移動のルールにしたがうと，図2のように点Dにゴールする．

いま，横に実線が1本も引かれていない図1の状態で，大，小2つのさいころを同時に1回投げ，経路図をつくり，点Cをスタートして移動のルールにしたがって進むとき，点Fにゴールする確率を求めなさい．

（05　神奈川県，一部改）

例題・1と同様全部で6×6（通り）なので，表を用いて調べた結果を適宜記入して数え漏れを防ぎましょう．

解　CからFに進むには，先に①，③，⑤のいずれかをたどって右の縦線に移り，再び真ん中の縦線に戻らないことが条件．条件を満たすものに○を記入して整理すると（引かれる実線が①のみ，③のみ，⑤のみのケースに注意！），

大＼小	1	2	3	4	5	6
1	○	○		○		○
2	○					
3			○	○		○
4	○		○			
5					○	○
6	○		○		○	

よって，求める確率は，$\frac{15}{6\times6}=\mathbf{\frac{5}{12}}$

題材がさいころであれば情報を整理する手法を想像しやすいのですが，ちょっと設定が面倒

になると情報の把握に戸惑う人が増えるので，正答率は大きく下がります．

2. 正答率が下がる原因は「目のつけどころ」

例題・3

Aさん，Bさん，Cさんの3人が，硬貨を1枚ずつと，みかんを4個ずつ持ち，次のルールにしたがって，みかんのやりとりをすることにした．

> ＜ルール＞
> 3人が硬貨を同時に1回投げ，裏を出した人が，表を出した人にみかんを1個わたす．ただし，全員が表，または全員が裏を出したときは，みかんの受けわたしを行わない．
> (例)・Aさんが裏，Bさんが表，Cさんが表を出したときは，Aさんが，BさんとCさんにみかんを1個ずつわたす．
> ・Aさんが裏，Bさんが裏，Cさんが表を出したときは，AさんとBさんが，それぞれCさんにみかんを1個わたす．

このルールによるやりとりを2回続けて行うとき，次の問いに答えなさい．

（1） Aさんの持っているみかんの個数が7個となる確率を求めなさい．

（2） Aさん，Bさん，Cさんの持っている個数が全て異なる確率を求めなさい．

（18 兵庫県，一部略）

（2）の正答率が5.5％と大変低いのは，3人のみかんの個数の場合分けに気を取られたことが原因だと予想されます．ここで優先すべきは「硬貨の表裏の場合分け」です．

解 3人が硬貨を同時に1回投げるときの表裏の出方は2^3通りあり，これを続けて2回行うので，すべての表裏の出方は

$2^3\times2^3=64$（通り）となる．

（1） Aは，1回に最大で2個しかみかんをもらえないので，2回でみかんを3個増やすには，Aが2回とも表を出し，

・1回目に2個，2回目に1個もらう …①

・1回目に1個，2回目に2個もらう …②

の2パターンがある．

Aがみかんを1個もらう場合は，もらう相手(裏を出した人)がBだけまたはCだけとなるときで2通り，2個もらう場合は，BとCがともに裏となるときで1通りあるから，

①の場合は $1\times2=2$（通り）

②の場合は $2\times1=2$（通り）

よって求める確率は，$\dfrac{①+②}{64}=\dfrac{4}{64}=\mathbf{\dfrac{1}{16}}$

（2） A，B，Cの最終のみかんの個数を順にa，b，cとする．$a<b<c$と仮決めした上で3人の表裏の出方の一部を書きだすと，

	A	B	C
ア	裏裏	裏裏	表表
イ	裏裏	表裏	表表
ウ	裏裏	表裏	表裏
エ	裏裏	裏表	表裏

アやウのように3人中2人の表裏の出方が同じになってしまうと，アでは$a=b(=2)$，ウでは$b=c(=5)$となり条件に反する．

また，エのBとCのように表裏の順番が違っていても最終的に表裏の回数が一致してしまえば，$b=c(=5)$となり条件に反する．

したがって，条件を満たすのはイのように3人の表裏の出た回数が全て異なる場合に限られる(この場合$a=1$，$b=4$，$c=7$である)．

また，Bの出方は表裏，裏表の2通りあり，さらに，a，b，cの大小の決め方が

$3\times2\times1=6$（通り）あることより，求める確率は，

$$\frac{2\times6}{64}=\mathbf{\frac{3}{16}}$$

* * *

それでは演習問題に進みましょう．設定が複雑になればなるほど，どうしても「動くもの，動く点」に気をとられてしまいますが，あくま

でもテーマが確率であることを忘れないように気をつけてください．主役はさいころや硬貨なのです．

演　習　問　題

1．右の**図1**のように，2つの円O，O′がある．線分OO′上に2点O，O′とは異なる点Xがあり，線分OXは円Oの半径，線分O′Xは円O′の半径である．また，円Oの周上には，3点A，X，Bが時計回りの順に並んでおり，円O′の周上には，3点C，D，Xが時計回りの順に並んでいる．さらに，点Aの位置に点Pがある．大，小2つのさいころを同時に1回投げ，大きいさいころの出た目の数をa，小さいさいころの出た目の数をbとし，出た目の数によって，次の【ルール①】，【ルール②】にしたがい，点Pを円周に沿って移動させる．

図1

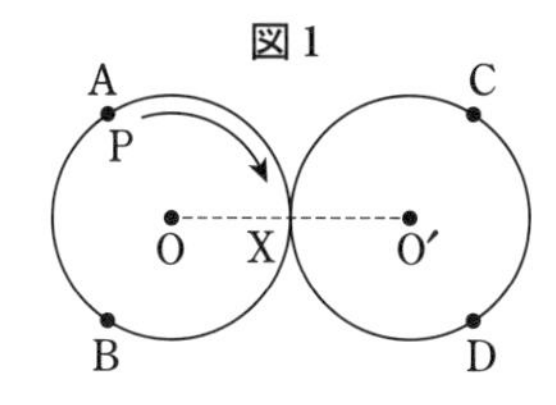

【ルール①】　aとbの和だけ，点Aを出発点とし，円の周上の点を時計回りの順に1つずつ移動させる．

【ルール②】　aがbの約数であるとき，点Xの次は円O′の周上の点を時計回りの順に移動させ，aがbの約数でないとき，点Xの次は円Oの周上の点を時計回りに移動させる．

> 例
>
> 大きいさいころの出た目の数が1，小さいさいころの出た目の数が4のとき，【ルール①】により，点Pを，1と4の和の5だけ，点Aを出発点とし，円の周上の点を時計回りの順に1つずつ移動させる．そのときは，1は4の約数であるから，【ルール②】により，点Xの次は円O′の周上の点を時計回りの順に移動させる．したがって，点PをA→X→C→D→X→Cと移動させることになる．この結果，点Pは**図2**のように点Cの位置にある．
>
> **図2**
>
> 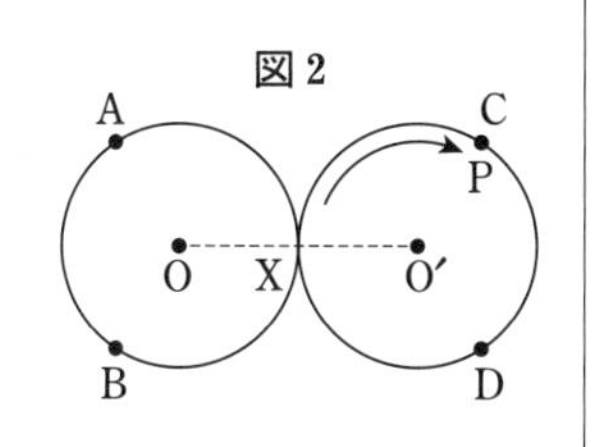
>

いま，点Aの位置に点Pがある状態で，大，小2つのさいころを同時に1回投げるとき，次の問いに答えなさい．

（1）　点Pが点Xの位置にある確率を求めなさい．

（2）　点Pが点Bの位置にある確率を求めなさい．　　（18　神奈川県）

解答・解説

1．正答率は，（1）が44.6％，（2）が21.5％と公表されています．**例題**・**1**，**2**と同様に，表を用意して点Pの移動先をすべて書きこみ，この2問を1セットで考えればここまでの差異は出ないはずなのですが….点Pが円O′に移る場合が面倒なので，移動先を書き込む前に表中に目印(網目)を入れておきましょう．

a＼b	1	2	3	4	5	6
1	C	D	X	C	D	X
2	A	X	B	D	X	C
3	X	B	D	X	B	D
4	B	A	X	C	A	X
5	A	X	B	A	X	B
6	X	B	A	X	B	D

解　（1）　表より，点Pが点Xに移動するのは12通りなので，求める確率は，$\frac{12}{6\times6}=\mathbf{\frac{1}{3}}$

（**2**）　表より，点Pが点Bに移動するのは8通りなので，求める確率は，$\frac{8}{6\times6}=\mathbf{\frac{2}{9}}$

公立入試問題ピックアップ⑭

数え漏れをどう防ぐ？「新しいルール＋確率」

0. 大問で登場する「新しいルール」

確率が1つの大問として扱われるケースは公立高校入試においてもしばしばありますが，最近増えている「その場で提示される『新しいルール』にしたがって処理を進める問題」は，多くの受験生が試験会場で戸惑うことでしょう．一昔前だと難関私立高の問題でしか見かけなかった設定や難易度の問題が，近年では公立高校の問題でも数多く登場するようになりました．「文章題も顔負けの長文」が特徴で，与えられた条件をしっかり理解・整理しておかないと数え漏れが多発する受験生泣かせの題材なのです．

1. ルールを把握するまでが一苦労！

例題・1

右の**図1**のように，1，2，3，4，5の数が1つずつ書かれた5枚のカードがある．大，小2つのさいころを同時に1回投げ，大きいさいころの出た目の数をa，小さいさいころの出た目の数をbとする．出た目の数によって，次の【ルール①】にしたがって自然数nを決め，【ルール②】にしたがってカードを取り除き，残ったカードに書かれている数について考える．

図1

1	2	3	4	5

【ルール①】 $a>b$ のときは $n=a-b$ とし，$a \leqq b$ のときは $n=a+b$ とする．

【ルール②】 **図1**の5枚のカードから，1枚以上のカードを取り除く．このとき，取り除くカードに書かれている数の合計がnとなるようにする．また，取り除くカードの枚数ができるだけ多くなるようにする．なお，取り除くカードの枚数が同じ場合には，書かれている数の最も大きいカードを含む組み合わせを取り除く．

（例） 大きいさいころの出た目の数が1，小さいさいころの出た目の数が4のとき，$a=1$，$b=4$だから，$a<b$となり，【ルール①】により，$n=1+4=5$となる．【ルール②】により，取り除くカードに書かれている数の合計が5となるのは5のみの場合，1と4の場合，2と3の場合の3通りがある．ここで，取り除くカードの枚数ができるだけ多くなるようにするので，1と4の場合，2と3の場合のどちらかとなる．書かれている数の最も大きいカードは4であるから，このカードを含む組み合わせである1と4のカードを取り除く．この結果，残ったカードは**図2**のように，2，3，5となる．

図2

	2	3		5

いま，**図1**の状態で，大，小2つのさいころを同時に1回投げるとき，次の問いに答えなさい．ただし，大，小2つのさいころはともに，1から6までのどの目が出ることも同様に確からしいものとする．

（1） 残ったカードが，5と書かれたカード1枚だけとなる確率を求めなさい．

（2） 残ったカードに書かれている数の中で最小の数が3となる確率を求めなさい．

（19　神奈川県，一部改）

2つのさいころの目の出方は6×6（通り）で，解説に示すような表を用いて条件を視覚化することで，数え漏れを防げるでしょう．

公表されている（2）の正答率は7.8％で，確率を求める以前にルールを把握することに苦労した受験生が多かったことが予想できます．

解　【ルール①】にしたがって n の値を求めると，下表のようになる．

a＼b	1	2	3	4	5	6
1	2	3	4	5	6	7
2	1	4	5	6	7	8
3	2	1	6	7	8	9
4	3	2	1	8	9	10
5	4	3	2	1	10	11
6	5	4	3	2	1	12

（1）　1，2，3，4の4枚のカードを取り除くには，【ルール②】により $n=10$ となればよいので，上表より2通りが考えられる．

よって，求める確率は，$\dfrac{2}{6\times6}=\mathbf{\dfrac{1}{18}}$

（2）　1と2のカードをともに取り除き，3のカードを残すことができるのは，

- $n=3$（1と2を取り除く）
- $n=7$（1と2と4を取り除く）
- $n=8$（1と2と5を取り除く）
- $n=12$（1と2と4と5を取り除く）

の4パターンがあり，上表より順に4通り，3通り，3通り，1通りが考えられる．

よって，求める確率は，

$$\frac{4+3+3+1}{6\times6}=\mathbf{\frac{11}{36}}$$

本問のやっかいなところは【ルール②】の設定を読み落としたり読み間違ったりする可能性が大きい点です．

さいころの目，n の値，取り除くカードと条件が3種類あるので難易度は高く，上表のように n の値を一覧にしてまとめておかないと，「取り除くカードとさいころの目の相関」が見えにくいことでしょう．

例題・2

さくらさんは友人と，順番にさいころを1回ずつ振って，出た目の数だけ自分のコマを進める「すごろく」で遊んでいます．ゲームは終盤まで進んでいて，さくらさんは，**図Ⅰ**のようにゴールまであと8マスというところに到達しました．

図Ⅰ

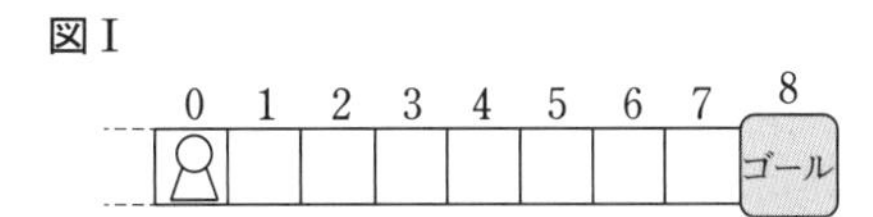

このすごろくでゴールするには，ゴールにちょうど止まらなくてはいけません．例えば，**図Ⅰ**の状態からさいころを振って，1回目に6の目，2回目に5の目が出たとすると，**図Ⅱ**のように進むため，ゴールにはなりません．

図Ⅱ

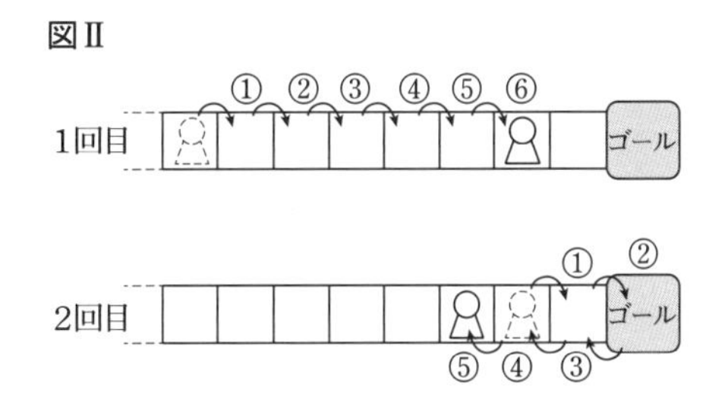

ここで，**図Ⅲ**のようにすごろくに条件が追加されました．

図Ⅲ

さくらさんは，「すすむ」のように有利なマスよりも「もどる」と「やすみ」のように不利なマスの方が多く追加されたため，次のように考えました．

さくらさんの考え

さいころを2回振ってゴールする確率は，条件が追加される前と条件が追加された後で

は，条件が追加された後の方が小さくなる．

さくらさんの考えは正しいといえますか，いえませんか．その理由を確率を使って説明しなさい．ただし，さいころはどの目が出ることも同様に確からしいものとします．

（19　岩手県，一部略）

最近は「すごろくって何？」という子どもが増えていると聞きますが，残念ながら知らない受験生への配慮はありません(泣)．

1回目で4の目が出たら「1回やすみ」ですが，2回目のさいころを振って「どの目が出ても0マスしか進めない」と理解すれば処理しやすくなります．

解　条件の追加前，さくらさんがさいころを2回振って進めるマスの番号は下表の通り．

1回目＼2回目	1	2	3	4	5	6
1	2	3	4	5	6	7
2	3	4	5	6	7	8
3	4	5	6	7	8	7
4	5	6	7	8	7	6
5	6	7	8	7	6	5
6	7	8	7	6	5	4

2つのさいころの目の出方は6×6（通り）で，8マス進む場合は5通りあるので，ゴールする確率は，$\frac{5}{6\times6}=\frac{5}{36}$　……………………①

条件の追加後，さくらさんがさいころを2回振って進めるマスの番号は下表の通り．

1回目＼2回目	1	2	3	4	5	6
1	0	3	4	5	6	8
2	1	0	3	4	5	6
3	4	5	6	8	8	8
4	4	4	4	4	4	4
5	6	8	8	8	6	5
6	8	8	8	6	5	4

8マス進む場合は10通りあるので，ゴールする確率は，$\frac{10}{6\times6}=\frac{5}{18}$　…………………②

①＜②より，条件が追加された後の方がゴールする確率は大きいので，答えは，

「いえない」

＊　　＊　　＊

例題・**2**のような「理由を説明させる問題」も近年よく見かけます．理由の根拠となる確率を間違ってしまったら，たとえ自分の判断(いえる・いえない)が当たっていても説得力はゼロですから加点対象にはなりませんね．数え漏れ・数え落としへの対策は，直前期の追い込みだけでは効果がありませんので，この記事をきっかけとして少しずつ今から準備を進めておくことをお勧めします．それでは演習問題に進みましょう．

演　習　問　題

1．**図1**のように，1番から6番のマス目に，白の碁石3つ，黒の碁石2つの合計5つの碁石が置かれている．また，**図2**のように箱には1から5の数字が書かれたカードが1枚ずつ入っている．下の手順に従って碁石を移動させる．

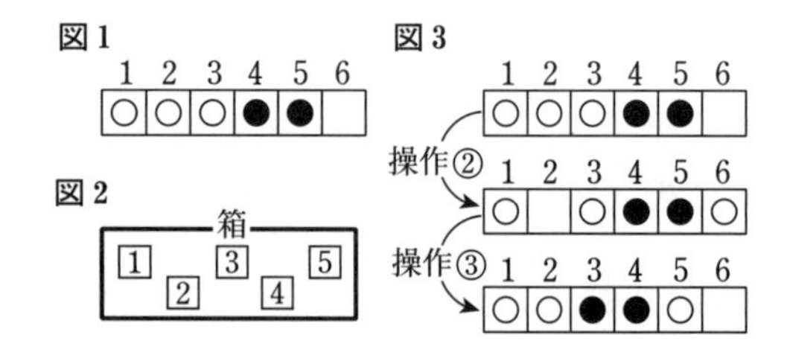

【手順】

操作①　箱からカードを1枚取り出す．

操作②　取り出したカードの数字と同じ番号のマス目に置かれた碁石を6番のマス目へ移動させる．

操作③　空いたマス目より右にある碁石をすべて1マスずつ左に移動させて，6番のマス目を空ける．

操作④　取り出したカードを箱へ戻す．

【例】

図1の白と黒の碁石の並びに対して，操作①で2を取り出したときは，操作②③により碁石を**図3**のように移動させ，操作④により2は箱に戻す．

上の手順を2回繰り返した後の白と黒の碁石の並びについて考えるとき，次の問いに答えよ．ただし，箱からのカードの取り出し方は同様に確からしいとする．

（1）　1回目の手順の操作①で1を取り出し，2回目の手順の操作①で2を取り出した場合の白と黒の碁石の並びを，**図1**のように○と●を使って表せ．

1	2	3	4	5	6

（2）　黒の碁石が隣り合わない確率を求めよ．

（19　福井県）

解答・解説

1．（2）　1回目の手順の操作①で1を取り出したとき，操作③終了時の碁石の並びが，操作①で2を取り出した場合(図3)と同じになることを利用しましょう．

解　（1）　1回目の操作①で1を取り出したとき，碁石は以下のように移動する．

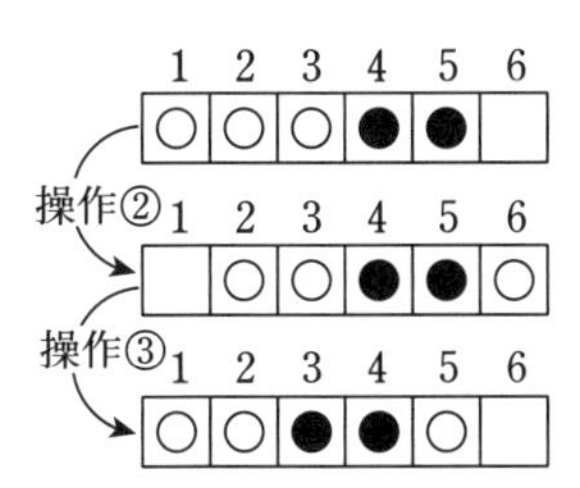

続いて，2回目の操作①で2を取り出したとき，碁石は右段上のように移動する．

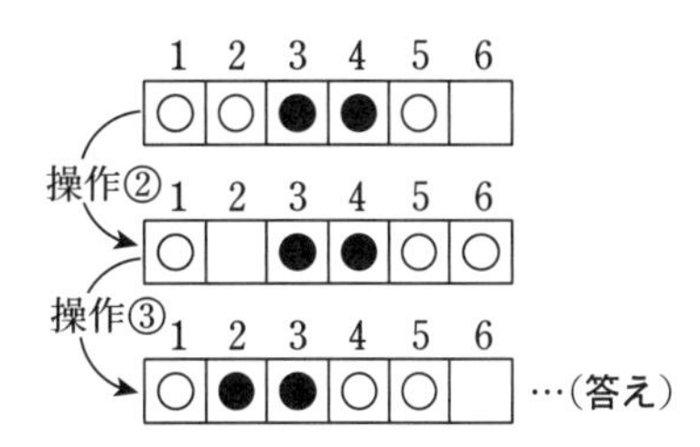

（**2**）　（1）と同様に，1回目の操作①で3〜5を取り出した際の操作③終了時の碁石の並びを調べると，並び方は下のように2通りしかないことがわかる．

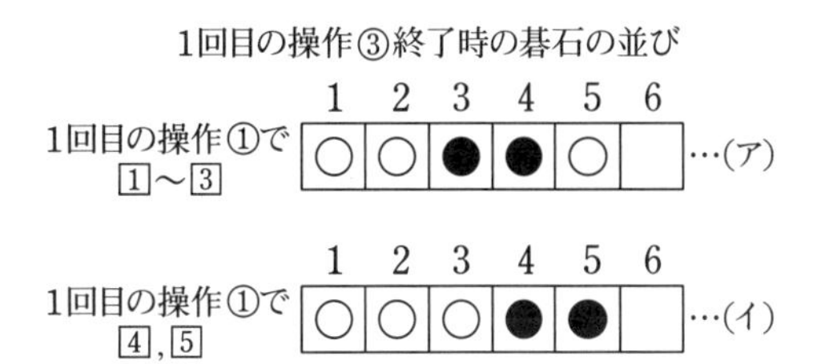

（ア）の場合は2回目の操作①で黒石を動かせば(箱のカード3または4を取り出せば)最終的な碁石の並びは条件を満たすが，（イ）の場合には条件を満たさない．

したがって，1回目と2回目のカードの取り出し方を下表のように整理すると，

1回目＼2回目	1	2	3	4	5
1			○	○	
2			○	○	
3			○	○	
4					
5					

カードの取り出し方は5×5(通り)あるので，

求める確率は，$\frac{6}{5\times5}=\mathbf{\frac{6}{25}}$

＊　　　＊　　　＊

今回紹介した問題は，どれも解法そのものは煩雑ではありません．「要するにこういうことでしょ」と大意を把握するまでの時間，そして条件の見落としの有無を点検材料としてください．

20年前では考えられない難易度の問題―関数編

0．図形とセットで難易度アップの「関数」

入試問題として登場する関数は，公立入試であっても定期試験との難易度の差が激しく，昔から入試問題になると苦戦する人が多かったのですが，最近では一部の地域で難関国私立入試に負けないレベルの出題が見られるようになり，受験生を困らせる大きな壁として正答率の低い問題も散見されます．

出題傾向として，「比例定数」「直線の式」「座標」を求めることは当然として，その先には図形の性質と組み合せて，面積比や三平方の定理まで用いた正確な処理を求められるケースが多いことを覚えておきましょう．

具体的には，関数と図形を結ぶキーワードとして定番の「平行」「垂直」の扱いのほか，「傾きの情報を三平方の定理に転用する手法」「座標平面上での効果的な比の利用方法」など，点検しておくべき内容は多岐にわたります．

1．「傾き」と「比」の効果的な利用法

例題・1

右の図で，曲線は関数 $y=\frac{1}{4}x^2$ のグラフである．曲線上に，x 座標が -1，4 である点 A，B をとり，直線 AB と y 軸との交点を C とする．また，曲線上に，x 座標が 4 より大きい点 D をとり，点 D を通り直線 AB と平行な直線をひき，y 軸との交点を E とする．EC＝ED のとき，点 D の x 座標を求めよ．（14　埼玉県，一部略）

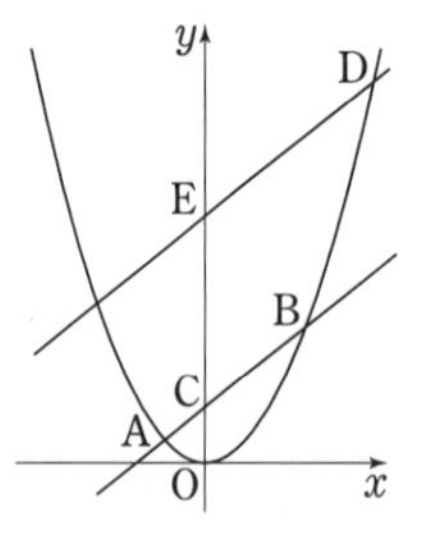

この問題の正答率はなんと 0.8％！傾きを図形で活用する感覚をマスターしていますか？

解　直線 AB の式を $y=\frac{3}{4}x+1$ …①（p.124，**チェック 3** を参照！）と求めておくのは大前提となる．

ここで，AB // DE より，直線 DE の傾きは①の傾きに等しいので，右図のように△DEH をとって考えると，この三角形は，3 辺の比が 3：4：5 になる．

よって，D の x 座標を $4t$ とおくと，

$EC=ED=5t$，$DH=3t$

これと C(0，1)より，D($4t$，$8t+1$)

これが曲線 $y=\frac{1}{4}x^2$ 上にあるので，

$8t+1=\frac{1}{4}\times(4t)^2$　∴　$4t^2-8t-1=0$

両辺を 4 倍して，$(4t)^2-8\times4t-4=0$

これを $4t$ について解くと，$4t>4$ より，点 D の x 座標は，$4t=\mathbf{4+2\sqrt{5}}$

＊　　　＊　　　＊

「傾きが $\frac{3}{4}$ → 3：4：5 の直角三角形をイメージ」はもちろん，比の部分を文字で表して座標や長さに転換する作業も定番中の定番として，しっかり点検しておきましょう．

例題・2

右図で，点Oは原点，曲線fは関数$y=\frac{1}{2}x^2$のグラフを表している．

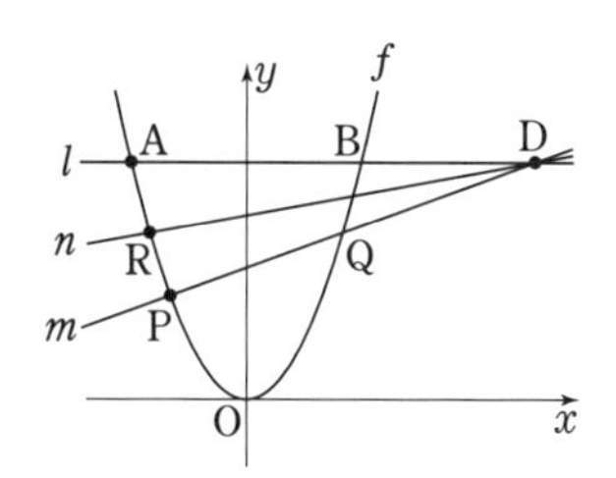

点Aは曲線f上にあり，座標は$(-4,\ 8)$である．点Aを通りx軸に平行な直線をl，直線lと曲線fとの交点のうち点Aと異なる点をBとする．曲線f上にあり，x座標が-4より大きい負の数である点をPとする．

直線l上にあり座標が$(10,\ 8)$である点をD，点Dと点Pを通る直線をm，直線mと曲線fとの交点のうち，x座標が正の数である点をQ，曲線f上にありx座標が負の数でy座標が点Qと等しい点をR，点Dと点Rを通る直線をnとする．このとき，次の問いに答えよ．

（1）直線mの傾きが直線nの傾きの2倍であるとき，点Rの座標を求めよ．

（2）点Aと点R，点Aと点P，点Aと点Qをそれぞれ結んだ場合を考える．△ADRの面積と△APQの面積比が7：5のとき，点Qの座標を求めよ．

（14　東京都立日比谷，一部略）

（1）傾きを考える際の基本は**例題**・1と同様に「直角三角形」を作ることです．（2）ではAD∥RQを上手に利用しましょう．

解　（1）下図のように点Hをとると，直線mの傾きは$\frac{\mathrm{DH}}{\mathrm{QH}}$，直線$n$の傾きは$\frac{\mathrm{DH}}{\mathrm{RH}}$と，それぞれ表すことができるので，

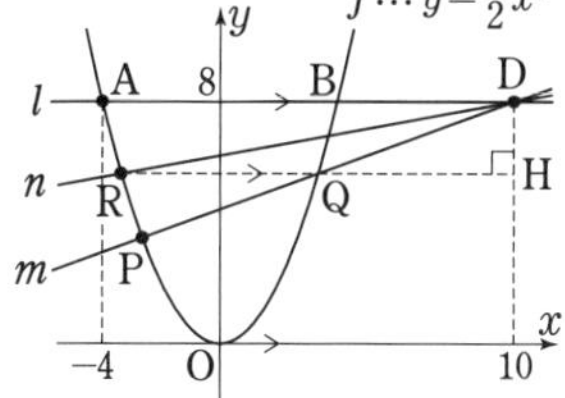
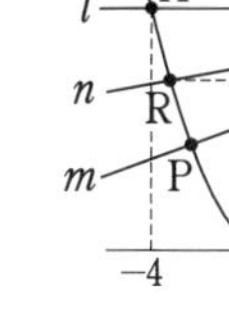

$\frac{\mathrm{DH}}{\mathrm{QH}}=2\times\frac{\mathrm{DH}}{\mathrm{RH}}$　∴　QH：RH＝1：2

ここで，Qのx座標をqとおくと，

QH$=10-q$，RH$=10-(-q)=10+q$

より，$(10-q):(10+q)=1:2$

これを解いて，$q=\frac{10}{3}$

∴　$\mathbf{R}\left(-\frac{10}{3},\ \frac{50}{9}\right)$

（2）　AD∥RQより，△ADR＝△ADQが成り立つので，△ADQ：△APQ＝7：5のとき，

DQ：PQ＝7：5　……………………①

ここで，Qのx座標をq，Pのx座標をpとおくと，これと①より，

$10-q=7k$，$10-p=12k$ $(k>0)$

とおけるので，これらを整理して，

$q=10-7k$，$p=10-12k$

このとき，直線mは，その

傾きが$\frac{1}{2}(10-7k+10-12k)=\frac{1}{2}(20-19k)$，

y切片が$-\frac{1}{2}(10-7k)(10-12k)$

$=-(10-7k)(5-6k)$

とおける．

この直線m上にD$(10,\ 8)$があるので，

$8=\frac{1}{2}(20-19k)\times10-(10-7k)(5-6k)$

と立式でき，これを整理して，

$42k^2=42$　$k^2=1$　$k>0$より，$k=1$

よって，Qのx座標は，$10-7\times1=3$であるから，$\mathbf{Q}\left(3,\ \frac{9}{2}\right)$

2. 回転移動で座標はどこへ動く？

例題・3

右の図で，直線lは関数$y=\frac{1}{3}x+5$，直線mは関数$y=2x$，直線nは関数$y=-\frac{4}{3}x$のグラフである．直線lと直線mは点Aで，直線lと直線nは点Bでそれぞれ交わってい

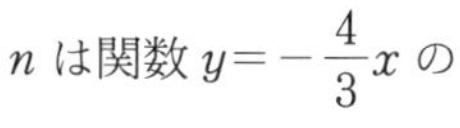

る．このとき，次の各問いに答えよ．

（1） △OAB の面積を求めよ．

（2） △OAB を，原点 O を回転の中心として時計の針の回転と反対の向きに，辺 OB が初めて y 軸に重なるまで回転移動した．点 A が移った点を A′とするとき，点 A′の座標を求めよ．

（14　千葉県，一部略）

対称移動ではなく回転移動となると移動先の場所をイメージしにくくなりますから，しっかりと自分で図を描く必要があります．そのうえで「直線 n が y 軸に一致する」と読み替えることで，点 A から直線 n までの距離が必要であることが見えてきます．

解　（1） 直線 l の式と直線 m の式を連立して解くと，$x=3$，$y=6$ より，A(3，6)

直線 l の式と直線 n の式を連立して解くと，$x=-3$，$y=4$ より，B(−3，4)

ここで，直線 l と y 軸との交点を P とおくと，

△OAB＝△OAP＋△OBP ……………①

P が AB の中点であることから，

△OAP＝△OBP ………………………②

よって，①，②と OP＝5 より，

$$\triangle\text{OAB}=2\times\triangle\text{OAP}=2\times\frac{1}{2}\times5\times3=\mathbf{15}$$

（2） 点 B が y 軸上に移った点を B′とおくと，△OAB が回転移動した結果できる△OA′B′は右図のようになる．

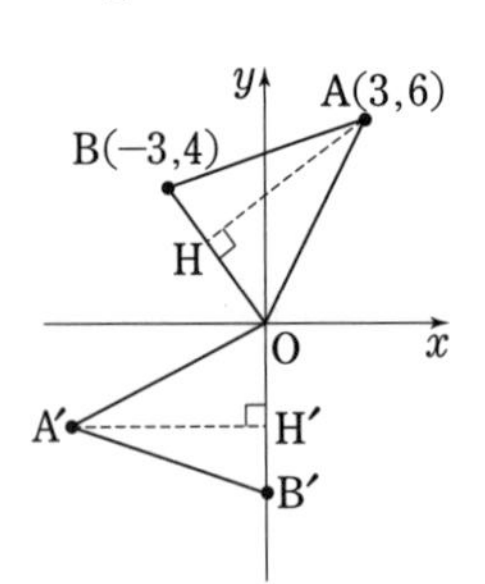

よって，A から直線 n に垂線をひきその交点を H としたとき，△OA′B′上では図の H′の位置に移動するので，−AH が点 A′の x 座標，−OH が点 A′の y 座標となる．

ここで，AH の長さを求めると，

$\text{OB}=\sqrt{(-3)^2+4^2}=5$，△OAB＝15 より，

$\frac{1}{2}\times5\times\text{AH}=15$　∴　AH＝6

次に，$\text{OA}=\sqrt{3^2+6^2}=3\sqrt{5}$ より，△AOH に三平方の定理を用いて，

$\text{OH}=\sqrt{\text{OA}^2-\text{AH}^2}=\sqrt{45-36}=3$

∴　**A′(−6，−3)**

別解　OB＝5，AB＝$2\sqrt{10}$ を求めた上で，Q(5，0)をとると，AQ＝$2\sqrt{10}$ より，△OAB≡△OAQ が成り立つ．

ここで，I(3，0)をとれば，△AOH≡△AOI も成り立つので，AH＝AI＝6，OH＝OI＝3

＊　　　＊　　　＊

今回の演習問題は 1 題です．難関国私立高受験生でも初見では苦しい有名テーマで，**例題**・1 や**例題**・2 で問われた「傾き→ 直角三角形」の鉄則を点検するには最適です．

演　習　問　題

1．右の I 図のように，3 点 A，B，C があり，点 A の座標は(1，0)，点 B の座標は(1，1)，点 C の座標は(0，1)である．また，原点 O の位置に点 P があり，

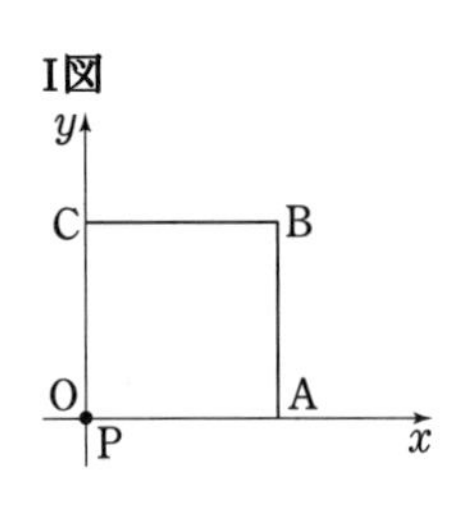

点 P は正方形 OABC の辺と内部をあわせた領域を，次の<**規則**>にしたがって動く．

<**規則**>

- 点 P は，原点 O を出発し，はじめは直線 $y=ax$ 上を進む．
- 点 P は，頂点 A，B，C のいずれかに到達すると止まる．
- 点 P は，正方形 OABC の頂点を除く辺に到達するとはね返り，新たな直線上を進む．その直線の傾きは，はね返る前に点 P が進んだ直線の傾きの符号を変えたものである．

点 P が原点 O を出発してから止まるまでにはね返る回数を X とする．たとえば，$a=2$ のとき，点 P は次の **II 図**のように進み，

$X=1$ となる．また，$a=\dfrac{1}{3}$ のとき，点Pは次の**Ⅲ図**のように進み，$X=2$ となる．このとき，下の各問いに答えよ．ただし，$a>0$ とする．

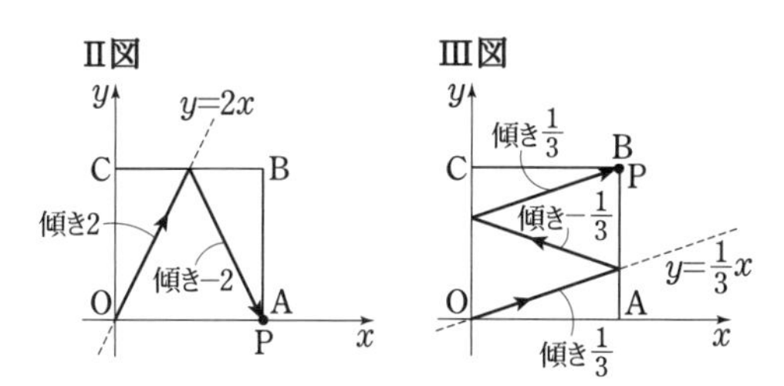

（1）　$a=\dfrac{1}{5}$ のときの X の値を求めよ．また，$a=\dfrac{2}{3}$ のときの X の値を求めよ．

（2）　m，n はともに正の整数で，1以外に共通の約数をもたないものとする．$a=\dfrac{m}{n}$ と表したときの X の値を m，n を用いて表せ．

（3）　（2）のとき，$X=10$ となるような a の値をすべて求めよ．

（15　京都府）

解答・解説

1．反射の問題は，Pの動きを**Ⅱ図**や**Ⅲ図**のような「折れ線」で考えるのではなく，正方形をパタパタと折り返すイメージで「Pの動きを直線でとらえる」図を描くことが基本です．

➡**注**　例えば**Ⅱ図**の場合，Pの動きを表す $y=2x$ という直線が初めて通る格子点(x，y 座標がともに整数である点)は(1，2)だから，右図のように正方形を対称軸(辺BC)について折り返して(1，2)を作ることで，点Aで止まることを表現できます．

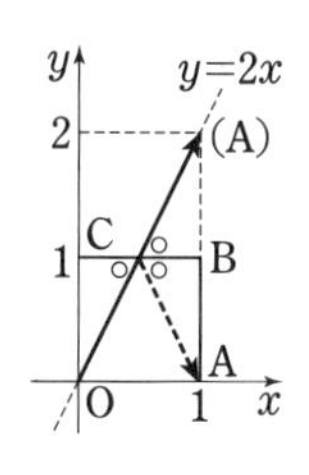

解　（1）　**・$a=\dfrac{1}{5}$ のとき．**

点Pは(5，1)を目指して移動すると考えればよいので，下図のように処理できる．

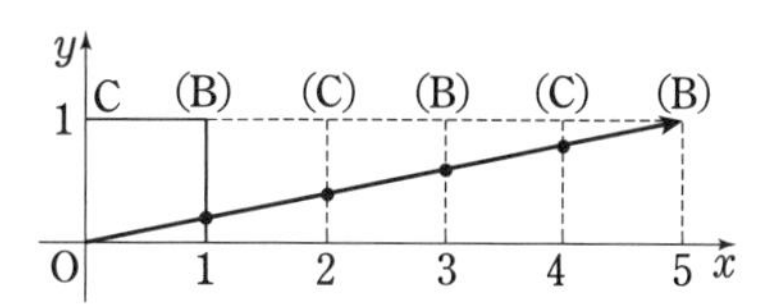

図より，正方形の縦辺と4回交わって点Bで止まることがわかる．

よって，$\boldsymbol{X=4}$

・$a=\dfrac{2}{3}$ のとき．

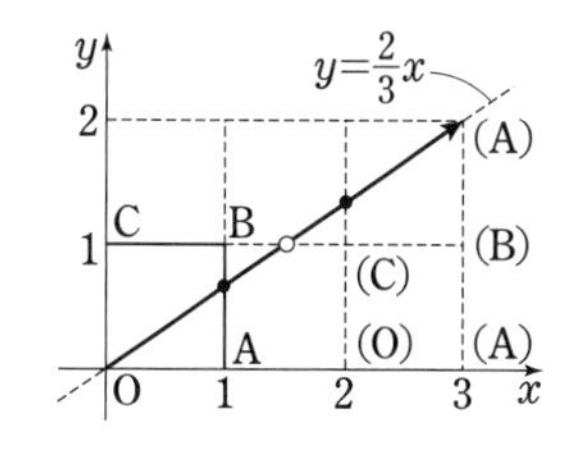

点Pは(3，2)を目指して移動するので，右図より，正方形の縦辺と2回，横辺と1回交わって点Aで止まることがわかる．

よって，$\boldsymbol{X=3}$

（**2**）　$a=\dfrac{m}{n}$ のときには，点Pは(n，m)を目指して移動すると考えればよく，m と n は互いに素なので，それ以前に別の格子点に到達することはない(上図参照)．

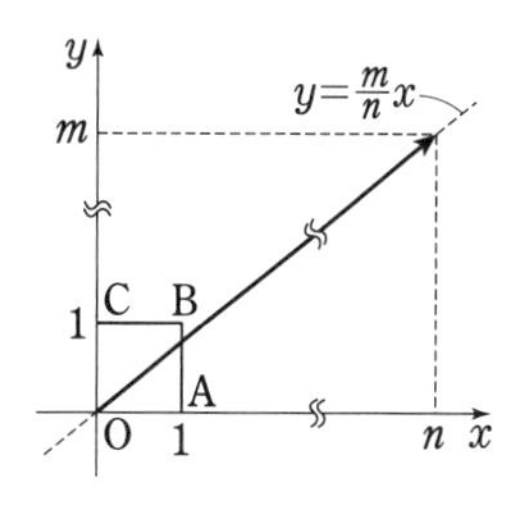

途中，正方形の縦辺とは $n-1$ (回)，正方形の横辺とは $m-1$ (回)交わるので，

$\boldsymbol{X}=(n-1)+(m-1)=\boldsymbol{m+n-2}$ ……①

（**3**）　$X=10$ のとき，これと①より，

$m+n-2=10$　∴　$m+n=12$

m と n は互いに素であることに注意して，

(m，n)

=(1，11)，(5，7)，(7，5)，(11，1)

このそれぞれに対して，

$\boldsymbol{a=\dfrac{m}{n}=\dfrac{1}{11}，\dfrac{5}{7}，\dfrac{7}{5}，11}$

公立入試問題ピックアップ⑯

ここで差がつく「関数＋図形」

0. 何をどこまで仕上げればいいの？

公立高校入試を目指す皆さんにとって，図形とセットで出題される関数（座標平面上の図形）の問題に慣れておくことは，志望校合格に向けての必須事項となります．

しかしながら，近年は「一昔前ならば難関国私立高校で出題されていたテーマ」があちこちの公立入試で登場しており，難関国私立高校受験に向けた準備を並行していない人にとっては初見の性質やテクニックが普通に問われているので注意が必要です．

今回は，座標平面上で扱う「合同」「相似」「面積比」そして「回転体」をテーマとする代表的な問題を紹介します．目の前の1問をじっくりと考え抜いてライバルに負けない知識を身につけましょう．

1. 比例定数を求めるのに図形の知識!?

例題・1

図において，n は $y=ax^2$ $(a>0)$ のグラフを表す．Aは y 軸上の点であり，Aの y 座標は1である．Bは n 上の点であり，

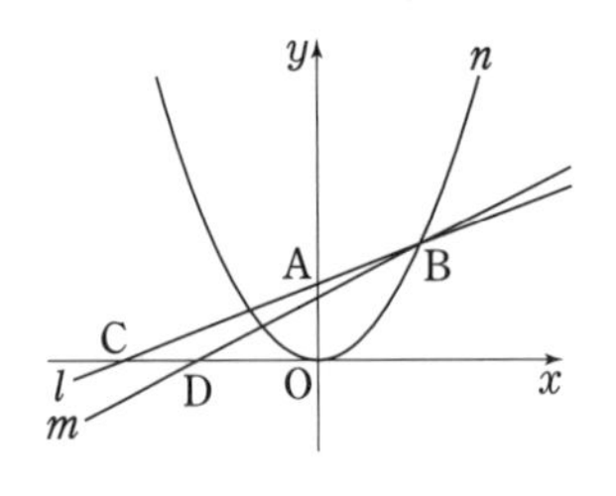

Bの x 座標は正である．l は2点A，Bを通る直線であり，その傾きは正である．Cは直線 l と x 軸との交点であり，Cの x 座標はBの x 座標より4小さい．m は，Bを通り傾きが $\frac{1}{2}$ の直線である．Dは直線 m と x 軸との交点であり，Dの x 座標はBの x 座標より3小さい．このとき，a の値を求めなさい．

（17　大阪府）

国公立・私立入試を問わず，2次関数の設問では(1)が「比例定数($y=ax^2$ の a の値)を求めよ」となっているケースが多いものですが，これは「そんなに簡単に比例定数が出せると思ったら大間違いだぞ」というメッセージが読み取れる問題です．p.124，**チェック4**で紹介している「放物線と相似」を頭に入れていないと苦戦することでしょう．

解　Bから x 軸に垂線をひき，その交点をHとおく．

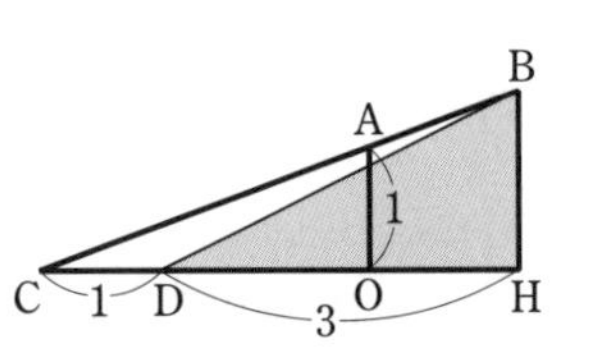

条件より，

DH：BH＝2：1，

DH＝3だから，$\text{BH}=\frac{3}{2}$ ……………………①

次に，△CAO∽△CBHが成り立ち，相似比は

AO：BH＝1：①＝2：3

∴　CO：OH＝2：1　…………………②

CH＝4だから，これと②より，

$\text{OH}=\frac{1}{3}\text{CH}=\frac{4}{3}$　……………………③

よって，①，③より，$\text{B}\left(\frac{4}{3},\ \frac{3}{2}\right)$であり，

点Bはn上にあるので，$\frac{3}{2}=a\times\left(\frac{4}{3}\right)^2$を解いて，$\boldsymbol{a=\frac{27}{32}}$

2. 関数＋平行四辺形は相性バツグン

関数と図形を結ぶキーワードとして「平行」，「垂直」が最重要であることはp.124，**チェック2**にまとめた通りですが，特に平行四辺形では「2組の対辺がそれぞれ等しい」という性質から，「平行」に加えて「合同」も解法の1つとして利用したいところです．

例題・2

右図において，点Aの座標は$(-4,\ -5)$であり，①は，xの変域が$x<0$であるときの反比例のグラフである．また，②は関数$y=ax^2$ $(a>0)$のグラフである．2点B，Cは放物線②上の点であり，そのx座標は，それぞれ-2，3である．点Fは四角形AFCBが平行四辺形となるようにとった点である．3点B，O，Fが一直線上にあるときの，aの値と点Fの座標を求めなさい．

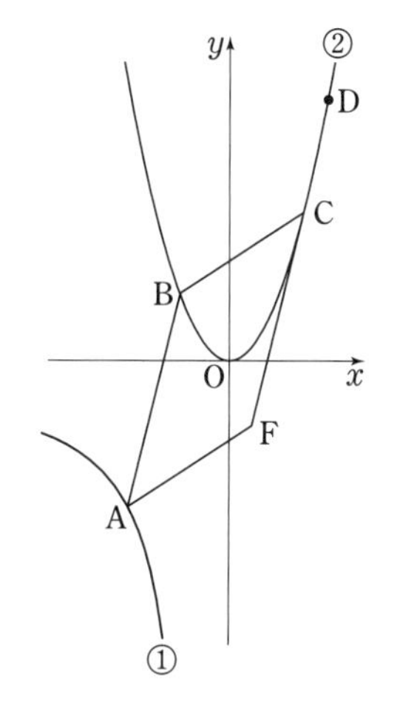

（17　静岡県，一部略）

図では，あたかもOが「BFの中点」であるかのように見えますが，AとCのx座標の絶対値が異なることからも，Oが対角線の交点ではないことがわかります．与えられた図に騙されてはいけませんね．

解　四角形AFCBが平行四辺形なので，

・A→Fの移動　　・B→Cの移動

の2つは，x座標の変化とy座標の変化がどちらも等しい．

いま，B→Cでx座標は，$3-(-2)=5$だけ変化するから，点Fのx座標をfとおくと，$f-(-4)=5$より，

$f=1$

次に，$B(-2,\ 4a)$より，直線BOの式は

$y=-2ax$ …………①

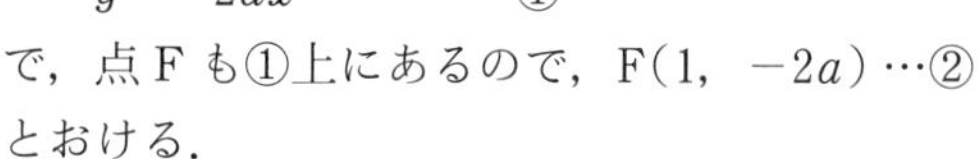

で，点Fも①上にあるので，$F(1,\ -2a)$…②とおける．

また，$C(3,\ 9a)$より，B→Cでy座標は$9a-4a=5a$だけ変化するから，A→Fにおいてy座標の変化は，②より，

$$-2a-(-5)=5a \quad \therefore \quad \boldsymbol{a=\frac{5}{7}}$$

よって，Fの座標は，$\boldsymbol{F\left(1,\ -\frac{10}{7}\right)}$

3. 公立入試でここまでやるか!?

次に紹介するのは，「2次関数＋面積比」，「2次関数＋回転体」が大問の中で連続して登場する受験生泣かせなトッピングしすぎ(？)の問題です．

例題・3

右図で，曲線は関数$y=ax^2$のグラフで，曲線上にx座標が-2，4である2点A，Bをとり，この2点を通る直線lをひくと，直線lがy軸と点C(0，2)で交わった．さらに，x軸上の$0\leqq x\leqq 4$の範囲に点Pをとり，点Pを通ってy軸に平行な直線mをひく．直線mと直線lとの交点をD，直線mと線分OBとの交点をEとする．△OABと△BDEの面積比が4：1のとき，次の問いに答えなさい．

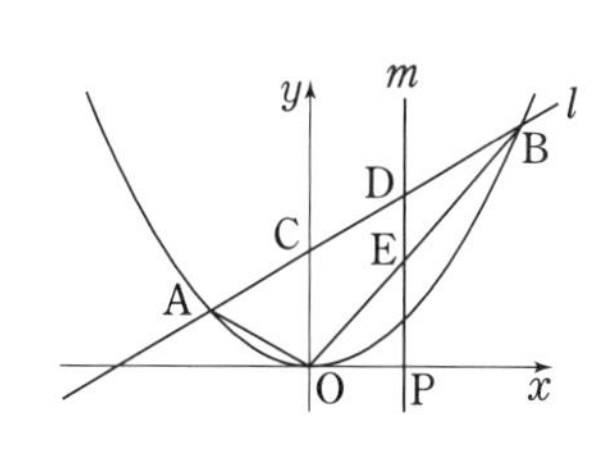

（1）　aの値を求めなさい．

（2）　点Pのx座標を求めなさい．

（3）　△BDEを，辺BEを軸として1回転させてできる立体の体積を，途中の説明も書い

て求めなさい．

（17　埼玉県学校選択問題，一部改）

2レベルに分かれている埼玉県の問題のうち，もちろん難易度の高い方からの出題です．埼玉県の公立高校受験生の全員がこの問題を解いたわけではないのに，正答率は一部正答を含めても（2）で7.1％，（3）は2.2％と大変低くなっていて，類題を解いた経験がない人にはハードルが大変高く，手も足も出なかった人もたくさんいたであろうことが想像できます．

解　（1）　直線ABの式は $y=2ax+8a$

（p.124，**チェック3**参照）と表せる．この直線がC(0, 2)を通るから，$8a=2$　∴　$\boldsymbol{a=\frac{1}{4}}$

（2）　△BDEと△BAOの面積比は，

$$\frac{\triangle\mathrm{BDE}}{\triangle\mathrm{BAO}}=\frac{\mathrm{BD}}{\mathrm{BA}}\times\frac{\mathrm{BE}}{\mathrm{BO}}\ \cdots\cdots\cdots\cdots\text{①}$$

（p.124，**チェック6，Ⅱ**参照）で求められる．

点Pの x 座標を p とおくと，

$$\text{①}=\frac{4-p}{6}\times\frac{4-p}{4}$$

$\text{①}=\frac{1}{4}$ より，$\frac{4-p}{6}\times\frac{4-p}{4}=\frac{1}{4}$

が成り立つ．

これを整理して，$(4-p)^2=6$

これを解いて，$0\leqq p\leqq 4$ より，$\boldsymbol{p=4-\sqrt{6}}$

（3）　Dから辺BEに垂線をひき，その交点をHとおくと，求める体積は，

$$\frac{1}{3}\times\mathrm{DH}^2\pi\times\mathrm{BE}\ \cdots\cdots\cdots\cdots\text{②}$$

で求められる．

B(4, 4)より，$\mathrm{OB}=\sqrt{4^2+4^2}=4\sqrt{2}$，

Eの x 座標は（2）より $4-\sqrt{6}$ だから，

$$\mathrm{BE}:\mathrm{BO}=\{4-(4-\sqrt{6})\}:4=\sqrt{6}:4$$

よって，$\mathrm{BE}=\frac{\sqrt{6}}{4}\mathrm{BO}=2\sqrt{3}\ \cdots\cdots\cdots\text{③}$

次に，$\triangle\mathrm{BDE}=\frac{1}{2}\times\text{③}\times\mathrm{DH}\ \cdots\cdots\text{④}$　で，

$\triangle\mathrm{AOB}=\triangle\mathrm{AOC}+\triangle\mathrm{BOC}=6$ より，

$$\text{④}=\frac{1}{4}\triangle\mathrm{AOB}=\frac{3}{2}$$

$$\therefore\ \mathrm{DH}=\frac{\sqrt{3}}{2}\ \cdots\cdots\cdots\cdots\text{⑤}$$

③，⑤をそれぞれ②に代入して，

$$\text{②}=\frac{1}{3}\times\frac{3}{4}\pi\times2\sqrt{3}=\boldsymbol{\frac{\sqrt{3}}{2}\pi}$$

＊　　　＊　　　＊

（3）の解説中，DHの長さを求めるために④の立式をすることは鉄則になります．初見の人は，下図をノートにまとめておきましょう．

【参考】　座標平面上の1点から直線までの距離の求め方

①　面積を利用する．

求める長さを「高さ」と考えられる三角形を自分で作る．

②　相似を利用する．

直線の傾きを利用した直角三角形を作る．

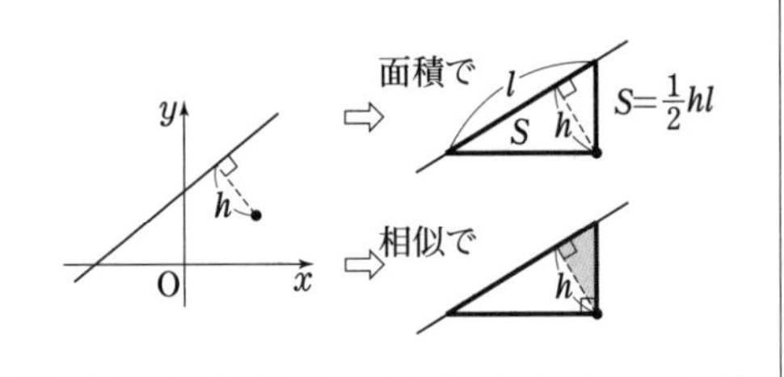

①，②を問わず，自分で直角三角形を作る場合には，「傾きの情報を三平方の定理に転用する手法」が有効になります．

直線の傾きが，自分で作る直角三角形の辺の比のヒントになっていることを覚えておきましょう．

＊　　　＊　　　＊

それでは演習問題に進みましょう．紹介するのは1題ですが，小問ごとに設定が変わるため時間がかかります．それぞれ丁寧に図を描いて条件を視覚化しましょう．**例題・2**や**例題・3**で問われた「座標平面＋平行四辺形」「座標平面＋面積比」に関する基本手法を点検するには最適です．

演　習　問　題

1．右の図1で，点Oは原点，曲線fは関数$y=\frac{1}{4}x^2$のグラフ，曲線gは関数$y=ax^2$

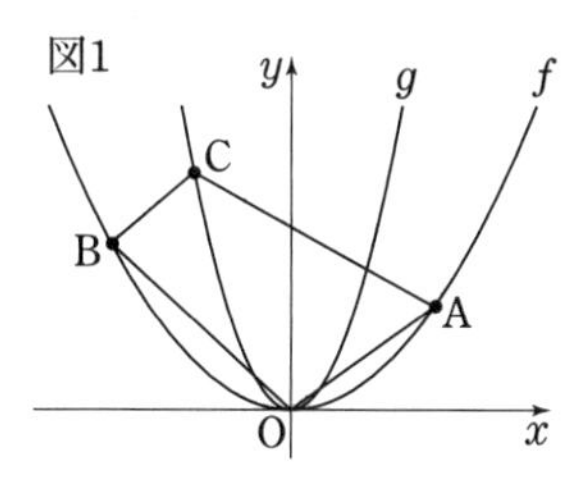

$\left(a>\frac{1}{4}\right)$のグラフを表している．点A，点Bはともに曲線$f$上にあり，点Aの$x$座標は$t$ $(0<t<6)$，点Bのx座標は$t-6$である．点Cは曲線g上にあり，x座標は負の数である．点Oと点A，点Oと点B，点Aと点C，点Bと点Cをそれぞれ結ぶ．次の問いに答えよ．

（1）　$a=\frac{5}{4}$とする．四角形OACBが平行四辺形となるとき，tの値を求めよ．

（2）　右の図2は，図1において，$t=3$，点Cのx座標が$-\frac{3}{2}$のとき，点Oと点Cを

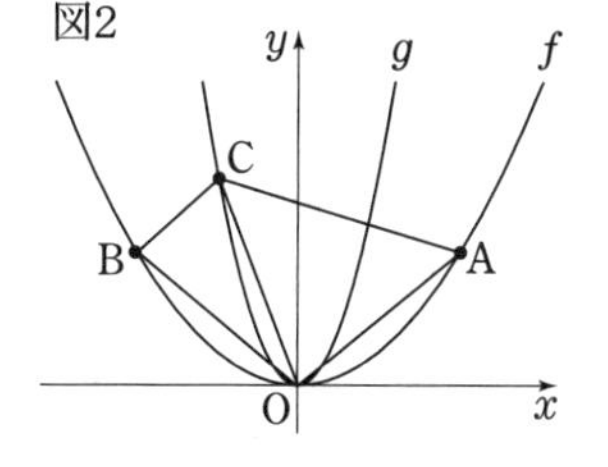

結んだ場合を表している．△OACの面積と△OCBの面積の比が2：1のとき，aの値を求めよ．（16　東京都立日比谷，一部略）

解答・解説

1．**解**　（1）

B→Oのx座標の変化とC→Aのx座標の変化は等しいので，Cのx座標をcとおくと，

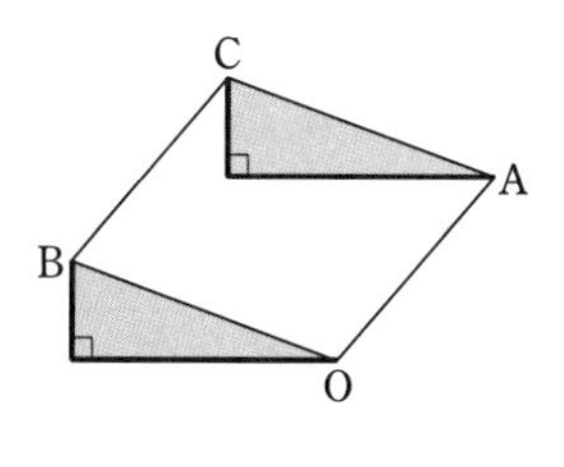

$0-(t-6)=t-c$

$\therefore\ \ c=2t-6$ ……………………………①

点A，C，Bのy座標はそれぞれ

$\frac{1}{4}t^2,\ \frac{5}{4}c^2,\ \frac{1}{4}(t-6)^2$

で，B→Oのy座標の変化とC→Aのy座標の変化は等しいので，

$0-\frac{1}{4}(t-6)^2=\frac{1}{4}t^2-\frac{5}{4}c^2$

$\therefore\ \ 5c^2=2t^2-12t+36$ ………………②

①，②より，

$5(2t-6)^2=2t^2-12t+36$

これを整理して，$t^2-6t+8=0$

$(t-2)(t-4)=0\ \ \therefore\ \ t=2,\ 4$

この2解は，どちらも$0<t<6$の条件を満たすが，①<0より$t=4$は不適．

よって，$\boldsymbol{t=2}$が条件を満たす．

（**2**）　条件より，$A\left(3,\ \frac{9}{4}\right)$，$B\left(-3,\ \frac{9}{4}\right)$で，ABとOCの交点をHとおくと，条件より，

AH：BH＝2：1

が成り立つ（p.124，**チェック6，V参照**）から，

$H\left(-1,\ \frac{9}{4}\right)$ ……………………………③

次に，$C\left(-\frac{3}{2},\ \frac{9}{4}a\right)$より，直線OCの式は，

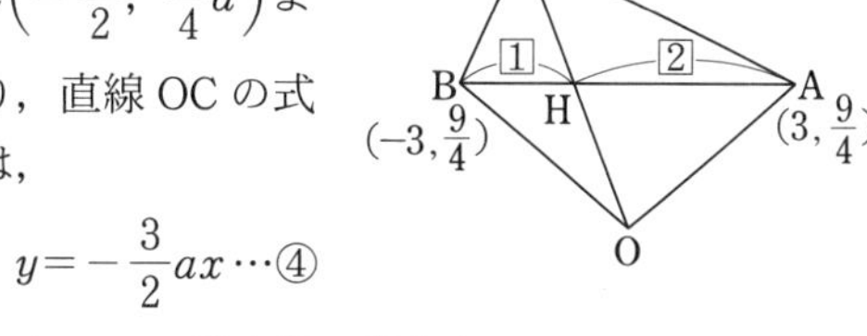

$y=-\frac{3}{2}ax$…④

よって，③を④に代入して，

$\frac{9}{4}=-\frac{3}{2}a\times(-1)\ \ \therefore\ \ \boldsymbol{a=\frac{3}{2}}$

＊　　＊　　＊

「関数＋図形」というジャンルでは，公立高校の入試問題であっても，難関国私立高校と変わらないレベルの発想や作業量を要求されるケースが多々ありますので，決してあなどることなく心して解き進めてくださいね．

公立入試問題ピックアップ⑰

公立入試でも登場する「関数＋○○」

0. グラフ上で扱うのは面積だけじゃない

中2で学ぶことになっている「等積変形」の性質を，関数のグラフ上で，与えられた平行な2直線を利用して使いこなすことは，公立・私立の入試を問わず頻出パターンの1つです．

「関数＋等積変形」のように，グラフ上で問われる図形の性質は色々とあります．定番中の定番である「関数＋面積比」はもちろん，近年では単体で出題されても苦戦する人が多い「円」が関数とタッグを組むことも珍しくありません．見慣れないテーマにも積極的に挑み，その出題パターンを頭に入れておきましょう．

1. 定番の「面積」なのに難しいことも

例題・1

右の**図**のように，関数 $y=\dfrac{1}{3}x^2$ …① のグラフは2点 A$(-3,\ 3)$，B$(6,\ 12)$を通っていて，直線 AB 上の点で x 座標が3となる点を P とする．このとき，直線 OA 上に点 Q をとったとき，△OAB の面積と△QAP の面積が等しくなるような点 Q の座標をすべて求めなさい．

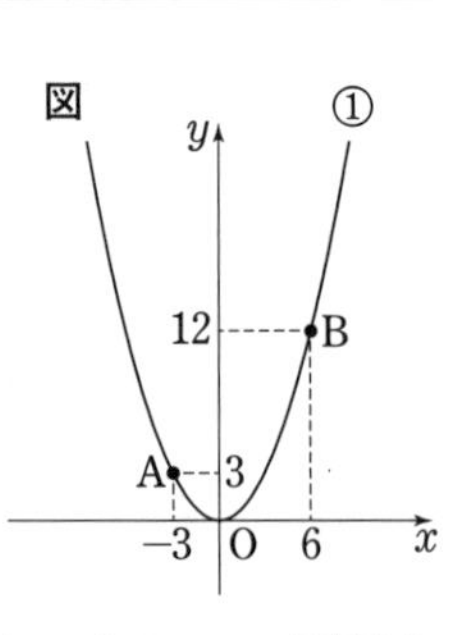

（18　鳥取県，一部改）

公表されている正答率は驚きの 1.0%！「すべて」という条件を見落とすケースがあるとはいえ，昨今の「公立高校入試問題の難化」を象徴する例として紹介します．

解　考えられる点 Q の場所は，図のように2か所ある．

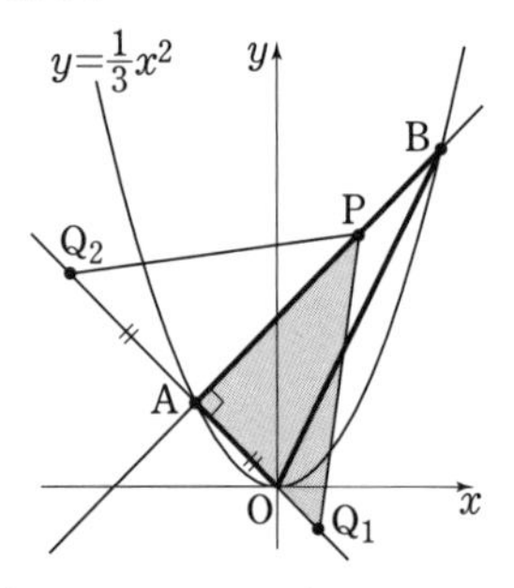

直線 AB の式は $y=x+6$ より，点 P の座標は$(3,\ 9)$．

直線 OA の式は $y=-x$

（ここまでは自力で導いておくこと．）

【解法1】　右図のように，直線 OB と直線 PQ_1 の交点を R とおけば，条件より △PBR＝△OQ_1R が成り立つので，OP // Q_1B もいえる．

直線 OP の式は $y=3x$ だから，Q_1 は，（B を通り傾きが3の直線）…② と直線 OA の交点．

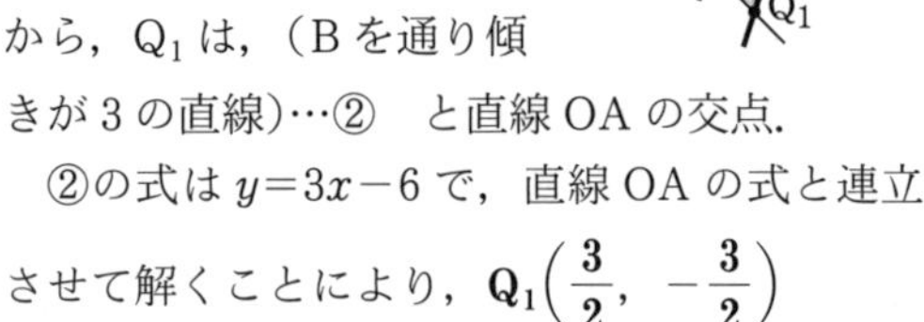

②の式は $y=3x-6$ で，直線 OA の式と連立させて解くことにより，$\mathbf{Q_1\left(\frac{3}{2},\ -\frac{3}{2}\right)}$

また，Q_2 の x 座標を t とおけば，線分 Q_1Q_2 の中点が A なので，$\dfrac{1}{2}\left(t+\dfrac{3}{2}\right)=-3$

これより，$t=-\dfrac{15}{2}$　∴　$\mathbf{Q_2\left(-\frac{15}{2},\ \frac{15}{2}\right)}$

➡**注**　点 Q が直線 AB のどちら側にあっても，$\dfrac{\triangle OAB}{\triangle QAP}=\dfrac{AB}{AP}\times\dfrac{AO}{AQ}=\dfrac{9}{6}\times\dfrac{AO}{AQ}=1$ より，$\dfrac{AO}{AQ}=\dfrac{2}{3}$

ここからQ_1，Q_2の座標を求めることもできます．

【解法 2】 直線ABの傾きが1，直線OAの傾きが-1なので，2直線の直交条件(p.124，**チェック2，Ⅱ**)により，$OA \perp AB$がいえる．

ここで直線ABの切片は6だから，y軸上に点H(0，6)をとると，

$\triangle OAB = \triangle OAH + \triangle OBH = 9 + 18 = 27$より，

$$\triangle APQ_1 = \frac{1}{2} \times AP \times AQ_1 = 27$$

と立式できる．

$AP = \sqrt{(9-3)^2 + \{3-(-3)\}^2} = 6\sqrt{2}$より，

$$AQ_1 = \frac{9\sqrt{2}}{2}$$

したがって，右図よりQ_1のx座標は，

$$-3 + \frac{9}{2} = \frac{3}{2}$$

(以下略)

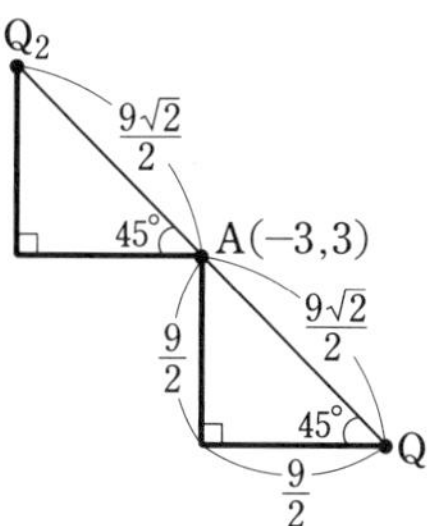

「平行」「垂直」「面積」といったキーワードは，関数でも図形でも登場するので，これらの用語には最大限の注意を払ってください．

2．正確なグラフがヒントになることも

x座標とy座標がともに整数である「格子点」も出題されることがあります．問題によって難易度に差がありますが，基本的な手の動かし方は変わりません．

例題・2

原点Oを通る2直線$y=3x$ …①，$y=\frac{1}{2}x$…②　と②上の点A(4，2)を通り傾きaの直線③がある($a<0$)．このとき，

条件P：『3直線①，②，③で囲まれた部分(ただし，囲む線分上の点を含む)の点$(x,\ y)$で，x，yがともに整数である点』

を考える．

(1)　線分OA上(ただし，両端を含む)の点$(x,\ y)$で，x，yがともに整数である点は全部で何個あるか．

(2)　$a=-\frac{1}{2}$のとき，上の条件Pを満たす点は全部で何個あるか．

(3)　上の条件Pを満たす点がちょうど11個であるとき，aのとりうる値の範囲を不等号で表しなさい．

(06　県立岡山朝日，一部改)

図が与えられていないので，自分で正確な図を描いて利用しましょう．

解　**(1)**　条件を満たす点は，(0，0)と(2，1)と(4，2)の，**3個**(右図の●)．

(2)　直線③の式は，$y=-\frac{1}{2}x+4$

だから，条件を満たす点は，上図より，

$x=0$のとき，$y=0$の1個

$x=1$のとき，$y=1$〜3までの3個

$x=2$のとき，$y=1$〜3までの3個

$x=3$のとき，$y=2$の1個

$x=4$のとき，$y=2$の1個

となるので，全部で**9個**．

(3)　(2)で考えた直線③のグラフ(図の太線)を，点Aを中心として時計回りに回転させればよい．

直線③が図の点線($y=-x+6$)の位置にくるとき，(2)の9個に2つの点が付加されて合計は11個．さらに回転させて，直線③が図の点Bを通ると条件は満たされなくなる．

よって，求めるaの値の範囲は，

(ABの傾き)$<a\leqq$(点線の傾き)

となるので，$\boldsymbol{-\frac{3}{2}<a\leqq-1}$

3．公立入試でも登場する「関数＋円」

続いては，公立高校入試ではあまり登場することのない「座標平面上の円」がテーマです．

例題・3

右の**図1**で，点Oは原点，曲線fは関数$y=ax^2$（$a>0$）のグラフである．点Pはx軸上にあり，x座標はpである．ただし，$p>0$とする．点Pを中心とする円が原点Oを通っている．曲線fと円との2つの交点のうち，原点Oと異なる点をQとする．

図1

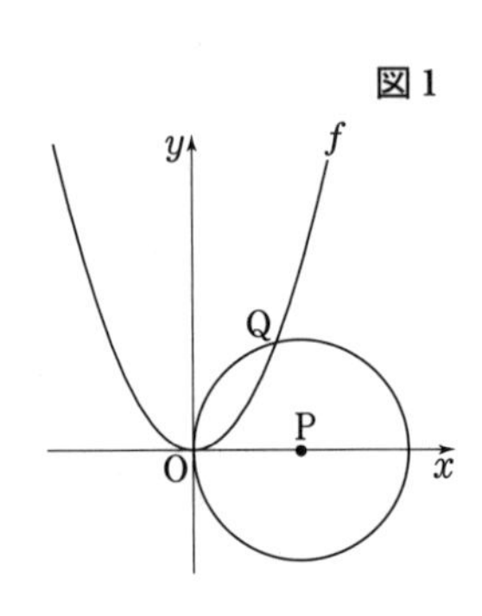

次の各問に答えよ．

（1） $p=3$とする．Qのx座標が3のとき，aの値を求めよ．

（2） 右の**図2**は，**図1**において，$a=1$とし，2点P，Qを通る直線を引いた場合を表している．点Qのx座標が2のとき，2点P，Qを通る直線の式を求めよ．

図2

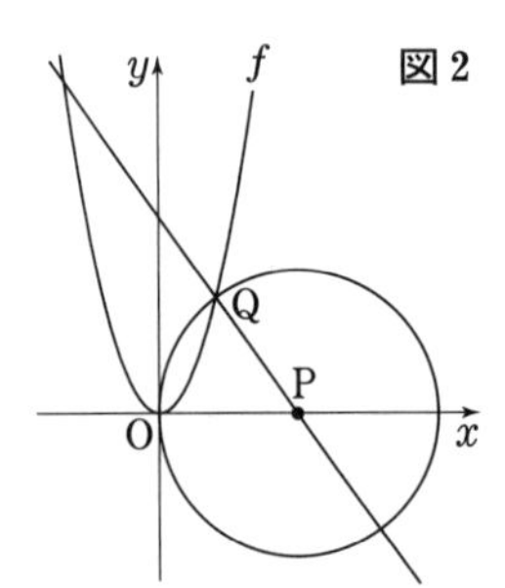

（3） 右の**図3**は，**図1**において，点Qのx座標が点Pのx座標より小さいとき，2点P，Qを通る直線をl，直線lとy軸との交点をR，直線lと円との交点のうち，点Qと異なる点をSとして，原点Oと点Q，原点Oと点Sをそれぞれ結んだ場合を表している．$p=13$で，△OQSと△OQRの面積比が5：4であるとき，aの値を求めよ．

図3

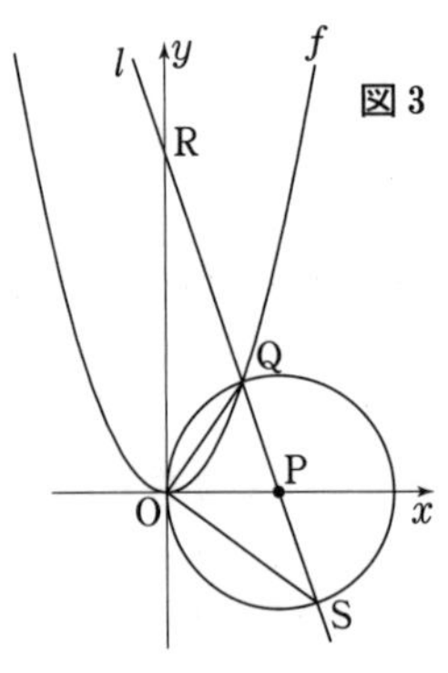

（18　東京都立西）

解　（1） PとQのx座標がともに3なので，OP⊥PQ．

また，OP＝PQもいえるので，点Qの座標は(3，3)．

これを曲線fの式に代入して，

$$3=a\times3^2 \quad \therefore \quad \boldsymbol{a=\frac{1}{3}}$$

（2） 条件よりQ(2，4)で，図のようにH(2，0)をとる．

P(p，0)に対し，

　OP＝PQ＝p，

PH＝$p-2$とおけるので，△PQHに三平方の定理を用いて，$(p-2)^2+4^2=p^2$

これを解いて，$-4p+20=0 \quad \therefore \quad p=5$

よって，Q(2，4)とP(5，0)を通る式は，

$$\boldsymbol{y=-\frac{4}{3}x+\frac{20}{3}}$$

（3） △OQS：△OQR＝QS：QR＝5：4，

$\mathrm{PQ}=\frac{1}{2}\mathrm{QS}$より，

$$\mathrm{PQ}:\mathrm{QR}=\frac{1}{2}\mathrm{QS}:\mathrm{QR}=5:8$$

∴　PQ：PR＝5：13

このとき，右図で，PH：PO＝5：13が成り立つので，P(13，0)より，

　PH＝5

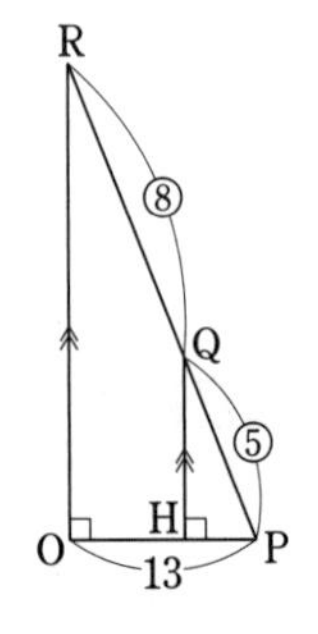

このとき，PQ＝PO＝13より，△PQHに三平方の定理を用いて，

$$\mathrm{QH}=\sqrt{13^2-5^2}=12 より，Q(8，12)$$

これを曲線fの式に代入して，

$$12=a\times8^2 \quad \therefore \quad \boldsymbol{a=\frac{3}{16}}$$

＊　　　＊　　　＊

それでは演習問題に進みましょう．紹介するのは1題ですが，（3）は正答率2.8％と大変低いので，（2）までの取りこぼしは厳禁です．

演　習　問　題

1．右の図において，直線①は関数 $y=x+6$ のグラフであり，曲線②は $y=ax^2$ のグラフである．2点A，Bはともに直線①と曲線②との交点で，点Aの x 座標は -3，点Bの x 座標は6であり，点Cは直線①と y 軸との交点である．また，原点をOとするとき，点Dは y 軸上の点で，CO：OD＝6：7であり，その y 座標は負である．点Eは線分AD上の点で，AE＝EDである．さらに，点Fは x 軸上の点で，線分BFは y 軸に平行である．このとき，次の問いに答えなさい．

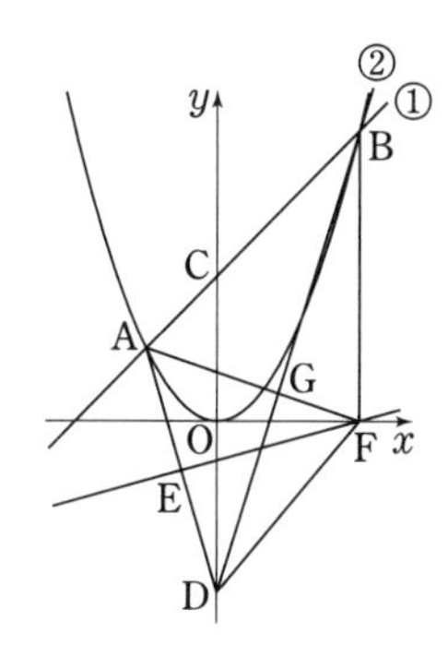

（1）　a の値を求めなさい．

（2）　直線EFの式を求めなさい．

（3）　線分AFと線分BDの交点をGとするとき，△AGBと△DFGの面積比を最も簡単な整数の比で表しなさい．

（18　神奈川県，一部改）

解答・解説

1．（3）ではGの座標を求め，実際に三角形の面積を求めようとして手間取ってしまう人が多いことでしょう．ここでは，あえてGの座標を求めない解法で進めていきます．

解　（**1**）　点Bは直線①上にあり，x 座標が6だから，B(6，12)

これを②の式に代入して，

$$12=a\times6^2 \quad \therefore \quad \boldsymbol{a=\frac{1}{3}}$$

（**2**）　C(0，6)とCO：OD＝6：7より点Dの座標はD(0，-7)

これにA(-3，3)とAE＝EDより，

$$\mathrm{E}\left(-\frac{3}{2},\ -2\right)$$

よって，2点 $\mathrm{E}\left(-\frac{3}{2},\ -2\right)$，F(6，0)を通る直線の式は，傾きが $\dfrac{0-(-2)}{6-\left(-\frac{3}{2}\right)}=\dfrac{4}{15}$ で，

F(6，0)を通るので，$\boldsymbol{y=\frac{4}{15}x-\frac{8}{5}}$

（**3**）　直線AFの式は $y=-\dfrac{1}{3}x+2$　……③

であるから，③と y 軸との交点をH(0，2)とおくと，HD // FBより，

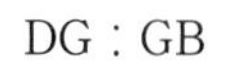

DG：GB
＝HD：BF
＝9：12
＝3：4

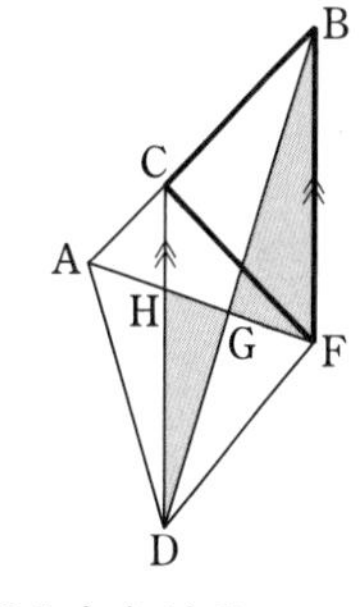

より，△BFG＝$4S$，△DFG＝$3S$ とおける．

また，△BCF＝△BDFも成り立つので，

△BCF＝$7S$　……………………………④

ここで，△BAF：△BCF＝AB：CB＝3：2

より，△BAF＝$\dfrac{3}{2}$×④＝$\dfrac{21}{2}S$

よって，

△AGB＝△BAF－△BFG

$$=\frac{21}{2}S-4S=\frac{13}{2}S$$

∴　△AGB：△DFG＝$\dfrac{13}{2}S:3S=$ **13：6**

＊　　　＊　　　＊

例題・**3**で紹介した「放物線＋円」の問題は，難関国私立高校受験生にとっても着眼点・作業量ともに必見に値するものです．

時間を充分にとって向き合ってください．

公立入試問題ピックアップ⑱

座標平面上で扱う平行四辺形に要注意！

0. グラフと相性抜群な平行線を自在に扱おう

中２で学習する「平行四辺形」「ひし形」の性質について，その理解度を関数とセットにして問う形式の出題は，公立入試においても昔から定番です．近年その難易度は増しており，難関国私立高校受験を念頭においた準備をしていない人にとってはかなり難易度が高く，正答率が１ケタになることも珍しくありません．

だからこそ，数学を得点源としたい受験生の皆さんは，是非ともここで差をつけたいところですね．今回は，頻出の「平行四辺形」の扱いを中心に，その出題形式や処理方法を確認していきます．

1. 対称性は見えるけれど，その先が…

例題・1-1

右の図において，①は関数 $y=x^2$，②は関数 $y=ax^2$ のグラフであり，$a<0$ である．点 A，B は①のグラフ上にあり，点 A の x 座標は 2 で，点 A と点 B の y 座標は等しい．点 C を y 軸上にとり，点 O と点 A，点 O と点 B，点 A と点 C，点 B と点 C をそれぞれ結んで，ひし形 OACB をつくる．また，②のグラフ上に，点 A と x 座標が等しい点 D をとる．点 O と点 D を結んだ線分 OD を１辺とする正方形をつくったところ，この正方形とひし形 OACB の面積の比が 25：64 となった．a の値を求めよ．

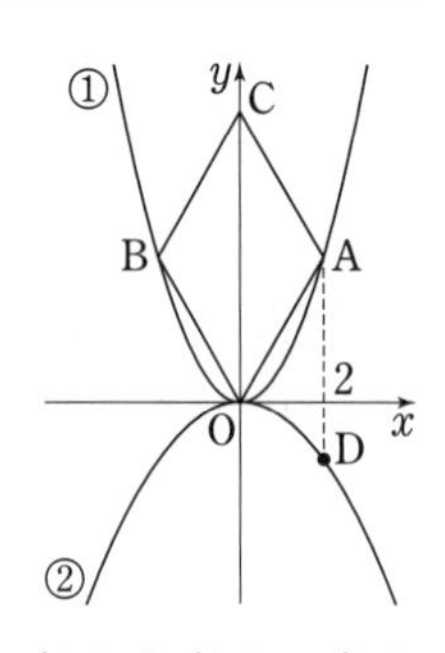

（19　高知県，一部略）

放物線とひし形はともに線対称なので，その対称軸が y 軸で一致する場合は考えやすくなります．C の座標を求めるまでは「楽勝！」と思えるはずですが，なんと公表されている正答率は驚きの 0.5％！受験生の多くがその先の扱いに慣れていないことがわかりますね．

解　A と D の x 座標は 2 なので，①と②の式にそれぞれ $x=2$ を代入して，A(2，4)，D(2，4a)と表せ，A と B は y 軸について対称なので，B(−2，4)．

次に，AB と OC の交点を M(0，4)とおくと，OC＝2OM より，C の y 座標は 4×2＝8

よって，ひし形の面積$=\dfrac{\mathrm{AB}\times\mathrm{OC}}{2}=16$　…①

OD を１辺とする正方形の面積は OD^2 であるから，OD^2：①＝25：64 より，

$\mathrm{OD}^2=①\times\dfrac{25}{64}=\dfrac{25}{4}$ ……………………②

また，三平方の定理を用いて，

$\mathrm{OD}^2=(2-0)^2+(4a-0)^2=16a^2+4$

だから，これと②より，

$16a^2+4=\dfrac{25}{4}$　これを整理して，$a^2=\dfrac{9}{64}$

ただし，$a<0$ なので，$\boldsymbol{a=-\dfrac{3}{8}}$

今度は「平行四辺形です」と明記されていない場合を考えます．記述の場合は特に，登場する四角形が平行四辺形であることを述べておかなければなりません．

例題・1-2

右の図のように，関数 $y=ax^2$ のグラフ上を $x>0$ の範囲で動く点Aがあります．点Aを通り x 軸に平行な直線をひき，関数 $y=ax^2$ のグラフとの交点をBとします．

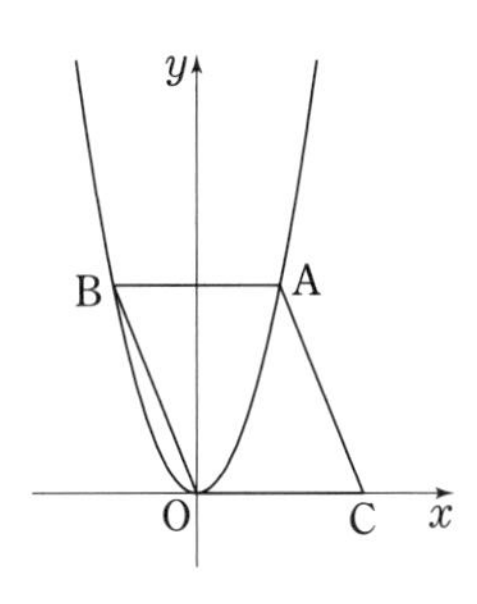

また，点Aを通り直線BOに平行な直線をひき，x 軸との交点をCとします．ただし，$a>0$ とします．

直線OAの傾きが4となるとき，直線BCの傾きを求めなさい．

（13　広島県，一部略）

二次関数の扱いの定石は「まずは比例定数 a の値を求めておく」ですが，本問では情報が少ないため，これにこだわってしまうと時間を浪費します．図形の性質に注目しましょう．

解　AB∥CO，AC∥BOより，2組の対辺がそれぞれ平行なので，

四角形OCABは平行四辺形　…………①

図のように，AとBからそれぞれ x 軸に垂線を下ろしその交点をD，Eとする．

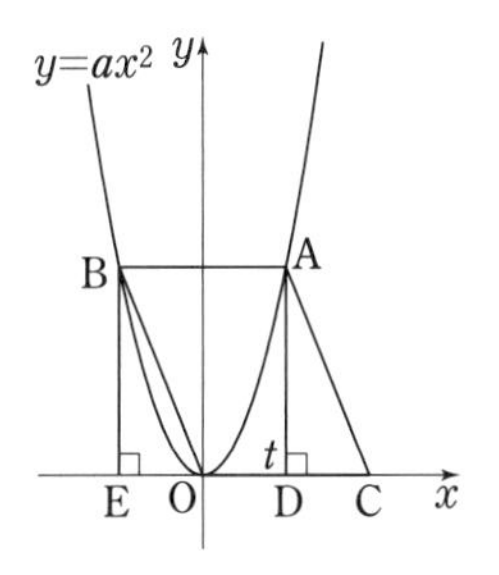

直線OAの傾きが4なので，

OD : AD＝1 : 4

ここで，D(t, 0)とおくと(t≠0)，AD＝4t より，A(t, 4t)

AとBは y 軸について対称なので，

B(−t, 4t)　∴　E(−t, 0)

次に，△ACDと△BOEにおいて，

∠ADC＝∠BEO＝90°，

AD＝BE，①よりAC＝BO

直角三角形の斜辺と他の1辺がそれぞれ等しいので，△ACD≡△BOE

対応する辺の長さはそれぞれ等しいので，

CD＝OE＝t　∴　C(2t, 0)

直線BCの傾き＝$-\dfrac{\mathrm{BE}}{\mathrm{EC}}$…②　より，

$$②=-\frac{4t}{2t-(-t)}=-\frac{4t}{3t}=-\boldsymbol{\frac{4}{3}}$$

＊　　　＊　　　＊

座標平面上で平行四辺形を扱う際には，次の2つのことに注目するのが鉄則です．

① **対角線の交点M**

② **右図網目部，斜線部のような合同な直角三角形**(ともに，直角をはさむ2辺を座標軸と平行にとる)

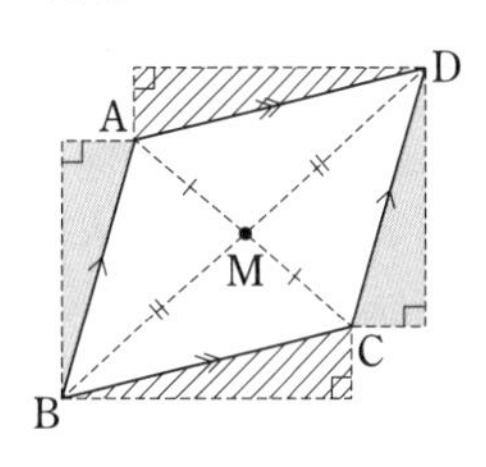

特に①は，「平行四辺形はMを対称の中心とする点対称な図形」という性質を利用する場面(平行四辺形の面積を二等分する等)で出番が多くなります．

また，放物線が与えられている場合には，

③ **原点を通る放物線は y 軸について対称**

という当たり前の事実も，ほとんどの場合に座標を求める際のヒントとして使用しますので忘れないようにしましょう．

2．「平行な2直線」が生み出す図形

次は，座標平面上に平行な2直線が与えられている場合を考えます．小問ごとに条件が設定されて平行四辺形を作る場合もあれば，台形が登場しても不思議ではありません．

例題・2

右の図1で，点Oは原点，曲線 f は関数 $y=ax^2$ ($a>0$)のグラフを表している．

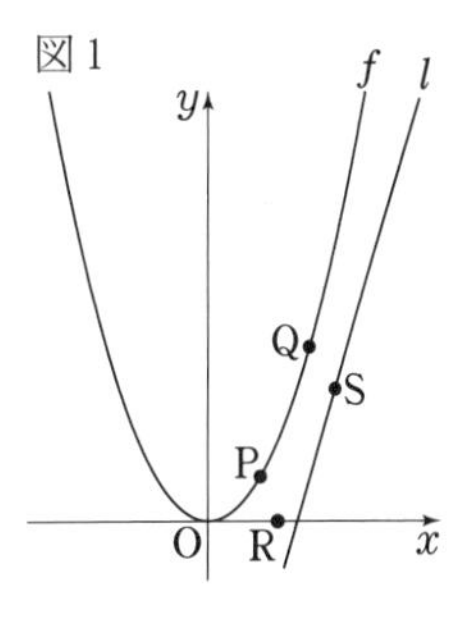

2点P，Qは，ともに曲線 f 上にあり，点Rは x 軸上にある．点Pの x 座標を t,

点Qのx座標を$t+2$，点Rのx座標を$t+1$とする．次の各問に答えよ．

（1） 図1は，点(2，0)を通る直線をlとし，直線l上の点でx座標が$t+3$である点をSとした場合を表している．点Pが曲線f上を動くとき，四角形PRSQが常に平行四辺形となるような直線lの式を，aを用いて表せ．

（2） 右の図2は，$t=2$のとき，点Pと点Rを結び，PR∥QTとなるような点Tをx軸上にとり，点Qと点Tを結んだ場合を表している．

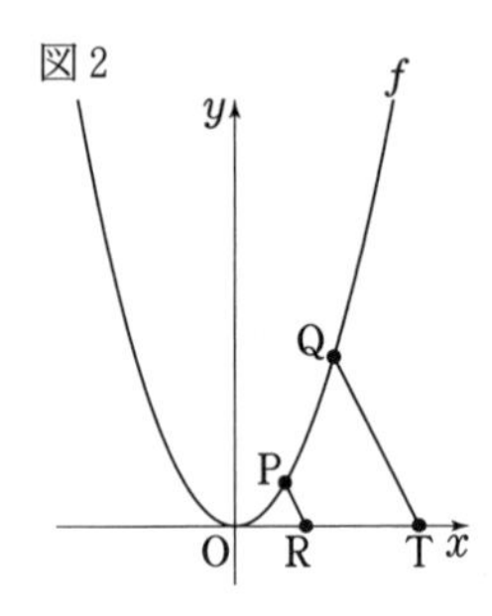

直線$y=x$が，線分PRと交わり，台形PRTQの面積を二等分するとき，aの値を求めよ．

（19 東京都立西，一部略）

（2）では，台形の面積を二等分する直線について問われています．

重要な性質なので，しっかり確認しておきましょう．

右図の台形ABCDにおいて，ADの中点をL，BCの中点をM，LMの中点をNとします．

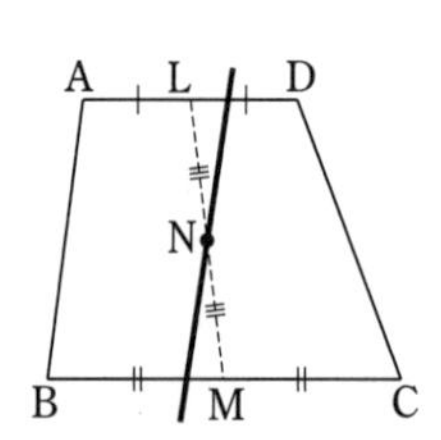

このとき，上底と下底を通り，かつ点Nを通る直線は，台形ABCDの面積を二等分します．

解 （1） 四角形PRSQが平行四辺形になるので，

QP＝SR，QP∥SR

よって，右図の△PP′Qと△SS′Rは合同になるので，

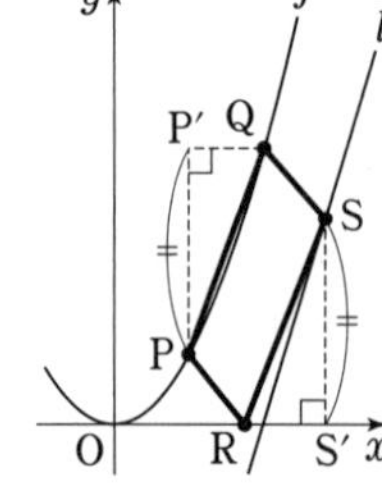

PP′＝SS′

点Qのy座標は$a(t+2)^2$，点Pのy座標はat^2となるので，

$PP'=a(t+2)^2-at^2=4at+4a$

点S′のy座標は0なので，点Sの座標は，

S$(t+3,\ 4at+4a)$

直線lは点(2，0)，S$(t+3,\ 4at+4a)$を通るので，その式は，（この2点は異なるので）

$$y=\frac{(4at+4a)-0}{(t+3)-2}(x-2)+0$$

$$y=\frac{4a(t+1)}{t+1}(x-2)$$

∴ $\boldsymbol{y=4ax-8a}$

（2） $t=2$のとき，点P，R，Qのx座標はそれぞれ2，3，4となるので，

P$(2,\ 4a)$，R$(3,\ 0)$，Q$(4,\ 16a)$

PR∥QTのとき，

右図で，

△RR′P

∽△TT′Q

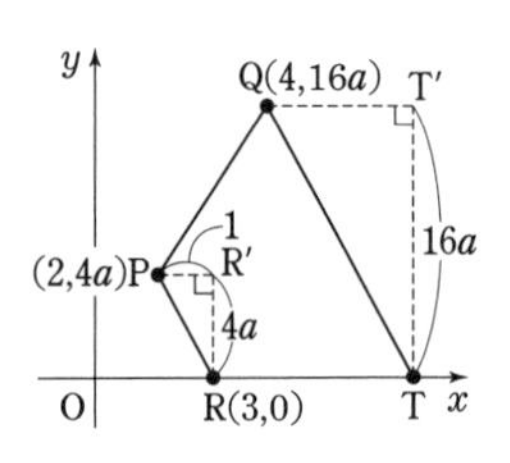

相似比は，

R′R：T′T

＝1：4だから，

QT′＝4PR′＝4

∴ T(8，0)

ここで右図のように，PRの中点をL，QTの中点をM，LMの中点をNとおくと，LとMの座標は，それぞれ

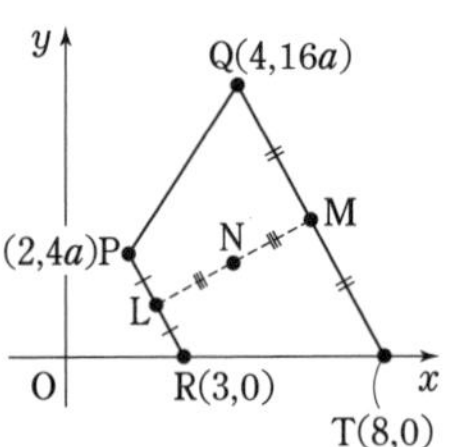

$$L\left(\frac{5}{2},\ 2a\right),\ M(6,\ 8a)$$

よって，Nの座標は，

$$\left(\frac{\frac{5}{2}+6}{2},\ \frac{2a+8a}{2}\right)より，N\left(\frac{17}{4},\ 5a\right)$$

これが直線$y=x$上にあるとき条件を満たすので，$5a=\frac{17}{4}$ ∴ $\boldsymbol{a=\frac{17}{20}}$

（このとき，線分PRと交わる）

＊　　＊　　＊

それでは演習問題に進みましょう．難関国私立高校の入試問題ではしばしば見かける形で，一昔前に比べて公立高校入試の難化を示す典型例といえるでしょう．

演　習　問　題

1．放物線 $y=ax^2$ …① と 2 直線

$y=\frac{1}{4}x+b$ …②，$y=\frac{1}{4}x+c$ …③ がある．

右図のように，放物線①と直線②の 2 つの交点を A，D，放物線①と直線③の 2 つの交点を B，C とし，さらに直線③と x 軸の交点を P とする．点 A，点 D の x 座標はそれぞれ -3，4 であり，点 C の x 座標は正である．ただし，$a>0$，$0<c<b$ とする．

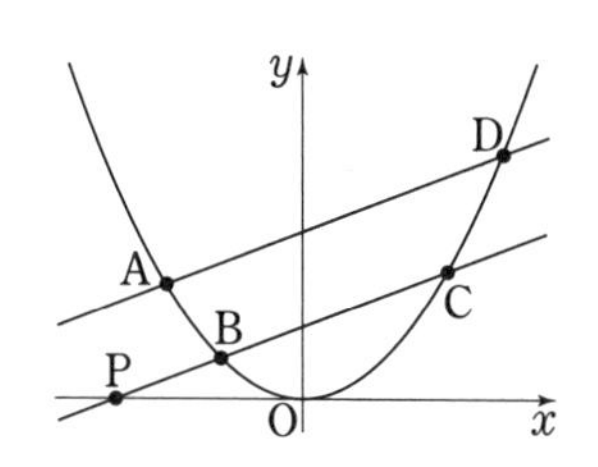

（1） a，b の値を求めなさい．

（2） △ACD の面積が 1 になるような c の値を求めなさい．

（3） 四角形 APCD が平行四辺形となるような c の値を求めなさい．

（19　京都市立堀川）

解答・解説

1．差がつくのは，（3）で登場する平行四辺形の処理です．

解　**（1）** 放物線①上の，x 座標がそれぞれ -3，4 である 2 点 A，D を通る直線の式は，

$y=a\times(-3+4)x-a\times(-3)\times4$ …（☆）

$\therefore\quad y=ax+12a$

これが直線②の式と一致するから，係数を比較すると，

$\boldsymbol{a=\frac{1}{4}}$，$12a=b$　$\therefore$　$\boldsymbol{b=3}$

➡**注**　☆については，p.124，**チェック 3** 参照．

（2） 直線②と直線③が平行なので，右図において，△ACD＝△AC′D が成り立つ．

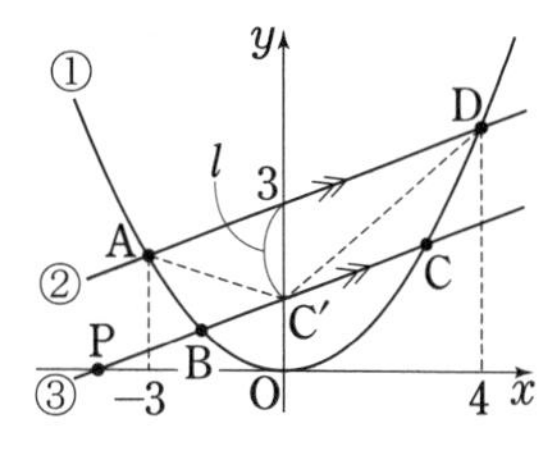

②と③の y 切片の差を l とおくと，△AC′D の面積について，

$$\frac{1}{2}\times l\times\{4-(-3)\}=1$$

と立式できる．これを解いて，$l=\frac{2}{7}$

$l=3-c$ より，$\boldsymbol{c}=3-\frac{2}{7}=\boldsymbol{\frac{19}{7}}$

（3） 右図のように E と F をとる．

四角形 APCD が平行四辺形だから，

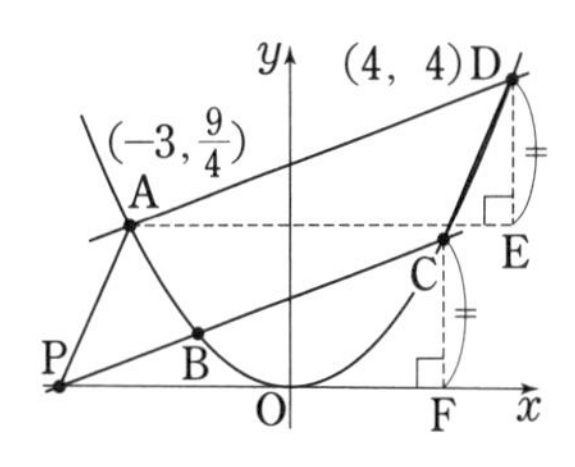

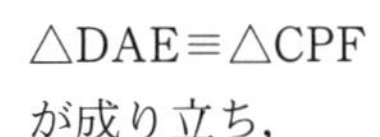

△DAE≡△CPF が成り立ち，

$$\mathrm{DE}=\mathrm{CF}=4-\frac{9}{4}=\frac{7}{4}\quad\cdots\cdots\cdots\cdots\cdots\cdots\text{④}$$

④は C の y 座標なので，x 座標（$x>0$）は，

$\frac{1}{4}x^2=\frac{7}{4}$　$x=\sqrt{7}$　$\therefore$　$\mathrm{C}\left(\sqrt{7},\ \frac{7}{4}\right)$

C の座標を③に代入し，$\frac{7}{4}=\frac{1}{4}\times\sqrt{7}+c$

これより，$\boldsymbol{c=\frac{7-\sqrt{7}}{4}}$

＊　　＊　　＊

中 2 で学習する平行四辺形を題材にするケースが今後も続けて出題されることが予想されます．しっかりと時間をとって慣れておきましょう！

公立入試問題ピックアップ⑲

20 年前では考えられない難易度の問題—直線図形編

0. 難度に差がある直線図形

公立入試で問われる「直線図形」の問題を語る際には，合同や相似の性質を利用した証明問題の出題が多いことを第一の特徴に挙げなければなりませんが，地域によって難易度に差がある「長さ」を求める過程にも注目してください．

難関国私立高校顔負けの「相似と三平方の使い分け」がポイントとなる出題がある地域では，その後の面積あるいは面積比まで手が進まず，正答率が低くなる傾向が見られます．

まずは，出題頻度の高い定理や公式についてしっかりと把握しておきましょう．

1. 長さを求める手法を点検できる 1 題

例題・1

右図のように，
AB＝4，CA＝2，
$\angle A=90^\circ$ の直角三角形 ABC がある．$\angle A$ の二等分線と辺 BC との交点を G とするとき，線分 AG の長さを求めよ．

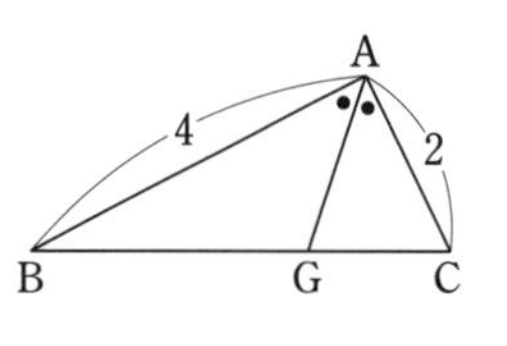

（16　徳島県，改）

AG を斜辺とする直角三角形を作る解法だけでなく，可能な限り様々な解法を吟味しておきましょう．

解　**【解法 1】…三平方に頼りきりの解法**

① △ABC で三平方 → $BC=2\sqrt{5}$

② 角の二等分線定理(☞ p.125，**チェック 7**)より，

$BG:GC=AB:AC=2:1$

$\therefore\ GC=\dfrac{1}{3}BC=\dfrac{2\sqrt{5}}{3}$

③ A から辺 BC へ垂線(交点を H とおく)
$AH\times BC=AB\times AC$ より，

$AH\times 2\sqrt{5}=4\times 2\quad\therefore\ AH=\dfrac{4\sqrt{5}}{5}$

④ $\triangle ABC \backsim \triangle HAC$
より，

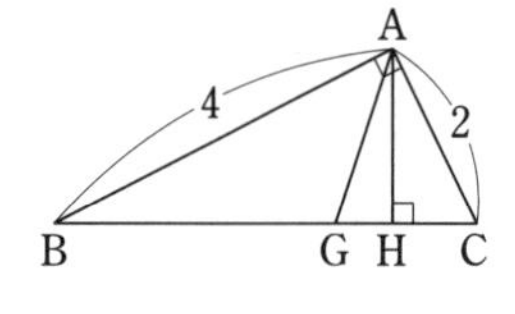

$AH:HC$
$=BA:AC$
$=2:1$

$\therefore\ HC=\dfrac{1}{2}AH=\dfrac{2\sqrt{5}}{5}$

⑤ $GH=GC-HC=\dfrac{4\sqrt{5}}{15}$

⑥ よって，$AG=\sqrt{GH^2+AH^2}=\boldsymbol{\dfrac{4\sqrt{2}}{3}}$

この解法では，$\angle BAG=\angle CAG=45^\circ$ となる大ヒントを使わないまま終わってしまいますね．これでは面白くありませんから，45°を有効活用する解法を考えてみましょう．

【解法 2】 辺 AB の中点を D，辺 AB の垂直二等分線と $\angle A$ の二等分線の交点を E，線分 DE と辺 BC

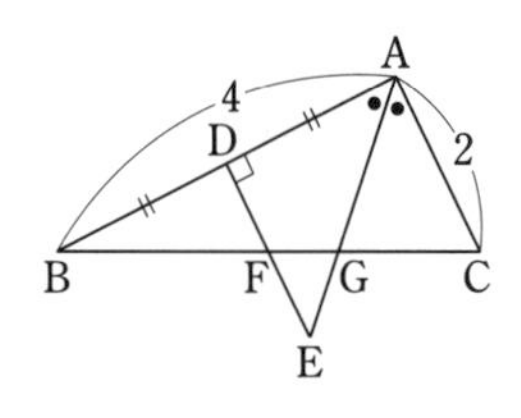

の交点をFとおく.

① ∠DAE=45°より，△DAEは直角二等辺三角形.

$AD=\frac{1}{2}AB=2$ より，

$AE=\sqrt{2}\,AD=2\sqrt{2}$

② DE⊥AB，AC⊥ABより，DE∥AC

③ 中点連結定理より，$DF=\frac{1}{2}AC=1$

④ EF∥AC，EF=DE−DF=1より，
AG：GE=AC：EF=2：1

⑤ よって，$AG=\frac{2}{3}AE=\mathbf{\frac{4\sqrt{2}}{3}}$

相似形を自分で作ることにより作業量が減ってスッキリしました．まだまだ紹介したい別解はたくさんあります.

【解法3】 Gから辺AB，辺ACにそれぞれ垂線をひき，交点をP，Qとおく.

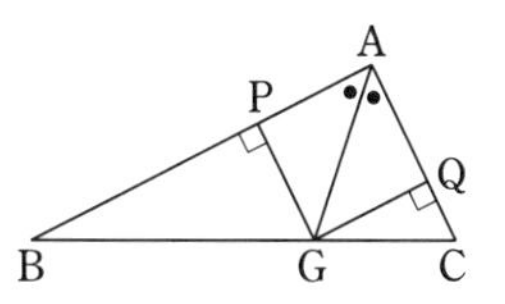

① △AGP≡△AGQ
より，GP=GQが成り立つので，$GP=GQ=x$とおくと，△AGPは直角二等辺三角形なので，$AG=\sqrt{2}\,x$

② GP，GQをそれぞれ△AGB，△AGCの高さとみて三角形の面積について立式すると，

△ABC=△AGB+△AGCより，

$\frac{4\times2}{2}=\frac{4\times x}{2}+\frac{2\times x}{2}$

これを解いて，$x=\frac{4}{3}$

$\therefore\ AG=\sqrt{2}\,x=\mathbf{\frac{4\sqrt{2}}{3}}$

*　　　*　　　*

長さや線分比を求める手法として「面積を利用する」ケースは多いものです．イメージできなかった人は必ず自分のものにしてください.

他の解法は，紙幅の都合もあるので方針だけを図で残しておきます.

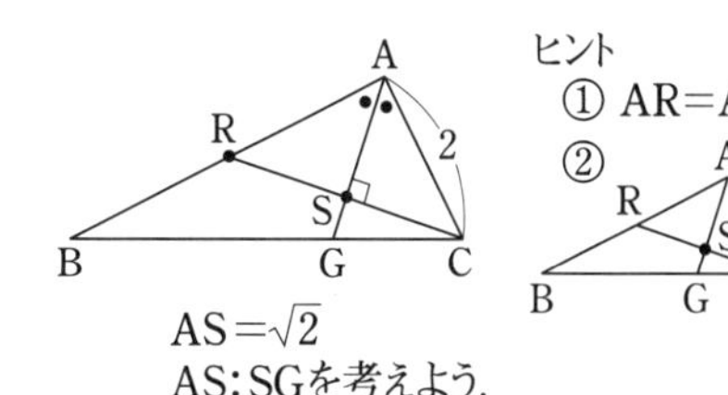

2.「面積比」の扱いは最重要点検事項

例題・2

右図で，2つの線分AB，CDは点Oで交わっており，AB=7，CD=8，OA=4，OC=2である．また，4点P，Q，R，Sはそれぞれ線分AB，BC，CD，DAの中点である．このとき，次の問いに答えよ.

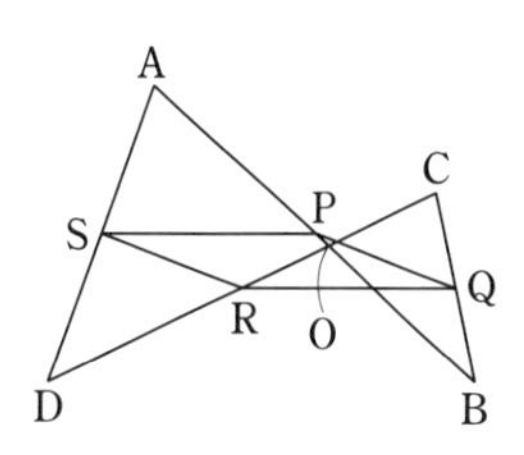

（1） 四角形PQRSが平行四辺形であることを証明せよ.

（2） 四角形PQRSの面積は△OADの何倍になるか求めよ.

（14　奈良県，一部略）

（1）「中点」というキーワードから中点連結定理は想像できますが，その先がポイントです．（2）は三角形の面積比に関する基本手法の点検です.

解 （1） △ABDに注目すると，仮定より中点連結定理が成り立つので,

SP∥DB ………①　$SP=\frac{1}{2}DB$ ………②

△CDBに注目すると，同様に中点連結定理が成り立つので,

RQ∥DB ………③　$RQ=\frac{1}{2}DB$ ……④

よって，①と③よりSP∥RQ …………⑤

②と④よりSP=RQ ……………………⑥

⑤，⑥より，1組の対辺が平行で等しいので，四角形PQRSは平行四辺形である.

（**2**） AP＝3.5，OA＝4 より，OP＝0.5

よって，OP：PA＝1：7

DR＝4，OR＝RC－OC＝2 より，

OR：RD＝1：2

ここで，右図のように△OAD を抜き出して考えると，四角形 PQRS は平行四辺形だから，

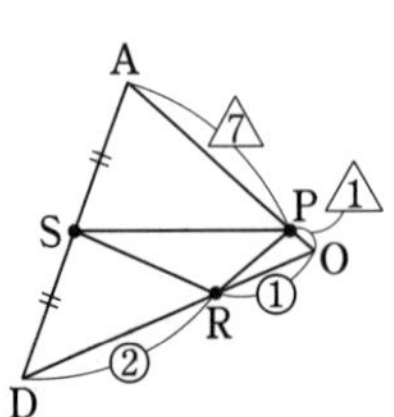

△PRS

$=\frac{1}{2}\times$四角形 PQRS ……………………⑦

ここで，△OAD＝S とおくと，

$$\frac{\triangle ASP}{\triangle ADO}=\frac{AS\times AP}{AD\times AO}=\frac{1\times7}{2\times8}=\frac{7}{16}$$

（☞ p.124，**チェック 6，Ⅱ**）

より，$\triangle ASP=\frac{7}{16}S$

同様に，$\frac{\triangle DSR}{\triangle DAO}=\frac{DS\times DR}{DA\times DO}=\frac{1\times2}{2\times3}=\frac{1}{3}$

より，$\triangle DSR=\frac{1}{3}S$

$\frac{\triangle OPR}{\triangle OAD}=\frac{OP\times OR}{OA\times OD}=\frac{1\times1}{8\times3}=\frac{1}{24}$ より，

$\triangle OPR=\frac{1}{24}S$ とそれぞれおけるので，

$$\triangle PRS=S-\left(\frac{7}{16}S+\frac{1}{3}S+\frac{1}{24}S\right)=\frac{3}{16}S$$

これと⑦より，

四角形 PQRS$=2\times\frac{3}{16}S=\frac{3}{8}S$

よって答えは，$\mathbf{\frac{3}{8}}$ **倍．**

＊　＊　＊

（2）は難関国私立高校志望者にとっては定番の解法ですが，平行四辺形の性質を用いて注目する図形（△PRS）を切り替える必要があります．このように，様々な場面で「気づく・見つける」「（自分で）作る」作業が求められていることを自覚してください．

演　習　問　題

1．右図の△ABC は∠ABC＝90°の直角三角形であり，D は辺 AC 上の点で，AB＝AD である．

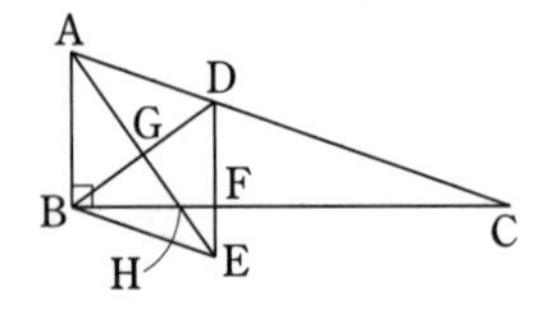

E は△ABD を，直線 DB を対称の軸として対称移動したときの頂点 A に対応する点である．また，F は辺 BC と線分 DE との交点，G，H はそれぞれ線分 AE と DB，BF との交点である．AB＝2，AC＝6 のとき，次の各問いに答えよ．

（1） △DBF の面積を求めよ．

（2） 四角形 DGHF の面積は△ABC の面積の何倍になるか求めよ．

（16　愛知県・A グループ）

2．下図において△ABC は∠ABC＝90°，AB＝BC＝4 の直角二等辺三角形であり，△DCE は∠CDE＝90°，CE＝4 の直角二等辺三角形である．3 点 B，C，E はこの順に一直線上にあり，A，D は直線 BE について同じ側にある．A と E，B と D をそれぞれ結ぶ．F は辺 AC と線分 BD の交点である．G は線分 AE と線分 BD の交点であり，H は線分 AE と辺 CD との交点である．このとき，次の問いに答えよ．

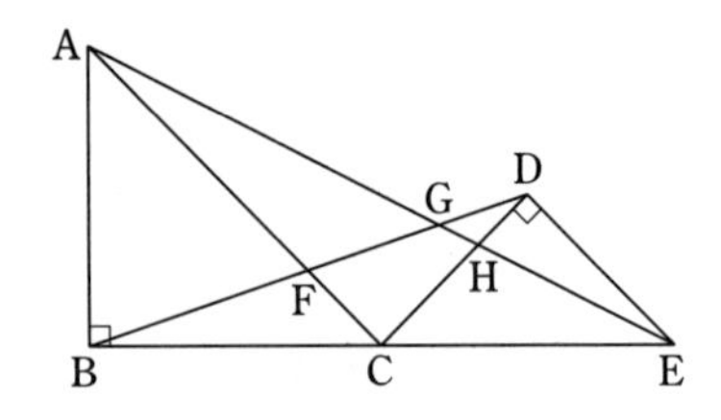

（1） 線分 CH の長さを求めよ．

（2） 四角形 GFCH の面積を求めよ．

（16　大阪府，一部略）

解答・解説

1．（2）では△DBF と△HBG の面積比を求める手法を点検しましょう．

解　（**1**）　四角形 ABED はひし形なので，

AB // DE

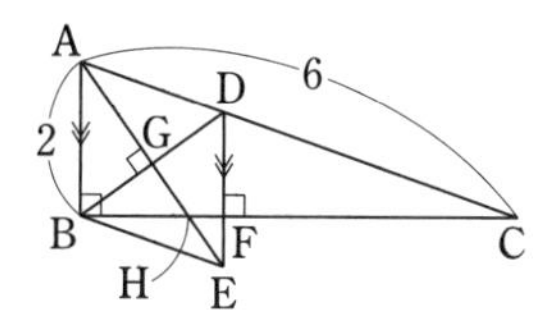

よって，DE⊥BC

CD：CA＝2：3 より，$DF=\frac{2}{3}AB=\frac{4}{3}$

また，$BC=\sqrt{AC^2-AB^2}=4\sqrt{2}$ より，

$BF=\frac{1}{3}BC=\frac{4\sqrt{2}}{3}$

∴　$\triangle DBF=\frac{1}{2}\times\frac{4\sqrt{2}}{3}\times\frac{4}{3}=\mathbf{\frac{8\sqrt{2}}{9}}$

（**2**）　△ABC＝S とおくと，

AD：DC＝1：2 より，$\triangle DBC=\frac{2}{3}S$

BF：FC＝1：2 より，

$\triangle DBF=\frac{1}{3}\triangle DBC=\frac{2}{9}S$　……………①

とおける．

次に，△DBF に三平方の定理を用いて，

$BD=\sqrt{DF^2+BF^2}=\frac{4\sqrt{3}}{3}$

BG＝GD より，$BG=\frac{1}{2}BD=\frac{2\sqrt{3}}{3}$

このとき，AG⊥BD より△DBF∽△HBG が成り立ち，面積比は

$BF^2:BG^2=\left(\frac{4\sqrt{2}}{3}\right)^2:\left(\frac{2\sqrt{3}}{3}\right)^2=8:3$

∴　四角形 $DGHF=\frac{5}{8}\triangle DBF$　………②

①，②より，

四角形 $DGHF=\frac{5}{8}\times\frac{2}{9}S=\frac{5}{36}S$

よって答えは，$\mathbf{\frac{5}{36}}$ **倍**.

2．原題では△ACE と△BCD の相似を証明する設問があります．あわせて確認しておきましょう．

解　（**1**）　∠ACB＝∠DCE＝45°より，

∠ACD＝∠CDE＝90°　∴　AC // DE

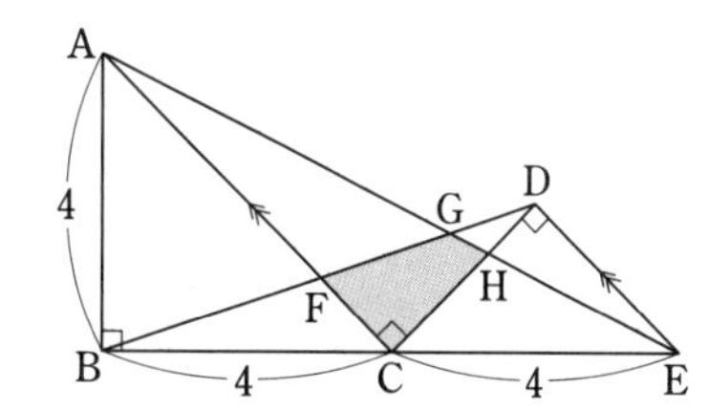

よって，CH：HD＝AC：DE

ここで，$AC=\sqrt{2}AB=4\sqrt{2}$，

$DC=DE=\frac{1}{\sqrt{2}}CE=2\sqrt{2}$　だから，

$CH:HD=4\sqrt{2}:2\sqrt{2}=2:1$

∴　$CH=\frac{2}{3}CD=\mathbf{\frac{4\sqrt{2}}{3}}$

（**2**）　BC＝CE，FC // DE より，中点連結定理が成り立つので，$FC=\frac{1}{2}DE=\sqrt{2}$

ここで，FG：GD＝AF：DE

$=(4\sqrt{2}-\sqrt{2}):2\sqrt{2}$

$=3:2$

であるから，

$\frac{\triangle DGH}{\triangle DFC}=\frac{DG\times DH}{DF\times DC}=\frac{2\times1}{5\times3}=\frac{2}{15}$

より，四角形 $GFCH=\frac{13}{15}\triangle DFC$…………①

また，$\triangle DFC=\frac{1}{2}\times FC\times DC$

$=\frac{1}{2}\times\sqrt{2}\times2\sqrt{2}=2$

であるから，$①=\frac{13}{15}\times2=\mathbf{\frac{26}{15}}$

＊　　＊　　＊

公立高校入試では，図形を題材とした証明問題が全国的に多くなっています．直線図形では合同・相似が中心になりますが，配点が高い傾向がありますから，準備の優先順位をあげて直前期まで継続的に学習を進めていきましょう．

公立入試問題ピックアップ⑳

「図形を見る目」が問われる直線図形

0. 直線図形の出題傾向は全国共通!?

入試問題と定期試験問題の大きな違いに「正解へ至るまでの手順の多さ」が挙げられます.

公立高校入試問題が「定期試験問題の延長」と思われていたのはもう昔のこと，特に直線図形を題材とする問題では，自分でヒントとなる図形を見つけたり，小問ごとに自分で図を描き分けて情報を整理したり，といった「公式や定理を用いる前段階での準備」がポイントで，その思考手順に慣れておかなければなりません.

どこの都道府県でも問われる「図形を見る目」を，普段から意識して鍛えておきたいですね.

1. 正解までの手順が多くても動じない

例題・1

右図のように，AB＝4，AD＝6，∠ABC＜90°の平行四辺形 ABCD がある.

図1のように，平行四辺形 ABCD の対角線 BD をひき，点 A と異なる点 E を BA＝BE，DA＝DE となるようにとり，△ABD と合同な△EBD をつくる．辺 DE を延長した直線に点 B から垂線をひき，その交点を F とする．辺 BC を延長した直線に点 D から垂線をひき，その交点を G とする.

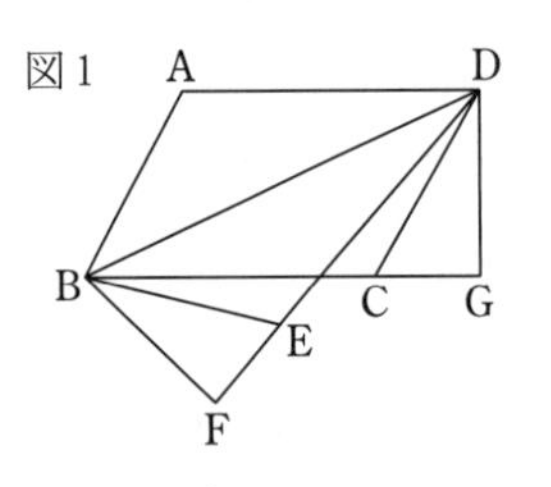

次の(1)は指示にしたがって，(2)は最も簡単な数で答えよ.

(1) 図1において「△BFE≡△DGC である」ことを証明せよ.

(2) 図2は，図1において，線分 DF と線分 BG との交点を H とし，点 A と点 H，C をそれぞれ結び，対角線 BD と線分 AH，AC との交点をそれぞれ I，J としたものである．∠ABC＝60° のとき，BI：IJ：JD を求めよ.

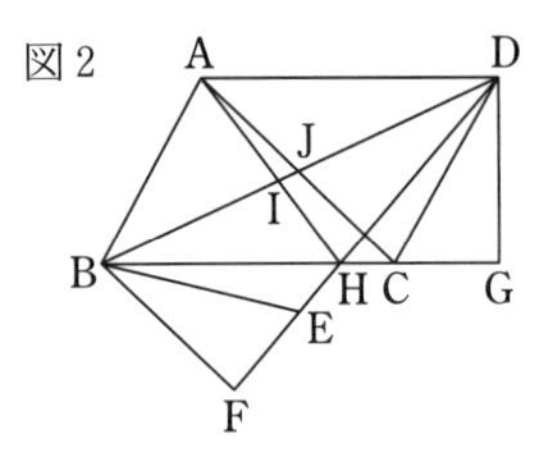

（17　福岡県）

---

(2)に点検ポイントがたくさん登場します.「線分比をそろえる作業」にたどり着く前に，BH の長さを求める段階で苦戦する可能性が高いですが，粘り強く考えましょう.

解　(1)　△BFE と△DGC において，

BF⊥DF，DG⊥BG より，

∠BFE＝∠DGC＝90° ……………………①

仮定より，AB＝BE と AB＝DC がいえるので，BE＝DC ………………………………②

仮定より，∠DAB＝∠DCB ……………③

△ABD≡△EBD より，

∠DAB＝∠DEB ………………………④

③，④より，

∠DCB＝∠DEB

ここで，∠DCB＝∠DEB＝a とおくと，

∠BEF＝∠DCG＝180°－a より，

∠BEF＝∠DCG ………………………⑤

①，②，⑤より，直角三角形の斜辺と1つの鋭角がそれぞれ等しいので，

$\triangle BFE \equiv \triangle DGC$

（2） BHの長さを求めるまでの過程を丁寧に確認しておきましょう．

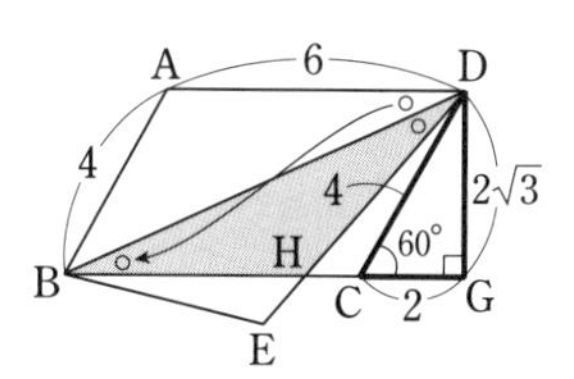

【手順1】 △DCGは30°の三角定規形で，

$AB=DC=4$ より，$CG=2$，$DG=2\sqrt{3}$

【手順2】 仮定より，$\angle ADB=\angle BDH$，

$\angle ADB=\angle DBH$（錯角）より，

$\angle BDH=\angle DBH$ ∴ $DH=BH$

【手順3】 $BH=DH=x$ とおくと，

$BC=AD=6$ より，$HC=6-x$ となるので，

$HG=HC+CG=(6-x)+2=8-x$

【手順4】 △DHGに三平方の定理を用いて，

$(8-x)^2+(2\sqrt{3})^2=x^2$

$-16x+76=0$ ∴ $x=\frac{19}{4}$

これでBHの長さがわかったので，ようやくBI：IJ：JDの比を求める作業に進みます．

【手順5】 点Jは平行四辺形の対角線AC，BDの交点だから，

BJ：JD＝1：1 …………⑥

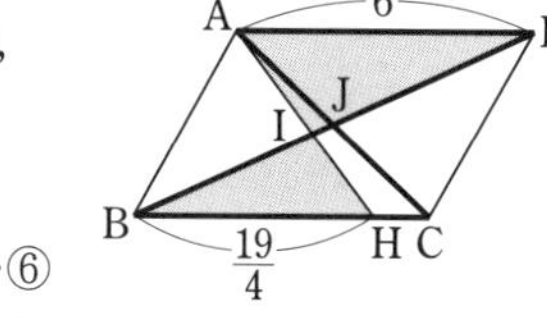

△BHI∽△DAIより，

BI：DI＝BH：DA＝$\frac{19}{4}$：6

＝19：24＝38：48 ……………⑦

⑦よりBD＝86yとおけば，BI＝38y

ここで⑥より，BJ＝JD＝43yとなるので，

IJ＝BJ－BI＝5y

∴ BI：IJ：JD＝38y：5y：43y

＝**38：5：43**

* * *

【手順2】から**【手順4】**までの処理で差がつきます．

求めたいのはBHの長さですから，与えられた図から不必要な情報を除いてシンプルに描き直せば△BDHが二等辺三角形になることに気づきやすくなったはずです．

定期試験に比べて「正解までの手順が多いなぁ」と感じる人は，これが当たり前だと思って準備を始めましょう．また，「与えられた図に騙されない」という感覚を持ち合わせておくことも，近年では公立入試であっても求められていますので注意してください．

2.「形を作る・見つける」に慣れる

今度は公立・私立を問わず頻出テーマである「紙を折る」問題を紹介します．

折り方に応じた「注目すべき図形」の把握はもちろん，「相似形を見つける」だけでなく「自分で作る」ことにも意識を向けてください．

例題・2

右図1は，辺ABの長さが辺BCの長さより短い長方形ABCDを，対角線ACを折り目として折り曲げたとき，頂点Dが移る点をE，BCとAEの交点をF，ACとDEの交点をP，BCとDEの交点をQとしたものである．

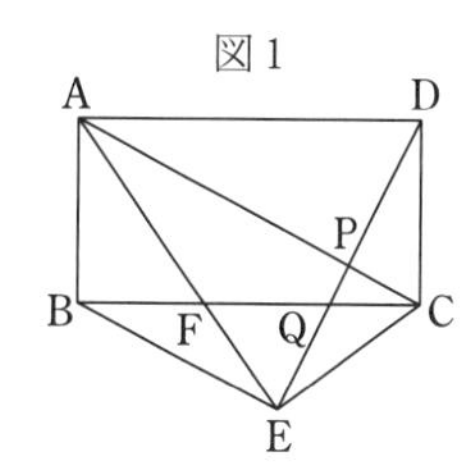

AB＝4，BF＝3のとき，次の問いに答えよ．

（1） 四角形ABEPの面積を求めよ．

（2） 図2は，長方形ABCDを，辺CD上の点Rと頂点Aを結んだ線分ARを折り目として，頂点Dが辺BC上にくるように折り曲げたものである．このとき，CRの長さを求めよ．

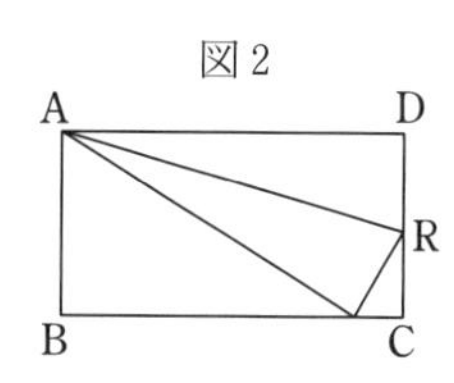

（17 長野県，改）

（1），（2）はどちらも，説明を読めば「当たり前だ！」と思える図形の性質を自分で気づけるかどうかがカギになります．

「紙を折る」作業では合同や相似な三角形の存在に細心の注意を払ってください．

解　（1）【手順1】　△ADCを，線分ACを折り目として折り返した図形が△AECなので，

$\triangle ADC \equiv \triangle AEC$ ……………………①

①より $\angle DAC = \angle CAF$,
$\angle DAC = \angle ACF$（錯角）だから，

$\angle CAF = \angle ACF$

よって，△ACFは AF＝CF…②　の二等辺三角形である．

【手順2】　①により，AD＝AE（＝BC）…③がいえるので，②，③より，

BF＝EF＝3 ……………………④

また，APはDEの垂直二等分線 ………⑤

【手順3】　△ABFに三平方の定理を用いて，

$AF=\sqrt{3^2+4^2}=5$ ……………………⑥

となるので，③，④，⑥より，

AD＝AE＝AF＋EF＝8 ……………………⑦

したがって，図のように点Hをとると，△ABF∽△AHEより，

AE：HE
＝AF：BF＝5：3

これと⑦より，

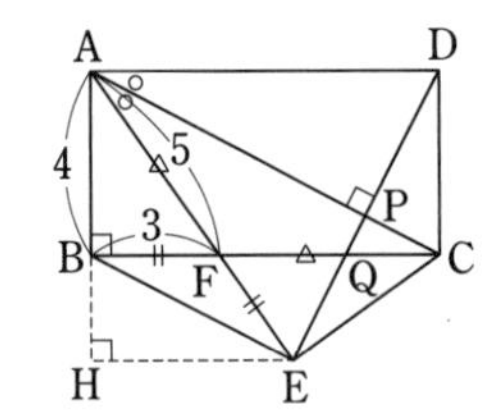

$HE=\frac{3}{5}AE=\frac{24}{5}$ ……………………⑧

また，HE：AH＝3：4より，

$AH=\frac{4}{3}HE=\frac{32}{5}$ ……………………⑨

【手順4】　四角形ABEP＝△ABE＋△AEPと考えて，面積を求めればよい．

$\triangle ABE=\frac{1}{2}\times AB\times HE=\frac{1}{2}\times 4\times ⑧$
$=\frac{48}{5}$

⑤より，$\triangle AEP=\frac{1}{2}\triangle AED$ だから，

$\triangle AEP=\frac{1}{2}\times\left(\frac{1}{2}\times AD\times AH\right)$
$=\frac{1}{2}\times\left(\frac{1}{2}\times 8\times ⑨\right)=\frac{64}{5}$

∴　四角形 $ABEP=\frac{48}{5}+\frac{64}{5}=\mathbf{\frac{112}{5}}$

（2）　頂点Dが辺BC上にきた点をGとする．

（1）より AD＝AG＝8，AB＝4であるから，△ABGは30°の三角定規形．

よって，$BG=\sqrt{3}AB=4\sqrt{3}$

ここで，∠AGR＝90°であることに注目すると，△ABGと△GCRにおいて，

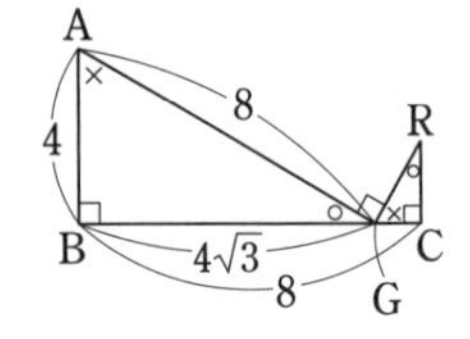

∠ABG＝∠GCR＝90°
∠AGB＋∠CGR＝90° ……………………⑩

がいえる．

一方∠AGB＝30°であるから，これと⑩より，∠CGR＝60°もいえるので，△GCRも30°の三角定規形．

∴　$GC:CR=1:\sqrt{3}$

$GC=BC-BG=8-4\sqrt{3}$ より，

$CR=\sqrt{3}CG=\sqrt{3}(8-4\sqrt{3})$
$=\mathbf{8\sqrt{3}-12}$

➡**注**　二角相等により△ABG∽△GCRがいえることは，p.125，**チェック8**を参照して確認しておくこと．

＊　　＊　　＊

今回紹介した例題ではどちらも「隠れている二等辺三角形を発見すること」から処理がスタートしますが，これは正解へ至る道のりの第一歩にしかすぎませんでした．

長さや面積を求める場面では，与えられた図に様々な加工を自分で施して処理することが前提になりますから，自分で「（1）のための図」「（2）のための図」を用意することを当たり前だと思えるようにしましょう．平面図形では様々な場面で「気づく・見つける」「（自分で）加工する」作業が求められていることを自覚してください．

それでは，ここまで学習した内容が詰め込まれている1問で今回の仕上げとしてください．

演 習 問 題

1．AD＝12 で，縦と横の長さの比が $\sqrt{2}:1$ の長方形 ABCD がある．

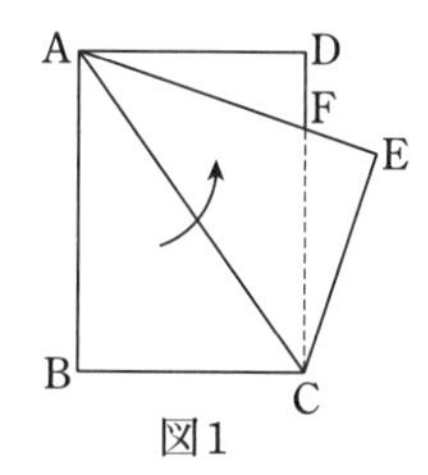

図1

図 1 のように，線分 AC を折り目として折ったとき，点 B の移った点を E とする．また，線分 AE と辺 DC との交点を F とする．このとき，次の各問いに答えよ．

（1） 線分 EF の長さを求めよ．

（2） 図 1 において，線分 AF をかき，もとに戻す．次に，図 2 のように線分 DB を折り目として折ったとき，点 C の移った点を G とする．

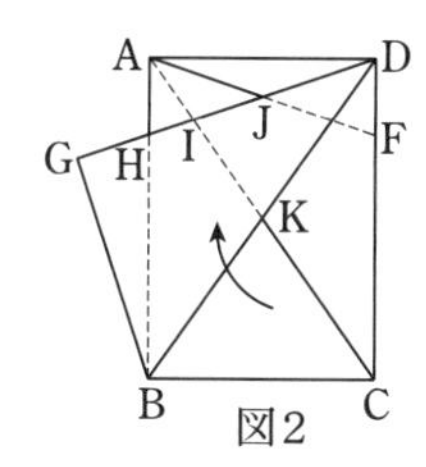

図2

また，線分 GD と線分 AB，AC，AF との交点をそれぞれ H，I，J とし，線分 AC と線分 DB との交点を K とする．このとき，△AIJ の面積を求めよ．

（15　埼玉県，一部略）

解答・解説

1．（1）では今回しつこく紹介した△ACF の性質を利用します（原題では証明させる問題がついていました）．

（2）は「図 2 の見た目の煩雑さ」に多くの受験生が心を折られたのか，正答率 1.1％，無答率 77.3％という受験生泣かせの問題でした．しかし制限時間を気にせずじっくり取り組めば突破口は見えてくるはずです．

解　（1） 線分 AC で折っているので，

∠BAC＝∠CAF ……………………………①

∠BAC＝∠ACF（錯角）…………………②

①，②より，∠CAF＝∠ACF

よって，△ACF は AF＝CF …③　の二等辺三角形である．

次に，△ADF と△CEF は，

∠ADF＝∠CEF＝90°，

∠AFD＝∠CFE（対頂角）

で，これと③より合同な三角形とわかるので，DF＝EF が成り立つ．

このとき，DF＝EF＝x とおくと，

$DC=\sqrt{2}\,AD=12\sqrt{2}$

より，$AF=CF=12\sqrt{2}-x$

とおけるので，△ADF において三平方の定理を用いて，

$12^2+x^2=(12\sqrt{2}-x)^2$

これを解いて，$\boldsymbol{x=3\sqrt{2}}$

（2） 図 1，図 2 の対称性を考えれば，DF＝AH は明らかなので，（1）より

$AH=3\sqrt{2}$

このとき，△AHJ≡△FDJ より，

HJ：JD＝1：1 ………………………………④

また，△AHI∽△CDI より，

HI：DI＝AH：CD＝1：4 ……………⑤

とおけるので，HD＝$10a$ とおけば，④，⑤より，

HI：IJ：JD＝$2a$：$3a$：$5a$＝2：3：5

$$\therefore\quad \triangle AIJ=\triangle AHD\times\frac{IJ}{HD}$$

$$=\frac{3}{10}\triangle AHD$$

$$\triangle AHD=\frac{1}{2}\times3\sqrt{2}\times12=18\sqrt{2}$$ より，

$$\triangle AIJ=\frac{3}{10}\times18\sqrt{2}=\boldsymbol{\frac{27\sqrt{2}}{5}}$$

＊　　　＊　　　＊

公立入試における「図形を題材とした証明問題」は配点が高い傾向がありますから，繰り返しになりますが準備の優先順位をあげて直前期まで継続的に学習を進めていきましょう．

公立入試問題ピックアップ㉑

公立入試の「直線図形の難問」に潜む共通点

0. 入試直前期でも不安が残る直線図形

図形の問題は，費やした時間や練習量に比例して得点がアップするとは限らない受験生泣かせのテーマであるため，「どうせ正答率も低いのだから」と入試直前期の仕上げ期に敬遠してしまう受験生も少なくないようです．そんなときにおススメなのが「1問を徹底的に分析する作業」です．入試頻出の「二等辺三角形」にこだわったり，手が止まってしまった際の「突破口」に絞って確認作業を進めたり，といった「分析力」を磨いておきましょう．ここでは，その点検に使える問題を紹介します．

1. 二等辺三角形を自在に操る

例題・1

AB＝3，BC＝5 の△ABC がある．辺 BC の中点を D，∠ADC の二等分線と辺 AC との交点を E とする．

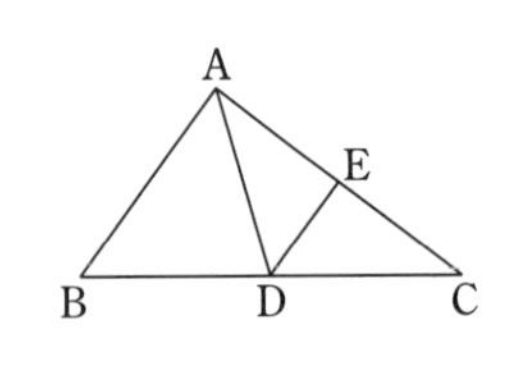

∠ADB＝2∠ACD のとき，次の問いに答えよ．

（1） 辺 AC の長さを求めよ．

（2） 点 B から線分 AD に垂線 BF をひき，直線 BF 上に BF＝FG となるように点 B とは異なる点 G をとる．

（ア） 線分 BG の長さを求めよ．

（イ） △CDG の面積を求めよ．

（18　兵庫県，一部略）

（1），（2）はともに「隠れている二等辺三角形」の存在に注目します．（2）の（イ）は正答率が 2.6％と大変低いのですが，その理由は「主役が二等辺三角形であること」が見えていなかったからなのでしょう．

解　**（1）** 下図のように，$\angle ADB=2a$，$\angle ACD=a$ とおく．

外角の性質より，

$\angle ACD+\angle CAD$

$=\angle ADB$

が成り立つので，

$\angle CAD=a$

よって，△CAD は二等辺三角形．

二等辺三角形の頂角の二等分線 DE は底辺を垂直に二等分するので，

$\angle DEC=90^\circ$ ……………………………①

AE＝EC ……………………………②

仮定より BD＝DC …③だから，②，③より中点連結定理により，AB // ED …………④

よって，①，④より，

$\angle BAC=\angle DEC=90^\circ$

$\therefore\quad AC=\sqrt{5^2-3^2}=\mathbf{4}$

（2）（ア） $\triangle ABD=\dfrac{1}{2}\times AD\times BF$ ……⑤

を用いて BF を求めればよい．

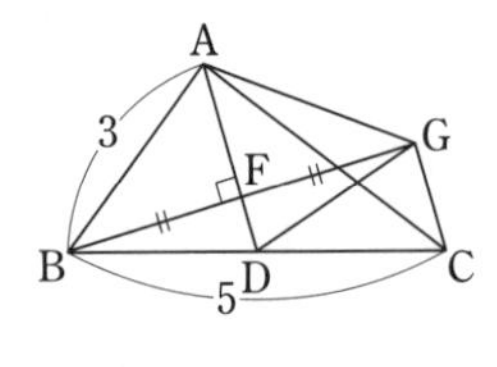

$\triangle ABD$

$=\dfrac{1}{2}\triangle ABC$

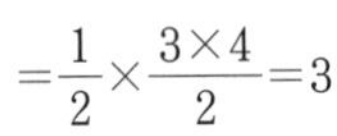

$=\dfrac{1}{2}\times\dfrac{3\times4}{2}=3$

$$AD=CD=\frac{1}{2}BC=\frac{5}{2}$$

これらを⑤に代入して，$BF=\frac{12}{5}$

$BF=FG$ より，$BG=2BF=\mathbf{\frac{24}{5}}$

(イ)　D は辺 BC の中点だから，

$\triangle CDG=\triangle BDG$ である．

ここで，

$$\triangle BDG=\frac{1}{2}BG\times FD$$
$$=\frac{1}{2}\times 2BF\times FD=BF\times FD \quad \cdots⑥$$

であり，

$$DF=\sqrt{BD^2-BF^2}=\sqrt{\left(\frac{5}{2}\right)^2-\left(\frac{12}{5}\right)^2}$$
$$=\sqrt{\frac{49}{100}}=\frac{7}{10}$$

であるから，答えは，

$$⑥=\frac{12}{5}\times\frac{7}{10}=\mathbf{\frac{42}{25}}$$

＊　　　＊　　　＊

（1）は原題だと，穴埋め形式で∠BAC＝90°の証明を完成させる誘導がついていました．解答ではそれに沿った形にしてあります(実は，本問を解く上で，E は不要)．

公立入試において二等辺三角形の出題は多いですが，二等辺三角形という条件から派生する様々な性質を拾い上げないと前に進めないという共通点があります．直前期だからこそ油断せず確認しておきましょう．

2. 困ったら試したい「座標幾何」

直線図形では「自分で相似を見つける」ことが頻出テーマですが，入試本番では焦りも加わって図形を見つけきれない場合もあることでしょう．

そんなときには「座標平面上に図形を置く」解法が役に立ちます．

例題・2

右図のように長方形 ABCD があり，辺 AB の中点を E とする．

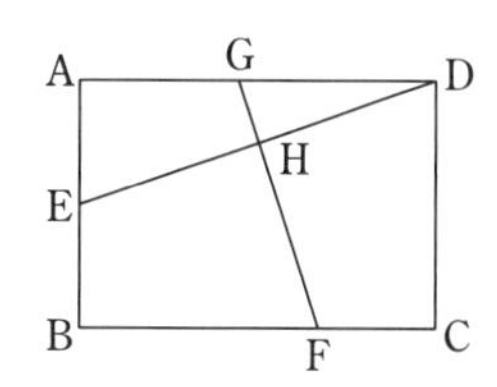

また，辺 BC 上に点 F を $BF:FC=2:1$ となるようにとり，辺 AD 上に点 G を，線分 DE と線分 FG が垂直になるようにとる．

さらに，線分 DE と線分 FG との交点を H とする．

$AB=2$，$BC=3$ のとき，線分 GH の長さを求めよ．

（18　神奈川県）

定番の「裏返しの相似」がテーマですが，公表されている正答率は 2.8％で，直交する 2 線分から相似を作りきれなかった受験生が多かったことがわかります．

解　F から AD に垂線をひき，その交点を P とすると，$FB=FP=2$ (四角形 ABFP は正方形となる)．

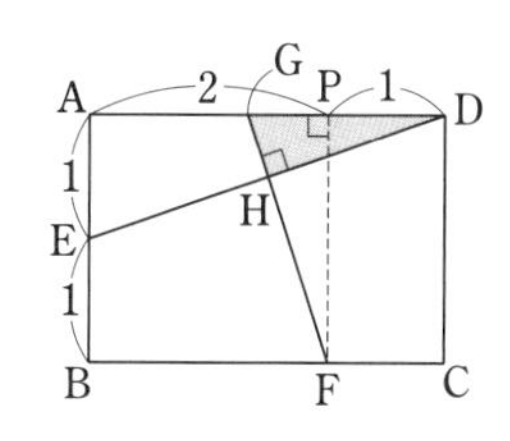

$\triangle ADE$ と $\triangle HDG$ は∠D が共通の直角三角形だから相似．

$\triangle PFG$ と $\triangle HDG$ は∠G が共通の直角三角形だから相似(P → F → G は時計回り，H → D → G は反時計回りなので，このような相似を本書では「裏返しの相似」と呼んでいます)．

よって，$\triangle ADE\backsim\triangle PFG$ で，相似比は，

$$AD:PF=3:2$$

$$\therefore\quad PG=\frac{2}{3}AE=\frac{2}{3} \quad \cdots\cdots\cdots\cdots①$$

次に，$\triangle ADE$ は 3 辺の長さの比が $1:3:\sqrt{10}\,(=\sqrt{1^2+3^2})$ だから，

$$DG:GH=DE:EA=\sqrt{10}:1$$

これと①より，

$$GH=\frac{1}{\sqrt{10}}GD=\frac{1}{\sqrt{10}}\times(①+1)$$

$$=\frac{\sqrt{10}}{6}$$

別解 下の図のように，長方形 ABCD を座標平面上におく．

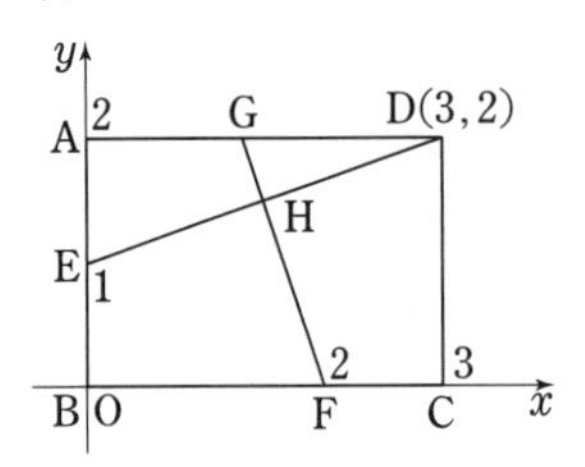

直線 DE の式は，$y=\frac{1}{3}x+1$ ……………②

であり，2 直線の直交条件(☞ p.124，**チェック 2，Ⅱ**)より，直線 FG の傾きは -3 で，F(2, 0)を通るので，直線 FG の式は，

$y=-3x+6$ ……………………………③

②と③の交点 H の座標は $H\left(\frac{3}{2},\ \frac{3}{2}\right)$

また，$G\left(\frac{4}{3},\ 2\right)$より，

$$GH=\sqrt{\left(\frac{3}{2}-\frac{4}{3}\right)^2+\left(\frac{3}{2}-2\right)^2}$$

$$=\sqrt{\left(\frac{1}{6}\right)^2+\left(-\frac{1}{2}\right)^2}=\sqrt{\frac{10}{36}}=\frac{\sqrt{10}}{6}$$

➡**注** 四角形 BEHF に着目します．∠B と∠H は 90° なので，四角形 BEHF は円に内接する…[1] と分かります．

また，H の座標より，直線 BH（OH）の傾きは 1 なので，∠FBH＝45° です．

よって，[1]とより，∠FEH＝∠FBH＝45° となるので，**△EFH は**(内角が 90°，45°，45° となることから)**直角二等辺三角形**と分かります．

座標平面上に図形を置く別解は，計算量が増える一方で，「自分で図形の性質を発見し使いこなす」手間が省けるメリットがあります．

全国的に直線図形の問題で正答率が低いということは，この手間が多くの受験生にとって回避できない高いハードルになっていることの証でもあります．

演 習 問 題

1．右図において，△ABC は AB＝AC の二等辺三角形であり，点 D，E はそれぞれ辺 AB，AC の中点である．

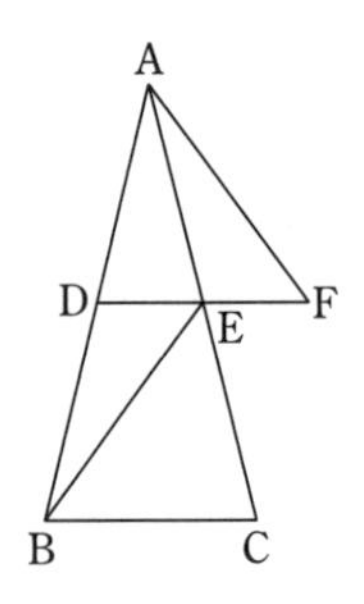

また，点 F は直線 DE 上の点であり，EF＝DE である．

このとき，次の問いに答えよ．

（1） AF＝BE であることを証明せよ．

（2） 線分 BF と線分 CE との交点を G とする．

△AEF において辺 AF を底辺とするときの高さを x，△BGE において辺 BE を底辺とするときの高さを y とするとき，$x:y$ を求めよ．

（18 福島県）

2．下図のように五角形 ABCDE があり，

AB＝BC＝1，
AC＝CD，
AD＝DE，
∠ABC＝∠ACD
＝∠ADE＝90°
である．

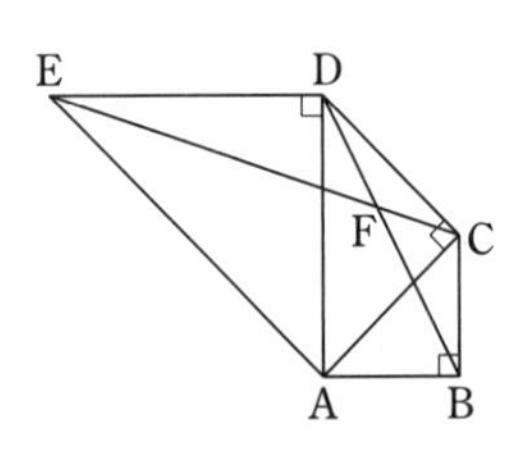

また，線分 CE と線分 BD の交点を F とする．

このとき，次の問いに答えよ．

（1） △BCD∽△CDE であることを証明せよ．

（2） △CDF の面積を求めよ．

（18 福井県，一部略）

解答・解説

1．**解** （1） 仮定より，AB＝AC，AD＝AE がそれぞれいえるので，∠BAC の二等分線と BC，DE との交点をそれぞれ P，Q

とおけば，

　　$\angle AQF=\angle APC=90°$ ……………………①，

　　$AD:DB=AQ:QP=1:1$ より，

　　$AQ=PQ$ ……………………………②

がそれぞれ成り立つ．

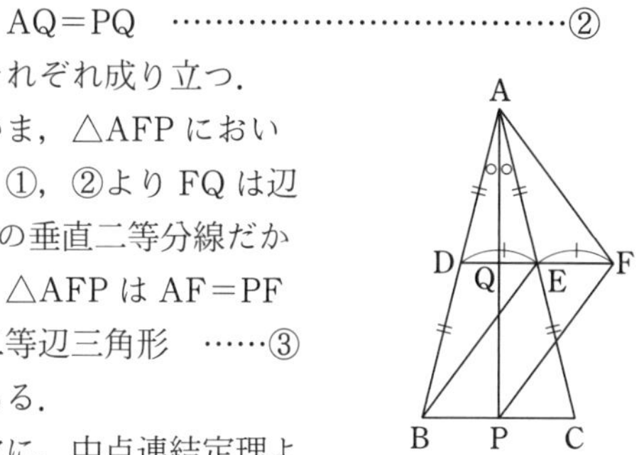

　いま，△AFP において，①，②より FQ は辺 AP の垂直二等分線だから，△AFP は $AF=PF$ の二等辺三角形　……③

である．

　次に，中点連結定理より，$DE\parallel BC$ …④，$BC=2DE$

　$BP=CP$，$DE=EF$ より，$BP=EF$ …⑤　がそれぞれいえるので，四角形 BPFE は④，⑤より 1 組の対辺（BP と FE）が平行で等しいので平行四辺形である．

　　∴　$PF=BE$ ……………………………⑥

　したがって，③，⑥より $AF=BE$

　（もちろん $\triangle AEF\equiv\triangle BDE$ を示すのも可）

（**2**）　△AEF と△BGE は，$AF=BE$ より，その面積比は高さの比 $x:y$ に等しい．　……⑦

　右図より，

　　$\triangle AEF=\triangle PEF$，

　　$\triangle BEF=\triangle PEF$

がそれぞれいえるので，

　　$\triangle AEF=\triangle BEF$ …⑧

　よって，⑦，⑧より，

　　$x:y$

　$=\triangle BEF:\triangle BGE$

　$=BF:BG$

　ここで⑤より，$BG:GF=BC:FE=2:1$ であるから，$BF:BG=3:2$

　　∴　$\boldsymbol{x:y=3:2}$

2．（2）の正答率は 3.5％で，模範解答は△CDF と△CED の相似比（相似だと気づかないと終了）を用いるのですが…．ここでは **例題**・**2** の別解と同様に座標平面上に置いてしまいましょう．

解　（**1**）　問題文の条件より，△ABC，△ACD，△ADE はすべて直角二等辺三角形で，

$AB=1$ より，

$AC=CD=\sqrt{2}$，

　右図のように点 H をとると，

$BC=CH=1$ より，

　　$AD=DE=2$

　△BCD と△CDE において

　　$BC:CD=BC:CA=1:\sqrt{2}$

　　$CD:DE=CD:DA=1:\sqrt{2}$

　　$\angle BCD=\angle CDE=90°+45°=135°$

　2 辺の比とその間の角がそれぞれ等しいので，

　　$\triangle BCD\backsim\triangle CDE$

（**2**）　右図のように，五角形 ABCDE を座標平面上におく．

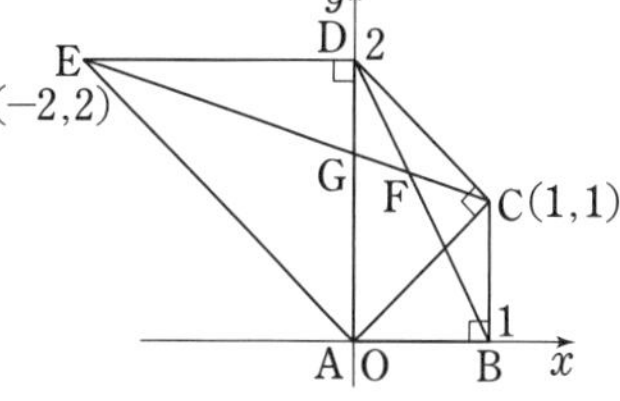

　直線 BD の式は，

　　$y=-2x+2$ ……………………………①

　直線 CE の式は，$y=-\dfrac{1}{3}x+\dfrac{4}{3}$　………②

より，①と②の交点 F の x 座標は $\dfrac{2}{5}$ とわかる．

　また，直線 CE と y 軸との交点を G とおくと，$G\left(0,\ \dfrac{4}{3}\right)$ より $DG=\dfrac{2}{3}$

　よって，

　　$\triangle CDF=\triangle CDG-\triangle FDG$

　$=\dfrac{1}{2}\times\dfrac{2}{3}\times1-\dfrac{1}{2}\times\dfrac{2}{3}\times\dfrac{2}{5}$

　$=\dfrac{1}{3}-\dfrac{2}{15}=\boldsymbol{\dfrac{1}{5}}$

【図形の知識で解くと】

　△CDF と△CED は，∠C が共通で，（1）より $\angle CDF=\angle DEC$ であるから，相似である．

　相似比は $CD:CE=\sqrt{2}:\sqrt{10}$（△CEH に三平方の定理を用いて CE を求める）より，面積比は，$(\sqrt{2})^2:(\sqrt{10})^2=1:5$

　　∴　$\triangle CDF=\dfrac{1}{5}\triangle CED$（以下略）

公立入試問題ピックアップ㉒

20年前では考えられない難易度の問題―円編

0.「円」の問題も全国的に難化傾向

「円」は関数と並んで「出題されない入試問題を探す方が大変」な高校入試のメインテーマの1つですが，全国的に難化傾向にあると思ってください．

長さや面積を求める問題であっても，公式にあてはめるだけの問題は姿を消し，合同や相似，そしてもちろん円の重要性質を用いた証明問題，あるいは自分で証明・発見したことを利用させる傾向がありますので，苦手とする人はノートに大きく図を描き，注目すべき図形に色を塗るなどして与えられた条件を読み落とさない工夫から始めましょう．

1．公立入試でも問われる「見えない円」

例題・1

右図のように△ABCがある．頂点B，Cからそれぞれ辺AC，ABに垂線をひき，辺AC，ABとの交点をそれぞれD，Eとし，線分BDと線分CEとの交点をFとする．

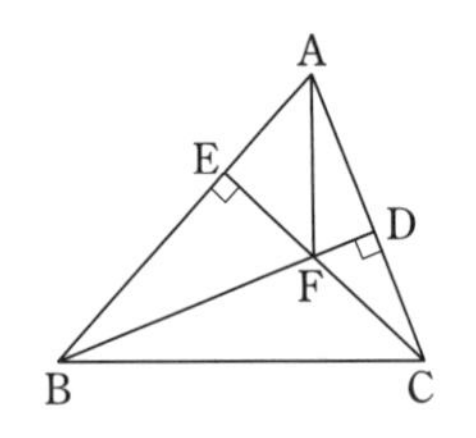

AC＝6，BE＝5，∠ABC＝45°のとき，線分AFの長さを求めよ．

（16　茨城県，一部改）

一昔前だと，難関国私立高校受験生向けの定番問題だった「見えない円」ですが，円周角の定理の逆を教科書で扱うようになってから，公立入試でも出題頻度が高くなっています．

類題を解いた経験の有無が初動に大きく影響しますので，自力で解けない人は必ず思考の手順をなぞってください．

解　∠AEF＝∠ADF＝90°より，

［線分AFは，4点A，E，F，Dを通る円の直径］……………………………①

となる．

また，

∠BEC＝∠BDC＝90°

より，

［4点B，E，D，Cは線分BCを直径とする円周上の点］……②

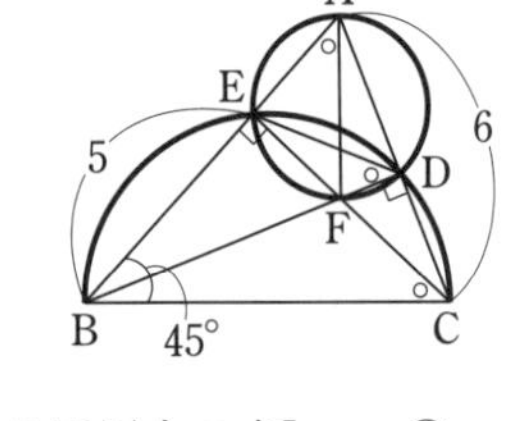

である．

①より∠EAF＝∠EDF

②より∠EDF＝∠ECB

△ECBは直角二等辺三角形より，

∠ECB＝45°であるから，

∠EAF＝∠ECB＝45°

が成り立つので，△AEFも直角二等辺三角形である．

∴　$AF=\sqrt{2}\,AE$ ……………………………③

次に，EB＝EC＝5より，△AECに三平方の定理を用いて，

$AE=\sqrt{AC^2-EC^2}=\sqrt{6^2-5^2}=\sqrt{11}$

となるので，これと③より，

$AF=\sqrt{2}\times\sqrt{11}=\boldsymbol{\sqrt{22}}$

2.「平行」「垂直」を絶対に見逃さない

例題・2-1

図のように，円Oの周上に3点A，B，Cがある．線分BCは円Oの直径で，AB＝4，AC＝3である．

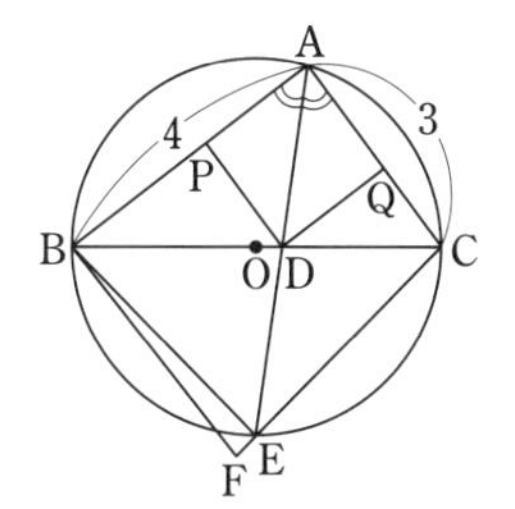

∠BACの二等分線と線分BC，円Oとの交点をそれぞれD，Eとするとき，次の問いに答えよ．

（1） Dから2つの線分AB，ACに垂線をひき，AB，ACとの交点をそれぞれP，Qとするとき，線分DQの長さを求めよ．

（2） 線分CEをEのほうへ延長し，その上にAC∥BFとなる点Fをとる．このとき，△BEFの面積を求めよ．

（12　長崎県，一部略）

公立入試で問われる円の問題では，ある点から辺に向かってひく「垂線」，あるいは，ある線分に対して「平行線」をひく作業がポイントになるケースが，大変多いことを覚えておきましょう．

ノートに描いた図が雑だと，重要ヒントである「垂直」「平行」を見逃してしまうこともあるので注意してください．

解　（1）「円」と「角の二等分線」は大変相性がよいので，**ピックアップ⑲の 例題・1** を手元において手法を確認すると効果的です．

条件より，∠BAC＝90°…①　であるから，

$\triangle ABC=\frac{1}{2}\times3\times4=6$ ……………………②

$BC=\sqrt{4^2+3^2}=5$ ……………………………③

【解法1】 △ADP≡△ADQ より DP＝DQ が成り立つので，DP＝DQ＝x とおく．

DP，DQをそれぞれ△ABD，△ACDの高さとみて三角形の面積について立式すると，

△ABC＝△ABD＋△ACD

と②より，

$$6=\frac{4\times x}{2}+\frac{3\times x}{2}$$

これを解いて，$x=\mathbf{\frac{12}{7}}$

【解法2】 ①と∠DQC＝90°，∠Cが共通であることより，△CQD∽△CAB

CA：AB＝CQ：QD＝3：4

より，CQ＝$3y$，QD＝$4y$ とおくと，

QA＝QD＝$4y$ も成り立つ（∠DAC＝45°より，△QADはQA＝QDの直角二等辺三角形）．

辺ACに注目して，

AC＝CQ＋QA より，$3=3y+4y$

これを解いて，$y=\frac{3}{7}$

∴　$DQ=4y=\mathbf{\frac{12}{7}}$

（2） ∠BEC＝∠BAC＝90°，∠BAE＝∠BCE＝45°より，△BCEは直角二等辺三角形．

このとき，OE⊥BC，③より $OE=OB=\frac{5}{2}$

だから，

$\triangle BEC=\frac{1}{2}\times5\times\frac{5}{2}=\frac{25}{4}$ ……………④

次に，AC∥BFより，

∠ACD＝∠CBF（錯角）

∠CAD＝∠BCF＝45°より，

△CAD∽△BCF（二角相等）

が成り立ち，相似比がCA：BC＝3：5であることから，面積比は，

$\triangle CAD\backsim\triangle BCF=3^2:5^2=9:25$

となるので，

$$\triangle BCF=\frac{25}{9}\triangle CAD=\frac{25}{9}\times\left(\frac{1}{2}\times3\times\frac{12}{7}\right)=\frac{50}{7}$$ ………………………………⑤

よって，△BEF＝⑤－④＝$\mathbf{\frac{25}{28}}$

それでは，もう1問点検してみましょう．

例題・2-2

右図で，点Oは線分BDを直径とする円の中心で，△ABCは3つの頂点A，B，Cがすべて円Oの周上にあり，AB＝ACの鋭角三角形である．

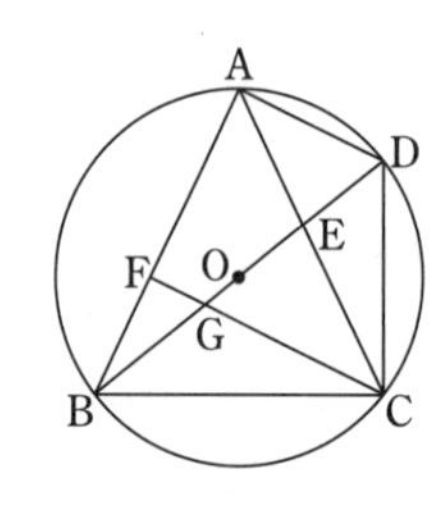

いま，頂点Cから辺ABに垂直な直線をひき，辺ABとの交点をF，線分BDとの交点をGとし，頂点AとD，頂点CとDをそれぞれ結ぶと，△ACD∽△BCGとなることを証明せよ．　（15　東京都立日比谷，一部略）

自分で図を描いてみればわかりますが，「円を描く→△ABCを描く」流れがスムーズであるがゆえに，線分BDが直径であることを軽視してしまう人が多く登場します．

∠CFB＝90°であることを図に書き込んでも，∠BAD＝90°を見落としたら手詰まりです(実際多いです)．

解　△ACDと△BCGにおいて，弧CDに対する円周角より，

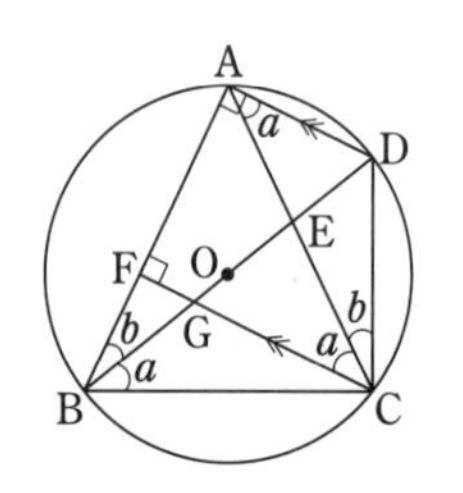

　∠DAC＝∠DBC
　　＝a　……①

弧ADに対する円周角より，

　∠ABD＝∠ACD＝b　…………………②

①，②より，∠ABC＝$a+b$であり，AB＝ACより，∠ACB＝∠ABC＝$a+b$　…③

次に，BDは円の直径だから∠BAD＝90°

仮定より∠CFB＝90°だから，AD∥CFが成り立ち，錯角が等しいので，①も用いて，

　∠ACF＝∠DAC＝a　…………………④

∠ACB＝∠ACF＋∠BCGで，③と④を用いて，$a+b=a+$∠BCGとなるので，②より，

　∠BCG＝b＝∠ACD　…………………⑤

①，⑤より2組の角がそれぞれ等しいので，

　△ACD∽△BCG

＊　　　＊　　　＊

私が指導する生徒の様子を見ていると，「円」の問題では「考え方はわかっているのだけど計算ミスをしてしまって…」というケースはそれほど多くなく，条件設定を見落としてしまったために手詰まりになってしまうケース，つまり「自滅」がほとんどと言ってもいいでしょう．

皆さんも直前期の点検として「条件の見落としを防ぐための工夫」を意識してください．

演 習 問 題

1．右図のような，辺ACが辺ABより長く，∠BAC＝90°の直角三角形ABCがある．辺BCの中点をOとし，点Cを通り線分OAに平行な直線をひき，直線BAとの交点をDとする．また，点Bから線分CDに垂線をひき，その交点をEとし，線分OEと線分CAの交点をFとする．

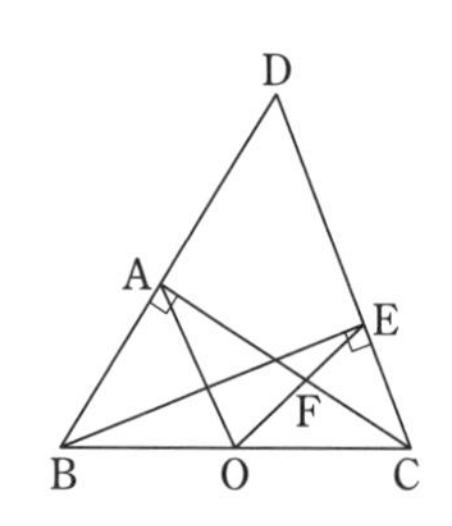

（1）　△AFO∽△CFEを証明せよ．

（2）　2点A，Eを通る直線をひく．点Bから直線AEに垂線をひき，その交点をGとし，点Cから直線AEに垂線をひき，その交点をHとする．このとき，GA＝HEであることを証明せよ．　（15　香川県）

2．右図の△ABCにおいて，∠Aの二等分線と∠Cの二等分線の交点をDとする．また，3点A，B，Cを通る円と直線ADとの交点のうち，点Aと異なる点をEとすると，∠BAE＝45°，∠BCD＝15°である．このとき，次の問いに答えよ．

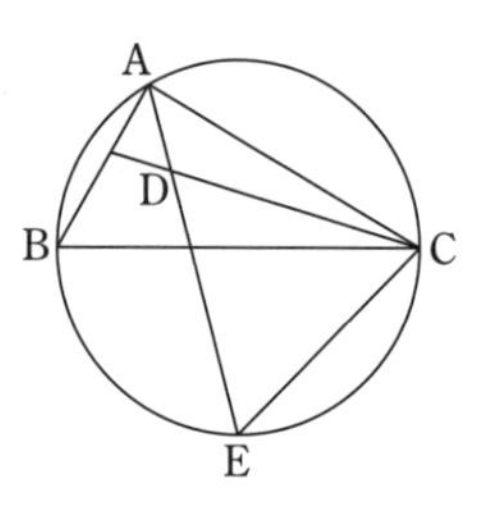

（1）　∠ABCと∠ADCの大きさをそれぞれ求めよ．

(2) CE＝DE であることを証明せよ.

(3) AB＝2 であるとき，AC と AD の長さをそれぞれ求めよ.

(16 岡山県立岡山朝日，改)

解答・解説

1. (1)の証明はけっして難しくありませんが，「OA // EC → 錯角 → 証明終わり！」で済ませた人と，問題文を読みながら「OA // EC に BO＝OC だから比の移動もあるかも」と準備した人とでは，(2)における手の動きは全く違ってくるはずです．もちろん **例題**・**1** で確認したポイントも使いましょう.

解 (1) △AFO と△CFE において,

∠AFO＝∠CFE (対頂角)

∠OAF＝∠ECF (錯角)

2 組の角がそれぞれ等しいので,

△AFO∽△CFE

(2) ∠BAC＝∠BEC＝90°

より，4 点 B，A，E，C は線分 BC を直径とする円(…①)の周上にあり，BO＝OC より，O は円①の中心となるので,

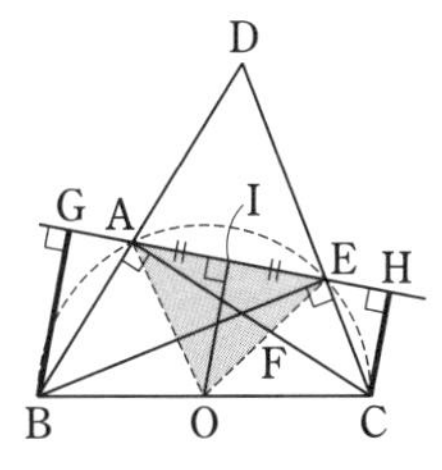

OA＝OE ……………………………②

このとき，線分 AE の中点を I とおくと，OI⊥AE が成り立つので，BG // OI // CH より，BO : CO＝GI : HI＝1 : 1 ∴ GI＝HI …③

したがって,

GA＝GI－AI，HE＝HI－EI

で，③と AI＝EI により，GA＝HE

2. (2)の証明が終了した際に「△ECD は二等辺三角形」と問題の設定通りに読み込んでしまうと(3)で手詰まりしてしまいます.

△ECD の形状を正しく把握すれば，△ACE を抜き出し，(1)と(2)で求めた角度を書き込むことで状況が動き始めます．45° や 60° を見たら，三角定規を作ってみましょう.

解 (1) 条件より,

∠BAC＝2∠BAE＝90°,

∠ACB＝2∠BCD＝30°

だから，∠**ABC**＝180°－(90＋30)°＝**60**°

外角の性質を用いて,

∠CDE＝∠CAD＋∠DCA

＝45°＋15°＝60° ………………①

∴ ∠**ADC**＝180°－①＝**120**°

(2) 弧 BE に対する円周角より,

∠BCE＝∠BAE＝45°,

∠DCB＝15° だから,

∠DCE＝45°＋15°＝60° ………………②

②と①より，△DCE は正三角形…③ であるから，CE＝DE が成り立つ.

(3) △CBA は 30°，60° の直角三角形だから,

$\mathbf{AC}=\sqrt{3}\,\mathrm{AB}=\mathbf{2\sqrt{3}}$

次に，右図のように点 C から辺 AE に垂線をひき，その交点を H とすると，∠CAE＝45° より，△ACH は直角二等辺三角形なので,

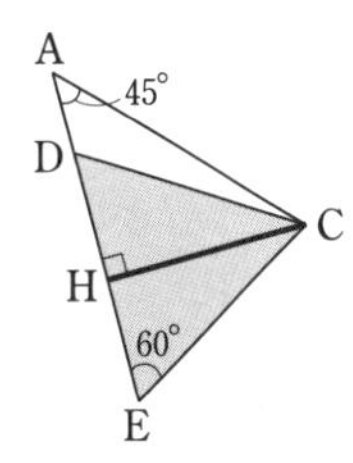

$\mathrm{AH}=\mathrm{CH}=\dfrac{1}{\sqrt{2}}\mathrm{AC}=\sqrt{6}$ ……………④

また，③より，H は DE の中点で，△CDH，△CEH はともに 30°，60° の直角三角形である.

よって，$\mathrm{DH}=\dfrac{1}{\sqrt{3}}\mathrm{CH}=\sqrt{2}$ ……………⑤

AD＝AH－DH＝④－⑤＝$\mathbf{\sqrt{6}-\sqrt{2}}$

* * *

三角形の内接円や外接円の半径を求める際にも，公式を導く過程として面積・相似が用いられましたね．円と相似は高校入試全体を通してもメインテーマの 1 つになりますから，特に証明問題を苦手とする人は，あえて多くの問題を解き進めて，自分の「条件見落としのクセ・傾向」を分析しておきましょう.

公立入試の「円」は難問の宝庫

0．授業で習った内容＋αが出題される？

公立入試における「円」では証明の出題に特徴があり，その長さや面積を求めさせる問題では地域によって難易度の差が大きくなっています．「方べきの定理」「共円条件」といった重要性質が当たり前のように問われると，多くの受験生にとっては難問に見えることでしょう．また，合同や相似を用いて証明した過程を利用しながら解き進めることを求められるケースもあります．ここでは，私自身が「うわ，公立でここまで出題するのか．凄いなぁ」と驚いた問題を紹介してきます．

1．国私立高校入試顔負けの作業量

例題・1

長さが7の線分ABを直径とする半円Oの$\overset{\frown}{AB}$上に，2点A，Bのいずれとも一致しない点Cをとります．$\overset{\frown}{AC}$上に$\overset{\frown}{AD}=\overset{\frown}{CD}$となる点Dをとり，点Bと点Dを結びます．また，直線ADと直線BCとの交点をEとし，点Oと点C，点Oと点Eをそれぞれ結び，線分OEと弦CDとの交点をFとします．AD＝2のとき，次の問いに答えなさい．

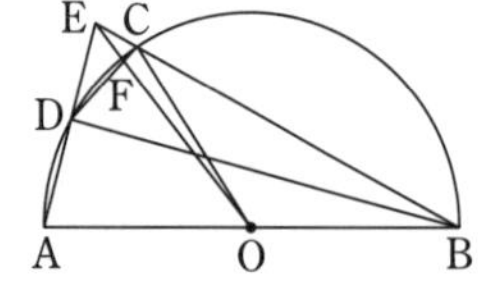

（1）　線分CEの長さを求めなさい．

（2）　△OCFの面積を求めなさい．

（14　宮城県，一部略）

（1）では，☞p.126，**チェック14**にある「方べきの定理」を使う前の準備として，必要な長さを求めるために図形の性質をよく見究めましょう．（2）では△OCEに注目し，OF：EFの比を用いて△OCFの面積を求めますが，この線分比を求める過程がやっかいです．

解　（1）　線分ABは直径なので，

$\angle ADB=90°$ ……………………………①

$\overset{\frown}{AD}=\overset{\frown}{CD}$より，$\angle ABD=\angle EBD$ ………②

△ABDと△EBDにおいて，①，②とBDが共通であることから，1辺とその両端の角がそれぞれ等しいので，$\triangle ABD\equiv\triangle EBD$

$\therefore$　AD＝ED＝2，BA＝BE＝7

ここで，方べきの定理により，

ED×EA＝EC×EB（☞注）

が成り立つから，CE＝xとおけば，

$$2\times4=x\times7\quad\therefore\quad x=\frac{8}{7}\ \cdots\cdots③$$

➡**注**　△ABE∽△CDEから得られる．

（**2**）　EC：EB＝③：7＝8：49　より，

$$\triangle OCE=\frac{8}{49}\triangle OBE$$

$$=\frac{8}{49}\times\frac{1}{2}\triangle EAB\ \cdots\cdots④$$

ここで，△ABDに三平方の定理を用いて，

$BD=\sqrt{7^2-2^2}=3\sqrt{5}$ より，

$$\triangle EAB=\frac{1}{2}\times4\times3\sqrt{5}=6\sqrt{5}\ \cdots\cdots⑤$$

④，⑤より，$\triangle OCE=\dfrac{24\sqrt{5}}{49}$ …………⑥

次に，OF：EFを求める．

O は AB の中点，D は AE の中点だから，中点連結定理より，OD // BE

$\therefore$ OF：EF＝DO：CE$=\dfrac{7}{2}$：③＝49：16

よって，△OCF＝⑥$\times\dfrac{49}{49+16}=\dfrac{\mathbf{24\sqrt{5}}}{\mathbf{65}}$

*　　　*　　　*

OF：EF を求める過程で「隠れているヒント」として中点連結定理を用いました．円の中心 O が直径 AB の中点であるという当たり前の性質が，直線図形と円の融合問題において中点連結定理を使う場面を増やしていることをいつも頭の片隅に入れておきましょう．本問では，難関国私立高校受験生であっても，中点連結定理を用いずに正解を導こうとすれば，その作業量と計算の煩雑さに苦戦することでしょう．

2. $CE^2=32+16\sqrt{2}$ …ここからどうする？

例題・2

右図のように，線分 AB を直径とする円 O の円周上に AC＝BC となる点 C をとり，△ABC をつくる．線分 AB 上に AC＝AD となる点 D をとり，線分 CD を延長した直線と円 O の交点を E とする．点 C を通り，線分 BE に平行な直線をひき，線分 AB，線分 AE，円 O との交点をそれぞれ F，G，H とする．OA＝4 のとき，次の問いに答えなさい．ただし，点 E と点 H は，それぞれ点 C と異なる点とする．

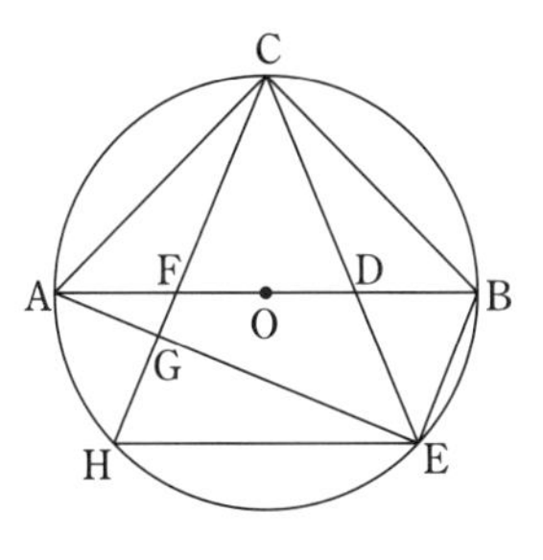

（1） 線分 EH の長さを求めなさい．

（2） △CGE の面積を求めなさい．

（16　三重県，一部略）

（1）「円に内接する台形は等脚台形」です．（2）がやっかいで，直角二等辺三角形の面積は，直角を挟む 2 辺の長さを求めなくても，$\dfrac{(\text{斜辺})^2}{4}$ で求められることに気づくかどうかで差がつきます．

受験生の大半が CE の長さを求めようとして苦戦したことでしょう．

解　（1） AB は直径だから，∠ACB＝90°

AC＝BC より△ACB は直角二等辺三角形となるので，BC：AB＝1：$\sqrt{2}$

ここで，AB＝8 より，BC＝$4\sqrt{2}$

次に，四角形 BEHC は BE // CH より台形で，円に内接する四角形の条件より，

∠BCH＋∠BEH＝180°

BE // CH のとき∠BEH＋∠EHC＝180°

がそれぞれいえるので，∠BCH＝∠EHC

よって，四角形 BEHC は等脚台形．

$\therefore$ EH＝BC＝$\mathbf{4\sqrt{2}}$

（2） △ACB が直角二等辺三角形だから，∠ABC＝45°で，$\overset{\frown}{AC}$ に対する円周角より，

∠AEC＝∠ABC＝45° …………………①

次に，（1）より

EH＝$4\sqrt{2}$，OA＝OH＝OE＝4

より，△OHE は 3 辺の比が 1：1：$\sqrt{2}$ となるので，∠HOE＝90°の直角二等辺三角形．

$\therefore$ ∠HCE$=\dfrac{1}{2}$∠HOE＝45° …………②

したがって，①，②より，△CGE は∠GCE＝∠GEC＝45°の直角二等辺三角形．

このとき，△ADC と△CDF は，∠DAC＝∠DCF＝45°，∠D は共通だから，2 角が等しいことにより相似となるので，△CDF も頂角 45°の二等辺三角形．

また，CO⊥AB より，

∠FCO＝∠DCO＝45°÷2＝22.5°

となるので，

∠ACH＝∠BCE＝45°−22.5°＝22.5°

$\therefore$ $\overset{\frown}{AH}=\overset{\frown}{BE}$ …………………………③

③より AB // HE が成り立つので，EH の中点を M とおくと，△HOE において OM⊥EH がいえることから，3 点 C，O，M は一直線上にあることがわかる．

$OM=EM=\frac{1}{2}EH=2\sqrt{2}$，$CO=4$ より，
△CME に三平方の定理を用いて，直角二等辺三角形 GCE の斜辺 CE について立式すると，

$$CE^2=CM^2+ME^2$$
$$=(4+2\sqrt{2})^2+(2\sqrt{2})^2$$
$$=32+16\sqrt{2} \quad \cdots\cdots ④$$

ここで，多くの受験生は CE を求めようとして困るはずだが，△CGE の面積は $\frac{CE^2}{4}$ で求められる……☆　ので，求める面積は，

④÷4=**$8+4\sqrt{2}$**

＊　＊　＊

難関国私立高校受験を考えている人であれば，④の処理では「CE の値が必要なのではなく，CE^2 の値で処理できるはずだ」と，類題演習の経験から想像できることでしょう．しかしながら，公立高校の入試問題で④のような立式が求められることはほとんどなく，多くの受験生は途方に暮れたはずです．

☆の根拠は「直角二等辺三角形 CGE の面積が斜辺 CE を 1 辺とする正方形の面積の $\frac{1}{4}$ である」で充分ですね．

3. 証明問題で生じる「ある油断」

例題・3

右の図のように，△ABC の辺 AB 上に点 D，辺 AC 上に点 E があり，DE // BC です．また，線分 CD 上に点 F があり，∠AFD=∠ACB です．このとき，4 点 A，D，F，E は 1 つの円周上にあることを証明しなさい．

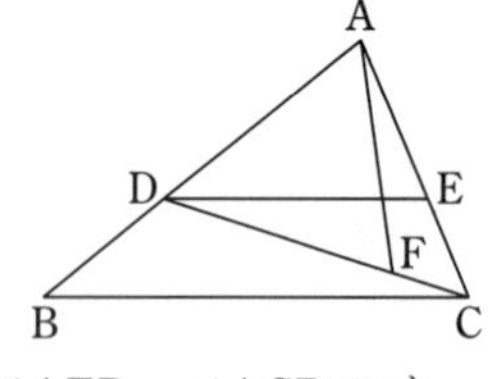

（16　広島県）

p.126，**チェック 15** で紹介した「共円条件」の確認です．円周角の定理の逆が問われるケースは，公立高校入試でも増えています．

この証明をきちんと完答できた割合（正答率）は 8.4％とのことです．

解　2 点 E，F は，直線 AD に対して同じ側にある．……………………………………①

DE // BC より同位角が等しいので，

∠AED=∠ACB ……………………②

②と∠AFD=∠ACB より，

∠AED=∠AFD ……………………③

①，③より円周角の定理の逆が成り立つので，4 点 A，D，F，E は 1 つの円周上にある．

＊　＊　＊

証明そのものは難しくありませんが，正答率が低くなっている理由は「①」の記述にあります．①を明記しない場合には，E と F が直線 AD に対して反対側にあるときの共円条件「∠AED+∠AFD=180°」について言及する必要があります．証明問題では「考え方はわかっていても論理的に，抜けのないように，丁寧に説明する」習慣が問われているのですから，①の抜けを甘く見てはいけません．

演 習 問 題

1．線分 AB を直径とする半径 5 の円 O がある．右の図のように，$\overset{\frown}{AB}$ 上に点 C を $\overset{\frown}{AC}=\overset{\frown}{CB}$ となるようにとり，点 A と点 C を結ぶ．点 C を含まない $\overset{\frown}{AB}$ 上に点 D を AD=3BD となるようにとり，点 A と点 D，点 B と点 D，点 C と点 D をそれぞれ結ぶ．点 A から線分 CD に垂線をひき，線分 CD との交点を E とする．いま，点 B を通り線分 AE と平行な直線と線分 AD，CD との交点をそれぞれ F，G とするとき，四角形 AFGE の面積を求めよ．

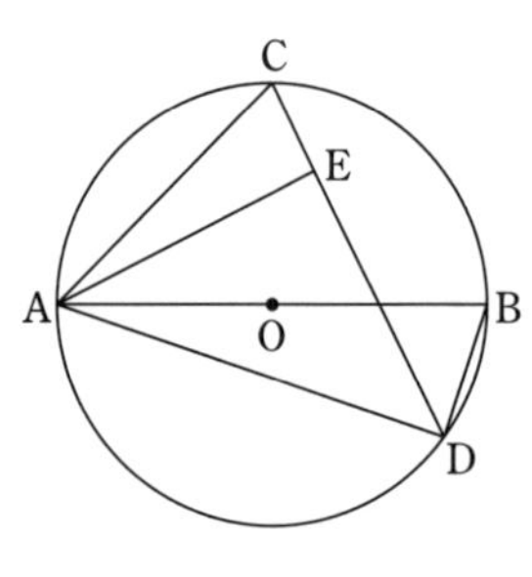

（17　福岡県，一部略）

2．右の図のように，△ABCは，頂点A，B，Cが円Oの円周上にあり，∠ABC＝∠ACBである．点Dを，線分BCについて点Aと反対側の円周上にとり，線分ADと線分BCとの交点をEとする．点Bと点D，点Cと点Dをそれぞれ結び，線分AD上に，CF＝DFとなるように点Fをとる．円Oの半径が5，辺BCを底辺としたときの△ABCの高さが7であるとき，△AFCと△BDCの面積の比を求めよ．　（15　山形県，一部略）

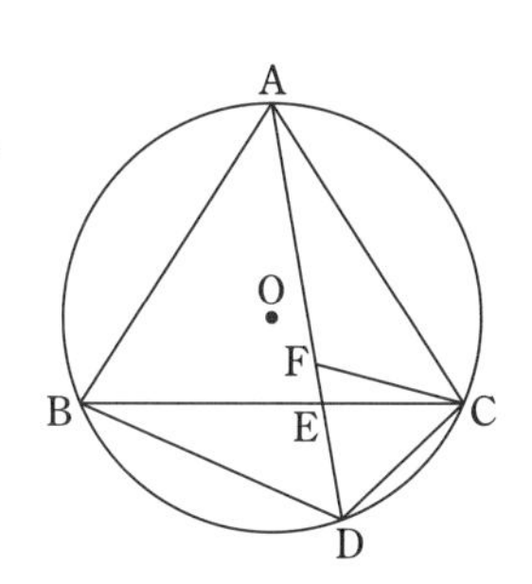

解答・解説

1．正答率が1.1%(！)という受験生泣かせの問題でした．長さがわかっているのは円の半径だけなので，四角形の面積を求めるための方針を確認しつつ必要な線分の長さを無駄なく求めていきましょう．

解　ABは直径なので，∠ADB＝90°

BD：AD＝1：3より，BD＝x，AD＝$3x$とおいて△ADBに三平方の定理を用いると，

$x^2+(3x)^2=10^2$　∴　$x=\sqrt{10}$ ………①

$\overset{\frown}{AC}=\overset{\frown}{CB}$より，$\angle ADE=\frac{1}{2}\angle ADB=45°$，∠AED＝90°より，△AEDは直角二等辺三角形．

よって，**例題**・**2**の**解**の前書きより

$\triangle AED=\frac{AD^2}{4}=\frac{9}{4}x^2$

これと①より，$\triangle AED=\frac{45}{2}$ ……………②

次に，次図において，∠DBG＝∠DFG＝45°より，△BDFも直角二等辺三角形で，①より，

BD＝FD＝$\sqrt{10}$　∴　△BDF＝5

DG⊥BFよりGはBFの中点となるので，

△DFG

$=\frac{1}{2}\triangle BDF=\frac{5}{2}$

………③

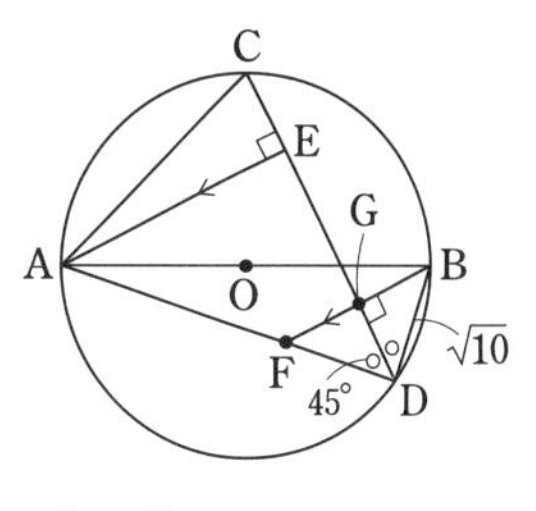

よって，求める面積は②－③＝**20**

2．**解**　△AFCと△BDCにおいて，$\overset{\frown}{CD}$に対する円周角より，∠CAF＝∠CBD ……①

仮定より，∠ABC＝∠ACB ……………②

$\overset{\frown}{AC}$に対する円周角より，

∠ABC＝∠ADC ………………………③

CF＝DFより∠ADC＝∠FCD …………④

よって，②，③，④より，

∠ACB＝∠FCD ………………………⑤

ここで，

∠ACF＝∠ACB－∠FCE，

∠BCD＝∠FCD－∠FCE

と表せるので，これと⑤より，

∠ACF＝∠BCD

これと①より，2角が等しいので，

△AFC∽△BDCとなるので，その面積比は$AC^2:BC^2$と表せる．

いま，BCの中点をHとおくと，

AH＝7，

OA＝OB＝5

より，OH＝2となるので，△BOHに三平方の定理を用いて，

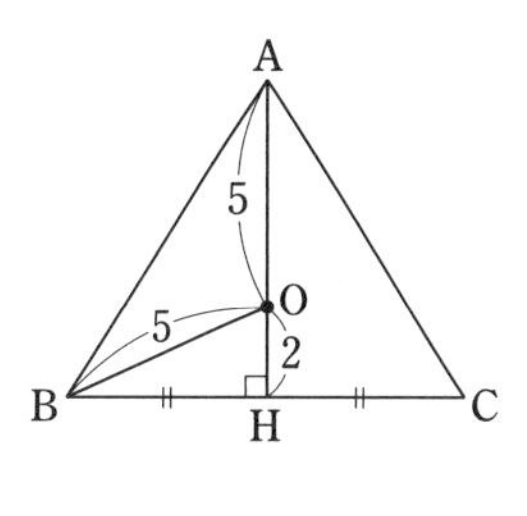

$BH=\sqrt{5^2-2^2}=\sqrt{21}$ ……………………⑥

次に，△ACHに三平方の定理を用いて，

$AC=\sqrt{7^2+⑥^2}=\sqrt{70}$ …………………⑦

$BC=2BH=2\times⑥=2\sqrt{21}$ ……………⑧

したがって，求める面積比は，

$⑦^2:⑧^2=70:84=$**5：6**

公立入試問題ピックアップ㉔

隠れている相似，隠れている円を発見せよ！

0．既習の性質を手がかりに

「円」を扱う問題は主に大問として登場しますが，単なる長さや角度，面積を求めるだけでなく「証明」がセットで出題されることが全国的に多くなっています．その中身を分析すると，近年は「隠れている相似」「隠れている円」を見つけさせるものが目立ちます．証明した図形の性質を利用して小問を解き進めるものがほとんどですから，本番で手が止まることのないよう，円がからむ有名性質については積極的に理解しておきましょう．

1．円の中の角度が教えてくれるヒント

円周角や対頂角といった角度は，相似な三角形を見つけるための重要な手掛かりになります．

例題・1 はとても有名な形ですから，ヒントの使いどころをしっかり確認しましょう．

例題・1

右の図のように，AB＝6，AC＝8，∠BAC＝90°である直角三角形 ABC の3つの頂点を通る円がある．∠BAC の二等分線と辺 BC との交点を D，円との交点のうち点 A と異なる点を E とする．このとき，次の問いに答えよ．

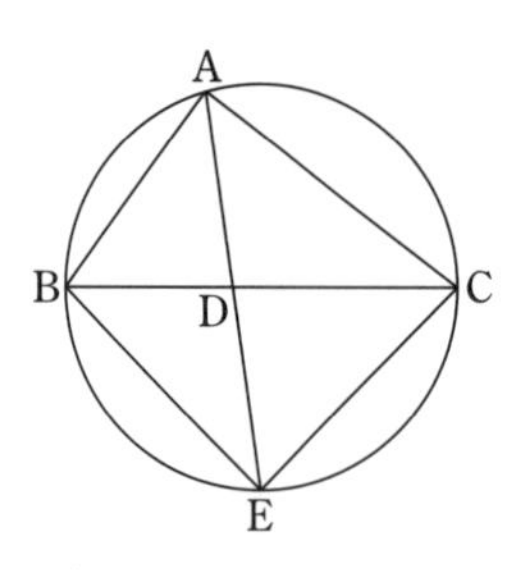

（1） AD：DE を最も簡単な整数の比で表せ．

（2） AD×AE＝AB×AC …① であることを，三角形の相似を用いて示したい．そのとき，利用するのに適した相似な三角形の組を1組あげ，それらが相似であることを証明し，①が成り立つことを示せ．

（3） DE の長さを求めよ．

（4） 線分 DE を直径とする円と，線分 CE を直径とする円の交点のうち点 E と異なる点を F とするとき，DF の長さを求めよ．

（18　岡山県立岡山朝日，一部略）

（2）の①の式は，難関国私立高校受験を考えている人にとっては公式としてその導き方も覚えておくべきもので，公立入試問題のレベルが上がっていることを示す例としては最適です．

∠BAC＝90°より，BC が円の直径であり，∠BEC＝90°であること，∠BAE＝∠CAE＝45°より，△BEC が直角二等辺三角形であること，AD：DE は△ABC：△BEC に等しいことを把握しておきましょう．

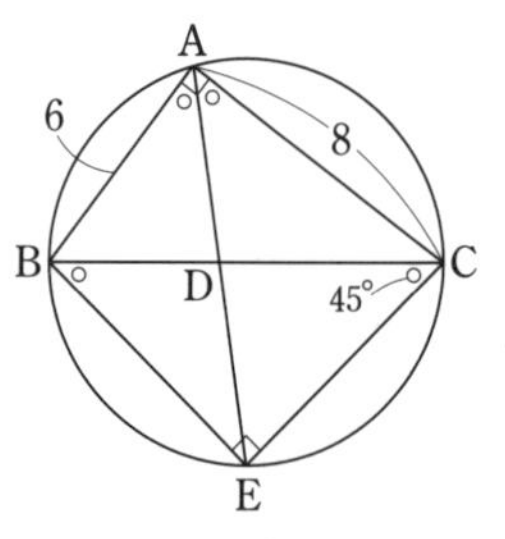

また，（4）で用いる角の二等分線定理は p.125，**チェック 7** を参照すること．

解　（1） △ABC に三平方の定理を用いて，

$BC=\sqrt{6^2+8^2}=10$

△BEC は斜辺 10 の直角二等辺三角形だから，その面積は，$\frac{1}{2}\times10\times5=25$

また，$\triangle ABC=\frac{1}{2}\times6\times8=24$ より，

AD：DE＝△ABC：△BEC＝**24：25**

（**2**） △ABDと△AECに注目します．
△ABDと△AECにおいて，
仮定より，$\angle BAD=\angle EAC$
円周角の定理より，$ABD=\angle AEC$
よって，二角相等により，△**ABD**∽△**AEC**
対応する辺の比は等しいので，
$AB:AE=AD:AC$
$\therefore\ AD\times AE=AB\times AC$

（**3**） （1）より$AD=24k$，$DE=25k$とおけるから，これを①の式に代入すると，
$24k\times(24k+25k)=6\times8$
$49k^2=2$より，$k=\dfrac{\sqrt{2}}{7}$
よって，$DE=25k=\boldsymbol{\dfrac{25\sqrt{2}}{7}}$

（**4**） BCの中点をOとすると，この点はもとの円の中心に等しく，△BECが直角二等辺三角形であることから，$EO\perp BC$が成り立つ．

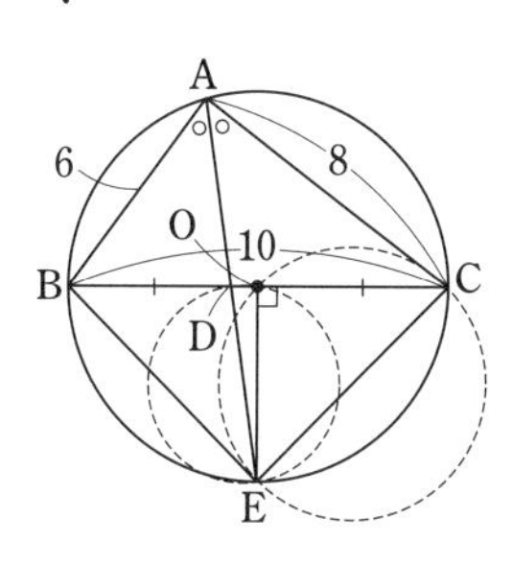

このとき，$\angle DOE=90^\circ$よりDEを直径とする円はOを通り，$\angle EOC=90^\circ$よりCEを直径とする円もOを通るので，2つの円はOで交わる．つまり，条件のFはOに一致する．
ここで，角の二等分線定理より，
$BD:DC=AB:AC=3:4$
$\therefore\ BD=\dfrac{3}{7}BC=\dfrac{30}{7}$
$BF=\dfrac{1}{2}BC=5$より，$DF=5-\dfrac{30}{7}=\boldsymbol{\dfrac{5}{7}}$

➡**注** △DEFに三平方の定理を用いてもよい．

＊　　＊　　＊

（2）に限らず（4）も，一昔前だと難関国私立高校受験生向けの定番問題でした．
「見えない円」の扱いは，円周角の定理の逆が教科書に登場してから公立入試でも出題頻度が高くなっています．その多くは「直角三角形の斜辺を直径と考え，直角三角形の外接円を描く」というものですから，まずはこのパターンにしっかり慣れておきましょう．

もう1問紹介しますので，自力で解けない人は解説を読みながら丁寧に思考の手順をなぞってください．

例題・2

右の図のように，平行な2直線l，mがある．
l上に2点A，Bをとり，点Aから直線mに垂線ACをひき，線分ACの中点をDとする．2点B，Dを通る直線と直線mとの交点をEとする．さらに，$\angle BDF=90^\circ$となるように，直線m上に点Fをとり，点Bと点Fを結び，線分CF上に点Gを，$CE=CG$となるようにとる．$AB=4$，$AC=12$のとき，3点B，F，Gを通る円の半径を求めよ．

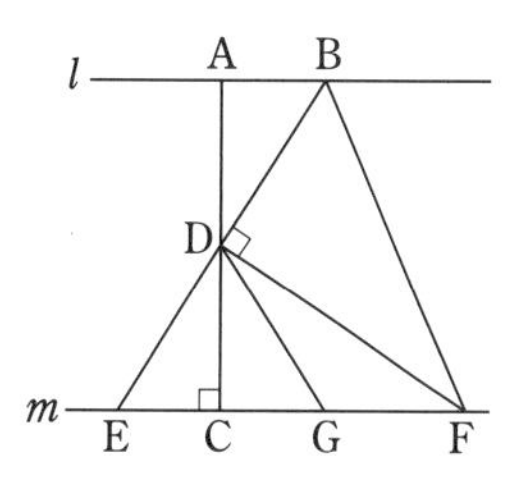

（18　千葉県，一部略）

原題には誘導がありますが，正答率は6.0％と大変低いものでした．その原因は，求める円の直径となる辺までは発見できても，その長さを求める過程で「隠れている相似」に注目する必要があるからです．

解 △ABDと△CEDにおいて，
仮定より，$AD=CD$
$l\parallel m$より，$\angle BAD=\angle ECD=90^\circ$（錯角）
$\angle ADB=\angle CDE$（対頂角）
よって，二角夾辺相等より，
△ABD≡△CED ………………………①
次に，△BDFと△EDFにおいて，
①より，$BD=ED$
仮定より，$\angle BDF=\angle EDF=90^\circ$
DFは共通
よって，二辺夾角相等より，
△BDF≡△EDF　∴　$BF=EF$　……②
また，①より$AB=CE$，$CE=CG$より，

$AB=CG=4$ がいえるので，四角形 ACGB は長方形である．

$\therefore$　$\angle BGF=90°$ ………………………③

よって③より，BF が求める円の直径．

一方，$\triangle ECD \backsim \triangle DCF$ も成り立つので，

$EC : DC=CD : CF$

$EC=4$，$DC=\frac{1}{2}AC=6$ より，

$4 : 6=6 : CF$

これを解いて，$CF=9$

$\therefore$　$EF=CE+CF=4+9=13$ ………④

④と②より，求める半径は，

$\frac{1}{2}BF=\frac{1}{2}EF=\mathbf{\frac{13}{2}}$

➡注　△BGF に三平方の定理を用いてもよい．

2. 円の中の平行線が教えてくれるヒント

円の問題では，例題・1 や例題・2 で扱ったような「垂線」，または次に紹介する「平行線」をひく作業がヒントになるケースが大変多いことを知っておきましょう．円の中の平行線は特徴ある図形を生み出します．

例題・3

右図のように，線分 AB を直径とする円 O の円周上に点 C をとり，△ABC をつくる．線分 AB 上に，$BC=BD$ となる点 D をとり，線分 CD を延長した直線と円 O の交点を E とする．点 E を通り，線分 AB に平行な直線をひき，円 O との交点を F とし，線分 AF と線分 EC，EB との交点をそれぞれ G，H とする．$AB=10$，$AC=8$ のとき，四角形 HGDB の面積を求めよ．

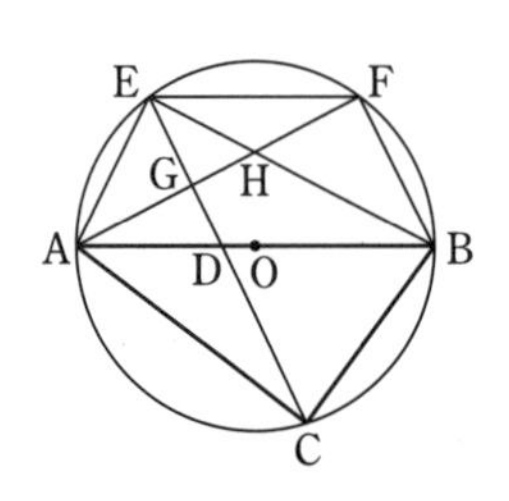

（13　三重県，一部略）

四角形 ABFE は台形ですが，長さに関する情報が不足しています．長さに関する情報がわかっている△ABC を経由して台形の辺の長さに結び付けていく過程で，やはり「隠れている相似」に注目する必要があります．

解　円に内接する四角形の性質より，

$\angle AEF+\angle ABF=180°$

$EF /\!/ AB$ のとき，$\angle AEF+\angle BAE=180°$ がそれぞれいえるので，

$\angle ABF=\angle BAE$ ………………………①

①と $EF /\!/ AB$ より，

四角形 ABFE は等脚台形 ……………②

ここで，△BCD は $BC=BD$ の二等辺三角形で，

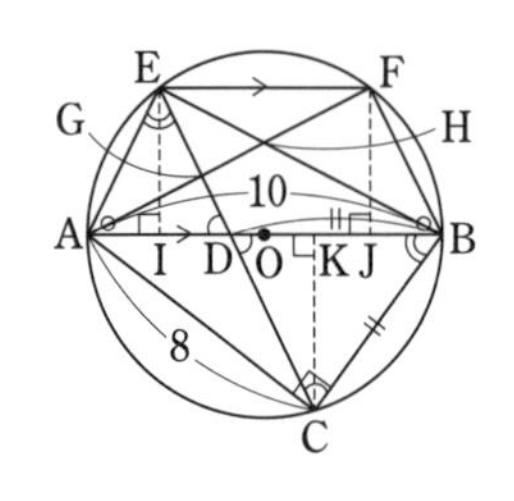

$\angle CBD=\angle AED$

（円周角の定理），

$\angle BDC=\angle EDA$

（対頂角）

より，二角相等より，$\triangle BCD \backsim \triangle EAD$

次に，△ABC に三平方の定理を用いて，

$BD=BC=\sqrt{10^2-8^2}=6$　$\therefore$　$DA=4$

さらに，点 E，F，C からそれぞれ線分 AB に垂線をひき，その交点を I，J，K とおくと，②より，$AI=BJ$

△EAD が $EA=ED$ の二等辺三角形であることから，$AI=DI=\frac{1}{2}DA=2$

よって，$EF=IJ=10-2\times2=6$

$EG : GD=EF : AD=3 : 2$ …………③

$EH : HB=EF : AB=3 : 5$ …………④

また，$\triangle CBK \backsim \triangle ABC$ であるから，

$CB : CK=AB : AC=5 : 4$ より，

$CK=\frac{4}{5}CB=\frac{24}{5}$

$CB : BK=AB : BC=5 : 3$ より，

$BK=\frac{3}{5}CB=\frac{18}{5}$

$\therefore$　$DK=BD-BK=\frac{12}{5}$

これと $\triangle DKC \backsim \triangle DIE$ より得られる $DK : KC=DI : IE$ の比より，

$DI : IE=1 : 2$　$\therefore$　$EI=FJ=4$

以上により，

$\triangle ABF=\frac{1}{2}\times AB\times FJ=20$

$\triangle EAD=\frac{1}{2}\times AD\times EI=8$

③より，$\triangle AGD=\frac{2}{5}\triangle EAD=\frac{16}{5}$ ……⑤

④より，$\triangle ABH=\frac{5}{8}\triangle ABF=\frac{15}{2}$ ……⑥

よって，求める面積は，

⑥－⑤$=\mathbf{\frac{93}{10}}$

*　　　*　　　*

それでは演習問題に進みましょう．

円の問題では，様々な数値や条件を把握しながら「相似はどこに隠れているかな」と最初から探しておきましょう．相似な三角形を見落とすと多くの場合が手詰まりになってしまいます．

演　習　問　題

1．右の図のように，△ABC の3頂点 A，B，C を通る円をかき，∠BAC の二等分線と辺 BC との交点を D，点 A とは異なる円との交点を P とする．AB＝5，AC＝4，CP＝$\sqrt{5}$ のとき，次の問いに答えよ．

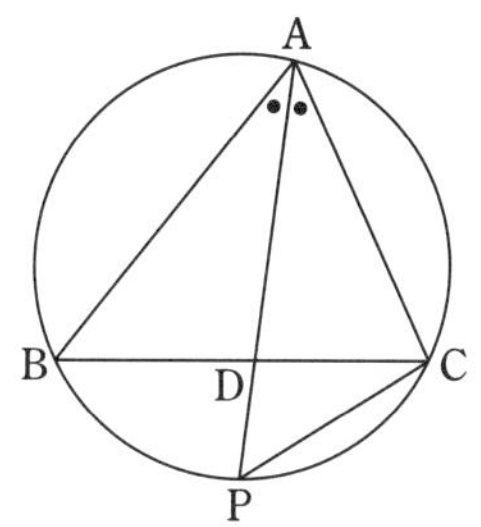

（1） 線分 BP の長さを求めよ．

（2） 線分 AD の長さを求めよ．

（18　埼玉県・学校選択問題，一部略）

解答・解説

1．（2）は，大学入試でも出題される「角の二等分線の長さを求める問題」ですが，類題演習の経験がない人にとっては難問です．

解　（1） 円周角の定理より，

∠BAP＝∠BCP，∠CAP＝∠CBP

が成り立つので，△BPC は BP＝CP＝$\mathbf{\sqrt{5}}$ の二等辺三角形．

（2） 角の二等分線定理より，

BD：DC

＝AB：AC＝5：4

が成り立つので，

BD＝$5k$，CD＝$4k$

とおける．

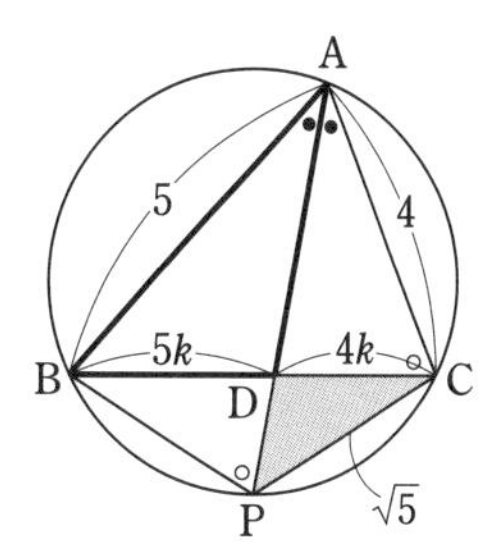

次に，△ABD∽△CPD より，

AD：CD＝AB：CP

がいえるので，AD：$4k$＝5：$\sqrt{5}$

∴　AD＝$4\sqrt{5}k$ ………………………①

また，BD：PD＝AB：CP もいえるので，

$5k$：PD＝5：$\sqrt{5}$　∴　PD＝$\sqrt{5}k$ …②

ここで，∠ABD＝∠APC，∠BAD＝∠PAC より△ABD∽△APC もいえるので，

AB：AP＝AD：AC

∴　AB×AC＝AD×AP ……………③

よって，①，②，③より，

$5\times4=4\sqrt{5}k\times(4\sqrt{5}k+\sqrt{5}k)$

これより，$5k^2=1$ となるから，$k=\frac{1}{\sqrt{5}}$

∴　AD＝$4\sqrt{5}k=\mathbf{4}$

*　　　*　　　*

【発展】 方べきの定理より，

BD×DC＝AD×DP ……………………④

が成り立ち，③－④より，

AB×AC－BD×DC＝AD(AP－DP)

＝AD^2

という公式を導くことができます．

公立入試問題ピックアップ㉕

「円＋○○」には有名性質が隠されている

0. 図形に隠された有名性質を見つけよう！

「円」をキーワードにして近年の公立入試問題を調べると，同じテーマが地域によらずよく出題されており，作問者が重要視している点について全国的な共通点が見えてきます．

今回紹介する「円＋正三角形」「円＋四角形」は，一昔前であれば難関国私立高校の問題でしか見かけなかった「中学の教科書には登場しない(ことも多い)有名性質」であり，そのレベルがあちこちで問われるようになっていることを知っておきましょう．

ただし，作問者が点検したいのは「(有名性質の)知識の有無ではなく，自分で性質を発見する姿勢」です．定理や公式の丸暗記に終始する勉強は避けてください．

1．「円＋正三角形」に隠れている性質とは？

近年出題頻度の高いテーマの1つに「円＋正三角形」があります．多くの場合，ある有名性質を導く途中経過が出題されているのが特徴です．その形を**例題**・1で紹介します．

例題・1

右の図のように，円Oの円周上にある3点A，B，Cを頂点とする正三角形ABCがある．点Cを含まない$\overset{\frown}{AB}$上に，2点A，Bとは異なる点Dをとり，点Dと，3点A，B，Cをそれぞれ結ぶ．線分CD上に，BD＝CEとなる点Eをとり，点Aと点Eを結ぶ．このとき，次の問いに答えなさい．

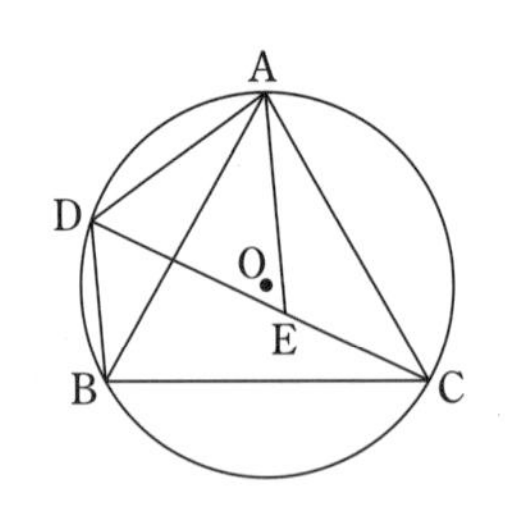

(1)　△ADEが正三角形となることを証明しなさい．

(2)　AD＝2，BC＝3のとき，線分CEの長さを求めなさい．

(17　千葉県，一部略)

---

(2)　△ACEだけを抜き出すと苦労します．(1)で△ADEが正三角形であることを示していますから，その情報を利用しましょう．

解　(1)　△ABDと△ACEにおいて，

仮定より，BD＝CE，

AB＝AC

∠ABD＝∠ACE

($\overset{\frown}{AD}$に対する円周角)

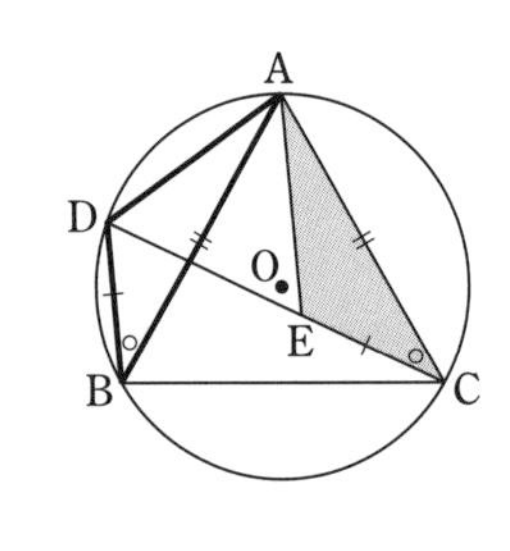

二辺とその間の角がそれぞれ等しいので，

△ABD≡△ACE　∴　AD＝AE

これと∠ADE＝∠ABC＝60°より，題意は証明された．

(2)　下図のように，点AからDEに垂線を引き，その交点をHとする．

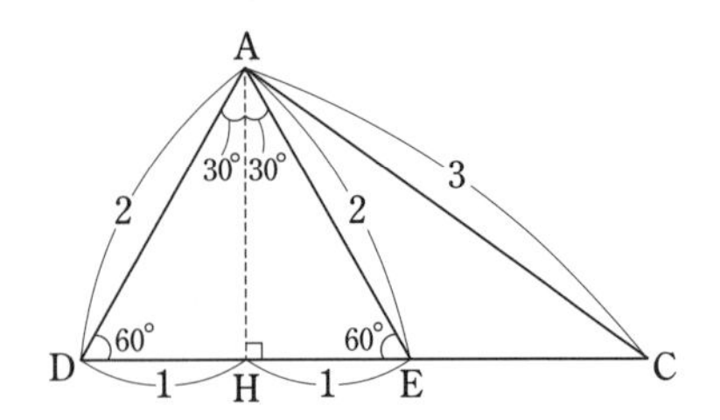

△ADE は 1 辺の長さが 2 の正三角形だから，

$AH=\frac{\sqrt{3}}{2}\times 2=\sqrt{3}$，$EH=\frac{1}{2}DE=1$

次に，△ACH に三平方の定理を用いて，

$CH=\sqrt{AC^2-AH^2}=\sqrt{3^2-(\sqrt{3})^2}$
$=\sqrt{6}$

よって，$CE=CH-EH=\sqrt{6}-1$

*　　　　*　　　　*

この **例題・1** の図がよく登場する背景を紹介します．1 つ目は「正三角形の 1 点共有は合同を生む（p.125，**チェック 9** 参照）」がベースにあり，証明を進める際に円の性質を利用しているものの，作問者の立場で見れば「お約束の確認」でしかありません．

2 つ目は，この図がある重要性質を証明する際に使われるものだからです．

皆さんは，**例題・1** の図で，BD＝CE より，

CD＝DA＋DB

が成り立っていることに気づいていましたか．

気づかなくても正解にたどり着いたからいいや，というのではもったいないですから，ここで詳しく紹介していきます．

【研究】 円に正三角形が内接していると，下の左図で，PA＝PB＋PC が成り立つ．

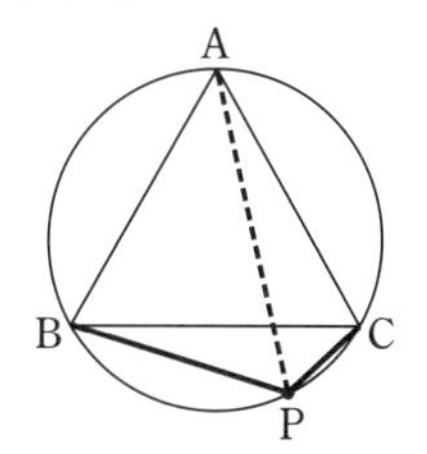

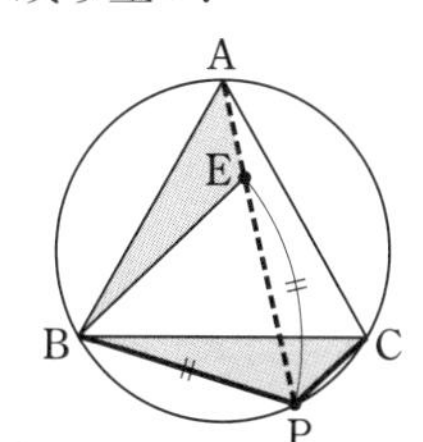

この証明に使用する図を右側に用意しました．まさしく **例題・1** と同じ図であることを確認しておきましょう．

簡単に証明の流れを説明すると，上の右図で，

① AP 上に E を PE＝PB となるようにとる

② ∠APB＝∠ACB＝60° より，△PEB は正三角形

③ △EAB と△PCB の合同を証明

④ EA＝PC より，

PB＋PC＝PE＋EA＝AP

となります．

難関国私立高校受験生にとっては昔も今も必須の公式ですが（最近では 18 年の慶應志木で出題あり），この性質を直接問うことはなくてもこの図を見かけることが，全国各地の公立入試問題で増えていて，公立入試問題のレベルが上がっていることを示す例として挙げられるものなのです．

2.「四角形に内接する円」で注意すること

次に紹介するのは「四角形に内接する円」です．三平方の定理を用いて力ずくで解ききってしまうことができればよいのですが，「知っていれば差がつく」ポイントがここにも隠されています．

例題・2-1

右の**図 1** で，四角形 ABCD は，AD∥BC，AD＜BC で，∠ABC＜∠BCD の台形を表し，円は辺 AB，辺 BC，辺 CD，辺 AD で四角形 ABCD と接している．

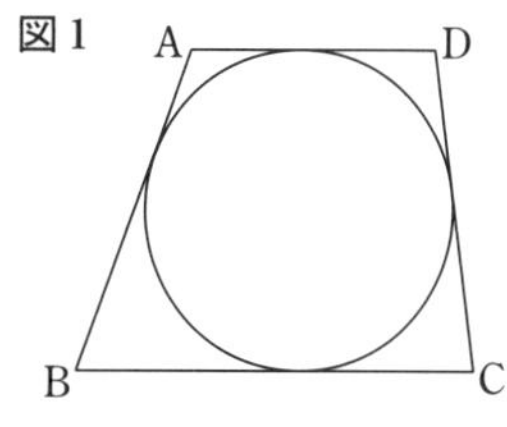

次の各問に答えよ．

（1） **図 1** において，円の半径が 1，四角形 ABCD の面積が 8 であるとき，四角形 ABCD の周の長さ AB＋BC＋CD＋DA の長さを求めよ．

（2） 右の**図 2** は，**図 1** において，円の中心を点 O とし，辺 AD と円が接する点を H とした場合を表している．

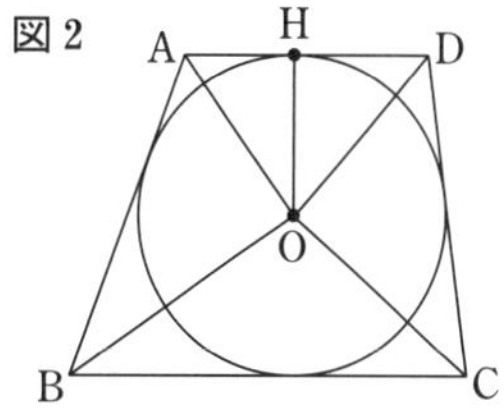

点 O と頂点 A，点 O と頂点 B，点 O と頂点 C，点 O と頂点 D，点 O と点 H をそれぞれ結ぶ．

6 つの三角形△OAB，△OBC，△ODC，△ODA，△HAO，△HDO の中から相似な三角形を 1 組選び，相似であることを証明せ

よ．

（18　東京都立青山，一部略）

（1）を解く際に図2を利用することは当然として，（1）の解法選択が（2）の所要時間に影響を及ぼします．

また，図2において OH⊥AD であることは分かっているものとして進めます．

解　（1）　円の中心を O，円と辺 DA，AB，BC，CD の接点をそれぞれ H，I，J，K とおく．

【解1】

OH，OI，OJ，OK はそれぞれ円の半径で1に等しく，右図のように，4つに分けたそれぞれの三角形の高さと見ることができる．

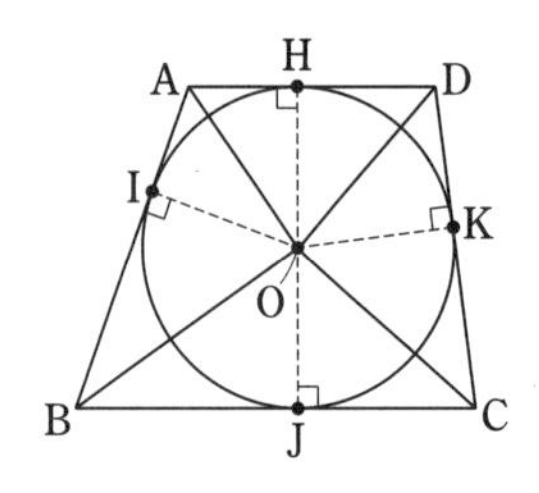

四角形 ABCD

$=\triangle OAB+\triangle OBC+\triangle OCD+\triangle ODA$

より，$8=\dfrac{1}{2}\times(AB+BC+CD+DA)\times 1$

これより，

$AB+BC+CD+DA=\mathbf{16}$

【解2】

$\triangle AHO\equiv\triangle AIO$（直角三角形において，斜辺と他の1辺がそれぞれ等しい）…………①

により，$AH=AI$

同様にして，$BI=BJ$，$CJ=CK$，$DK=DH$ もそれぞれいえる．

よって，

$AB+CD=AI+BI+CK+DK$

$DA+BC=DH+AH+BJ+CJ$

より，$AB+CD=AD+BC$　………………②

が成り立つ．

いま，台形の高さは $HJ=2$ だから，

$\dfrac{1}{2}\times(DA+BC)\times 2=8$

これより，$DA+BC=8$

これと②より，

$AB+BC+CD+DA=2(DA+BC)=\mathbf{16}$

（2）　①より，$\angle HAO=\angle IAO=a$ とおく．

$\triangle BIO\equiv\triangle BJO$ より，$\angle IBO=\angle JBO$ であるから，これらの角の大きさを b とおく．

ここで，AD // BC より，

$\angle HAI+\angle IBJ=180°$

（同側内角）

より，$2a+2b=180°$

$\therefore\ a+b=90°$

………③

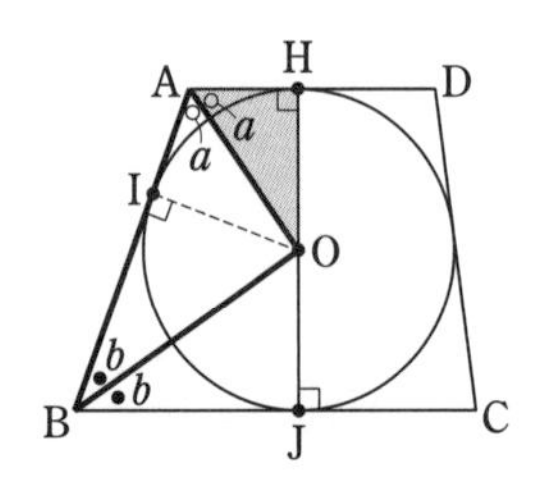

$\triangle AHO$ において，

$\angle HAO=a$，$\angle AHO=90°$ で，これと③より，

$\angle HOA=b$ と表せるので，

$\triangle HAO$ と $\triangle OAB$ において，

$\angle HAO=\angle OAB=a$，$\angle AOH=\angle ABO=b$

対応する2組の角がそれぞれ等しいので，

$\boldsymbol{\triangle HAO\backsim\triangle OAB}$

（$\triangle ODC\backsim\triangle HDO$ も同様に言える．）

*　　*　　*

（1）では**【解1】**を用いた人も多いことでしょう．ただし，②の性質を知っていることを前提として，その成り立ちの過程が（2）で問われていますから，**【解2】**を無視することはできないのです．

実は，図2において $\triangle HAO\backsim\triangle OAB$ を示すことは，難関国私立高校の入試問題では何年かに一度は見かける定番ですが，公立入試問題でも近年見かけるようになりました．

では，次の問題を，（2）と同じ要領で相似を探しながら解いてみましょう．

例題・2-2

右図のような四角形 ABCD があり，辺 DA，AB，BC，CD は，それぞれ点 P，Q，R，S で円 O に接している．

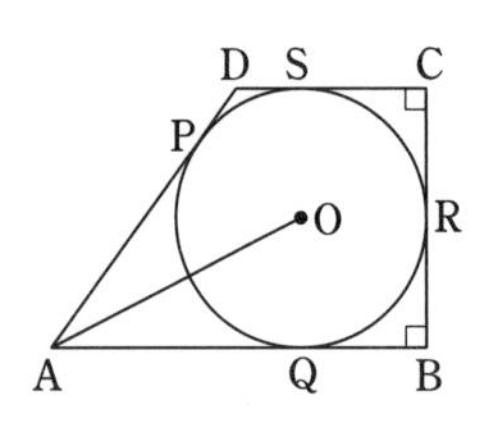

$\angle ABC=\angle BCD=90°$，$BC=12$，$DS=3$ のとき，線分 AO の長さを求めなさい．

（19　秋田県）

解　右の図のように補助線を引くと，前問(2)と同様に

△DSO∽△DOA ………①

を導くことができます(証明は略).

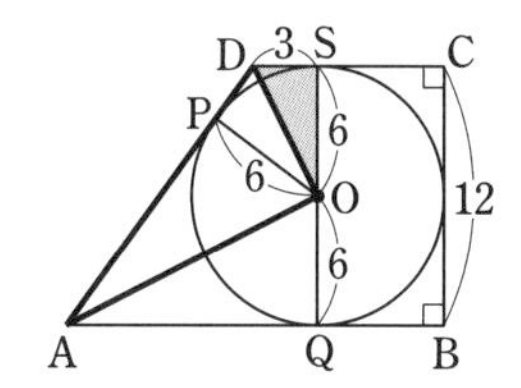

CB＝SQ＝12 より，OS＝OQ＝OP＝6

△DSO に三平方の定理を用いて，

$$\mathrm{DO}=\sqrt{3^2+6^2}=3\sqrt{5}$$

①より，

AO：DO＝OS：DS＝2：1

となるので，AO＝2DO＝$\mathbf{6\sqrt{5}}$

【研究】　上図では△DSO∽△OQA も成り立ちます．一般に，台形に内接する円 O の半径(＝r)の長さが問われた際には，この図を利用して，

DS：SO＝OQ：QA

より，$\boldsymbol{r^2=\mathrm{DS}\times\mathrm{QA}}$

が利用できることも覚えておきましょう．

＊　　＊　　＊

それでは演習問題に進みましょう．

先に言ってしまいますが，紹介する問題の設定が**例題**・**1** とほぼ同じということに注目してください．

2019 年度では，富山県以外に兵庫県でもこの形が登場していて，このテーマを重要視する作問者が地域に関係なく多いことが想像できますね．

演　習　問　題

1．右の図のように，円 O の周上に点 A，B，C，D があり，△ABC は正三角形である．

また，線分 BD 上に，BE＝CD となる点 E をとる．

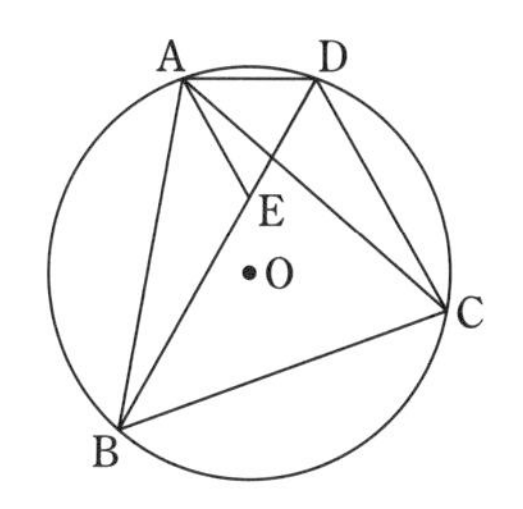

このとき，次の問いに答えなさい．

(1)　△ABE≡△ACD を証明しなさい．

(2)　AD＝2，CD＝4 とするとき，線分 BC の長さを求めなさい．

(19　富山県，一部略)

解答・解説

1．(2)は，どの三角形に注目するかによって作業量が変わります．角度が分かっている三角形を用いる方がよいでしょう．

解　(1)　△ABE と△ACD において，仮定より，

AB＝AC

BE＝CD

∠ABE＝∠ACD

($\overset{\frown}{\mathrm{AD}}$ に対する円周角)

2 辺とその間の角がそれぞれ等しいので，

△ABE≡△ACD

(2)　BD＝AD＋CD（**例題**・**1**【研究】参照）

より，BD＝2＋4＝6

∠ADB＝∠ACB＝60° より，下図のように△ADB に注目すると，

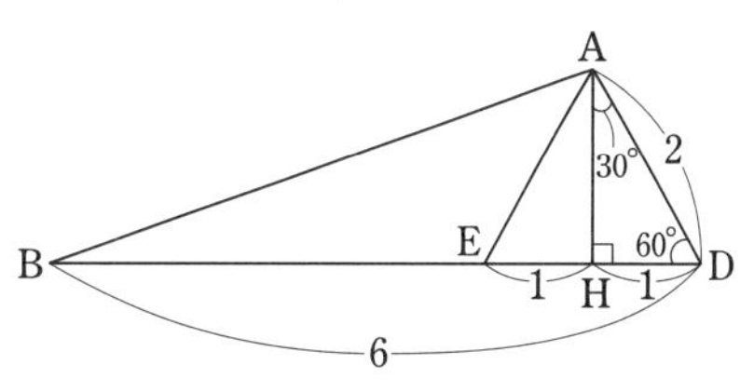

$$\mathrm{DH}=\frac{1}{2}\mathrm{AD}=1$$

$$\mathrm{AH}=\sqrt{3}\,\mathrm{DH}=\sqrt{3}$$

$$\mathrm{BH}=\mathrm{BD}-\mathrm{DH}=5$$

よって，△ABH に三平方の定理を用いて，

$$\mathrm{AB}=\sqrt{(\sqrt{3})^2+5^2}=2\sqrt{7}$$

∴　BC＝AB＝$\mathbf{2\sqrt{7}}$

点Pが動くと何かが起こる～図形上の動点～

0. 題材はいろいろ「図形上の動点」

ここでは「図形上の動点」を扱います．点Pや点Qが動くおなじみの設定ですが，平面図形上，立体図形上，座標平面の直線上，あるいは円周上と動く場所が様々なので，対策が立てにくいという点で多くの受験生が頭を悩ませています．

出題形式はグラフを読み取って「関数の問題として考える」傾向が目立ちますが，最近は難関私立高校レベルの思考力・洞察力が問われるケースも多く，作業量や正確な処理能力も含めてしっかりと点検しておきたいテーマです．

1. 定番中の定番，点Pの動きを追え！

点Pが動くことでできる図形の面積や体積を，グラフを利用しながら追いかけることは定番中の定番ですが，最近は「点Pと点Q」の2種類が図形上を動き回るケースもあり，時間と手間がかかる分だけ難易度もアップしています．

例題・1

図1のように，
AB＝3cm，
BC＝6cm，
AD＝4cm，
∠A＝∠B＝90°
の台形ABCDがある．点Pが点Aを出発して，秒速1cmの速さで辺AD上を繰り返し往復する．点Qは点Bを出発して，辺BC上を一定の速さで繰り返し往復し，点Qが1往復するのにかかる時間は6秒である．また，図2は点Pが点Aを出発してから3往復するまでの△CDPの面積を表したグラフである．

図1

A　4cm　D
3cm
B　6cm　C

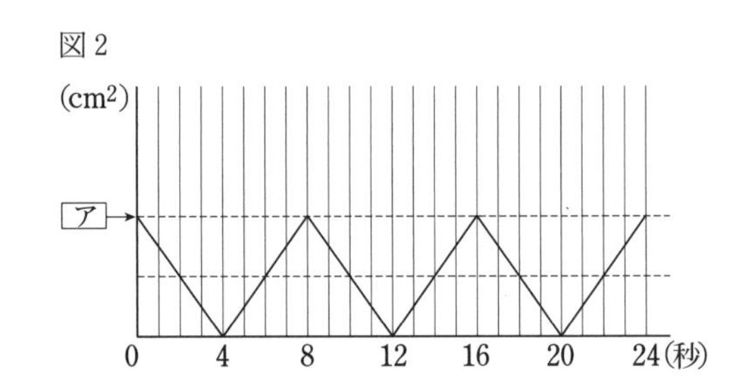

2点P，Qが同時に出発するとき，

（1） 図2の ア に当てはまる数を求めなさい．

（2） △CDPと△ABQの面積が3回目に等しくなるのは，2点P，Qが出発してから何秒後か求めなさい．

（3） 2点P，Qが出発してから24秒後までの間に，△CDPと△ABQの一方の面積が，他方の面積の3倍となるのは何回あるか求めなさい．ただし，ともに面積が0のときは含めないものとする．

（18　兵庫県，一部略）

グラフが与えられている動点の問題では，「グラフを利用して解く」ことが鉄則です．（2）と（3）では，それぞれ図2に適切なグラフを書き加えて，「だいたいこのあたりだ」と図示できれば作業量を大幅に減らすことが可能になります．

解　(1)　0秒では，△CDP＝△CDA

よって，求める面積は，$\frac{1}{2}\times4\times3=$**6** (cm^2)

(2)　△ABQの面積が最大になるのは点QがCに着いたとき．最大値は△ABCの面積で，

$\frac{1}{2}\times6\times3=9$ (cm^2)

Qは1往復に6秒かかるので，初めてCに着くのは3秒後．そして，6秒後に△ABQの面積は最小値0をとる．以後，△ABQの面積の推移は，6秒の周期で0～6秒間と同様である．

よって，図2に△ABQの面積を表すグラフを書き加えると下図のようになる．

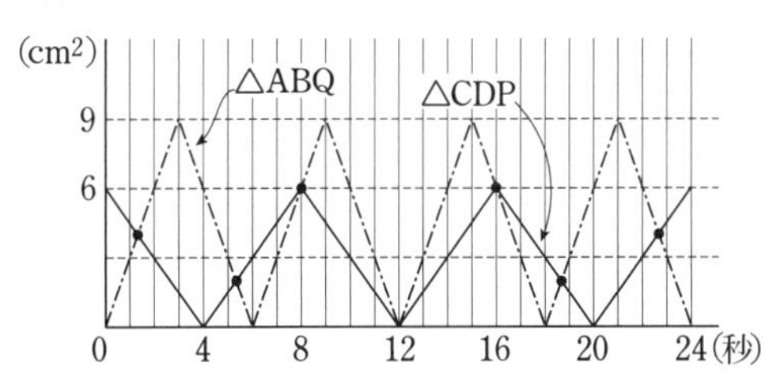

△CDPと△ABQの面積が等しくなるのは，2種類のグラフが交わる●のとき．3回目は，グラフより**8秒後**.

(3)　△CDP＝3△ABQの場合と，

△CDP＝$\frac{1}{3}$△ABQ（△ABQ＝3△CDPより）の場合を考える．つまり，図2に

△ABQの面積の3倍，$\frac{1}{3}$倍を表すグラフ

を書き加えればよい．3△ABQのグラフを①，

$\frac{1}{3}$△ABQのグラフを②とすると，条件を表す図は下のとおり．

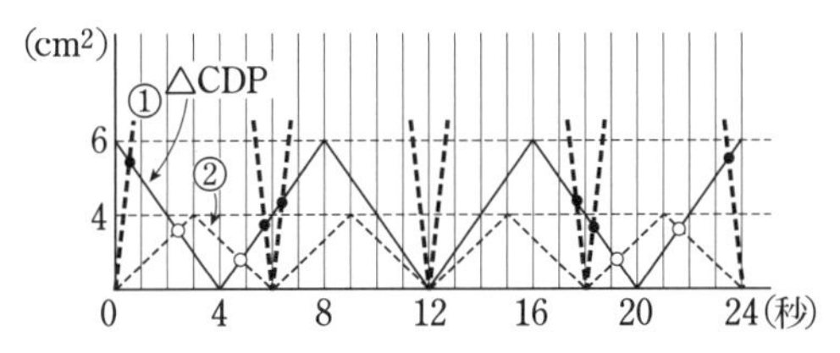

求める回数は，△CDPの面積を表すグラフと①，②との交点の個数だから，①との交点●が6個，②との交点○が4個で，合計は**10回**.

2. 概形をつかみにくい「図形の移動」

次は，点ではなく図形そのものが動くパターンについて考えます．

多くは「2種類の長方形があって，片方が動いて重なる部分の面積を考える」ケースで，これだけでも全国的に正答率が低くなりがちですが，平行移動ではなく回転移動となると難易度がアップします．

例題・2

1組の三角定規のうち片方を忘れてしまったので，友達に忘れた方と同じ三角定規を貸してもらったら，2つの三角定規それぞれの最も短い辺の長さが等しいことがわかった．

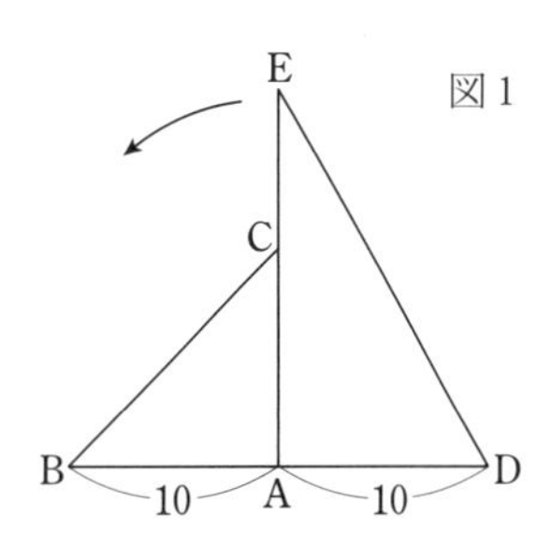

図1のように，これらの三角定規を直角が隣り合うように置き，各頂点をA，B，CおよびA，D，Eとする．△ADEを点Aを中心として，点Dが点Cの位置にくるまで反時計回りに回転させていく．点Dが点Cまで移動するあいだに，2つの三角定規が重ならない部分を斜線で示したものとして最も適切なものを次のア～エから1つ選び，記号で答えなさい．また，その面積を求めなさい．

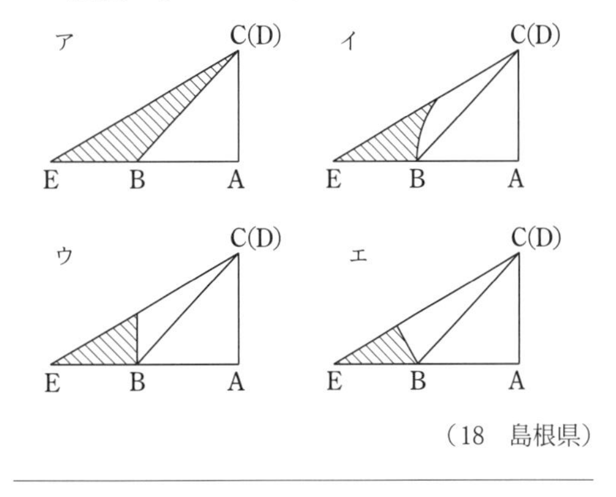

（18　島根県）

条件の通りに30°定規を反時計回りに動かした人は，イメージがつかみにくかったことでしょう．

30°定規を動かすのであれば，辺 AB と AE を重ねた状態から時計回りに 90°回転させて図 1 の状態に戻すように考えると動きがつかみやすくなります．すると「45°定規を時計回りに 90°回転させても同じじゃないか！」という発想にたどり着くことでしょう．

解　△ABC を，A を中心として時計回りに 90°回転させることを考える．

AB＝AC＝10 より，頂点 B，C の動きを重ねると下図のような半円となり，

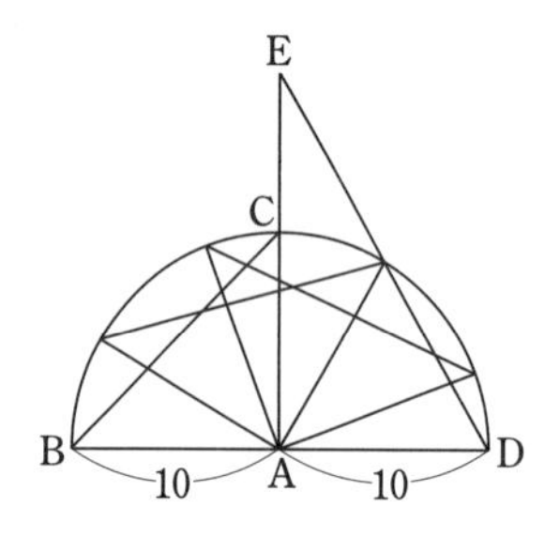

2 つの三角定規が重ならないのは，△ADE のうちこの半円の外にある部分となる．

この半円と辺 DE との交点を P とすると，求める部分は右図の斜線部分となるので，ア～エのうち，正しいものは**イ**となる．

次に，

AP＝AC＝10 より，

△APC は正三角形．

おうぎ形 ABP は中心角が∠BAP＝30°であるから，求める面積は，

$$\triangle \mathrm{ADE}-(\triangle \mathrm{APC}+\text{おうぎ形 ABP})$$
$$=\frac{10\times 10\sqrt{3}}{2}-\left(\frac{\sqrt{3}}{4}\times 10^2+10^2\pi\times\frac{1}{12}\right)$$
$$=\mathbf{25\sqrt{3}-\frac{25}{3}\pi}$$

3. 難問揃いの「円周上の動点」

最後は「円周上の動点」を扱います．2 つの点が動くと難易度はケタ外れに高くなり，

- 動いた点を結んだ図形について考える
- (池の周りを 2 人が歩くイメージで)点の速さを主役として，出会い・追い越しを考える
- 点の動きを複雑にして，規則性あるいは整数の性質を主役として考える

などなど，出題パターンが多岐にわたるので，多くの受験生が試験会場で悩むようです．

特に「規則性・整数の性質」が絡む問題では，その規則性を発見するまでにも試行錯誤が必要ですから，時間の節約と正確な処理能力が問われます．

例題・3

右の図 1 において，2 点 A，B は，周の長さが 6cm の円の周上の点 S を同時に出発し，点 A は毎秒 $a$cm の速さで，円周上を時計回りに動き，点 B は毎秒 $b$cm の速さで，円周上を反時計回りに動く．右の図 2 は，図 1 において $a=2$，$b=1$ であるときに，点 S を同時に出発した 2 点 A，B が出会った瞬間を表したものである．2 点 A，B は，出会った瞬間に互いの速さが入れ替わり，ただちに円周上をそれまでとは反対回りに動くものとする．さらに，次に出会った瞬間に互いの速さが再び入れ替わり，ただちに円周上をそれまでとは反対回りに動く．以下これをくり返す．

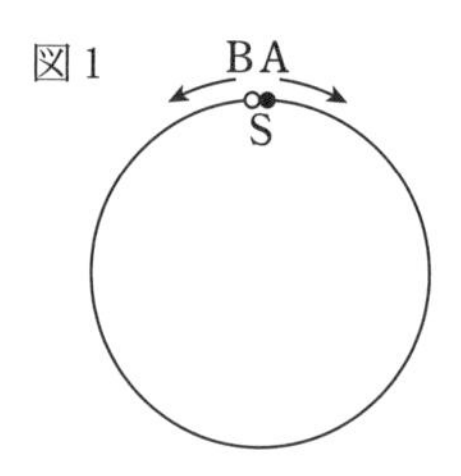

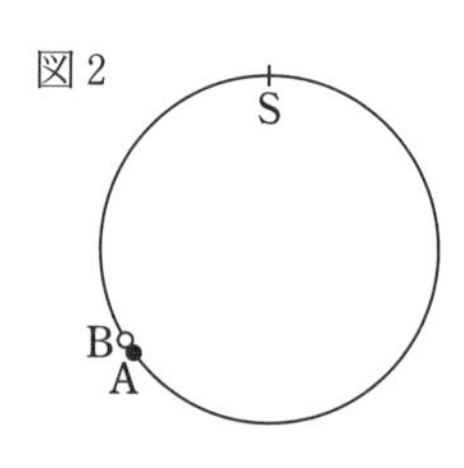

図 1 のように，点 S の位置に，点 A が右側，点 B が左側にある状態を，「最初の状態」とよぶことにする．$a=2$，$b=1$ であるとき，2 点 A，B は，「最初の状態」から点 S を同時に出発したのち，6 回目の出会いで初めて「最初の状態」に戻る．

（1） $a=5$，$b=3$ であるとき，2点A，Bは，「最初の状態」から点Sを出発したのち，何回目の出会いで，初めて「最初の状態」に戻るか．

（2） a，b が自然数で，$a-b=4$ であるとき，2点A，Bは，「最初の状態」から点Sを同時に出発したのち，10回目の出会いで，初めて「最初の状態」に戻った．このときの a，b の値の組は，全部で2組ある．その2組を求めなさい．

（05　東京都立国立，一部略）

点Aが反時計回り，点Bが時計回りで点Sに戻って出会い，進行方向を変えると「最初の状態」に戻ります．つまり，「最初の状態」に戻るのは偶数回目であることを発見してからが本番です(☞注・1)．

また，2つの点AとBの動きを並行して追うと大変なので，点Aの動きにだけ注目して2つの点が出会う位置を追いかけましょう．「周の長さが6cm」に引っ張られると，処理量が格段に増えて大変です．

解 （1） 図のように，円周を8等分して1～8の番号をつける．

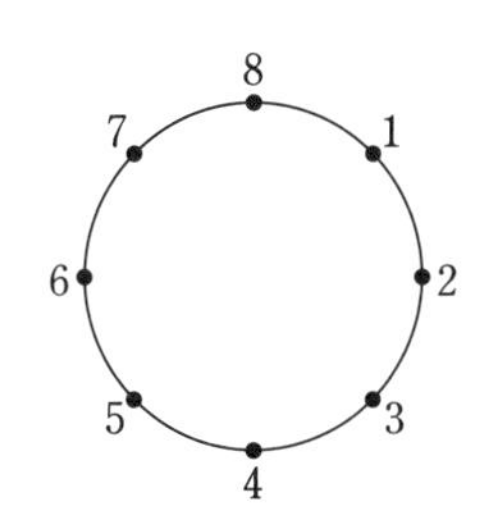

$a=5$，$b=3$ のとき，2点A，Bが同じ時間に動く距離の比は5：3であるから，Aは円周の $\frac{5}{8}$，つまり5の位置で初めてBに出会う．

2回目にAがBに出会うのは，進行方向と距離の比がともに逆になることから，円周の $\frac{3}{8}$ だけ反時計回りに進んだ2の位置となる．

つまり，Aは時計回りに「5進んで3戻る」を繰り返すので，AがBと出会う位置は1回目から順に，

$$5 \to 2 \to 7 \to 4 \to 1 \to 6 \to 3 \to 8$$

となり，**8回目**で点Sに戻る．

（**2**） （1）と同様に円周を$(a+b)$等分して，等分した点に1から順に番号をつける(時計回り)と，点Sに振り分けられる番号は $a+b$ である．

A，Bが同じ時間に動く距離の比は $a:b$ であるから，Aは円周の $\frac{a}{a+b}$，つまり a の位置で初めてBに出会う．

2回目にAがBに出会うのは，進行方向と距離の比がともに逆になることから，円周の $\frac{b}{a+b}$ だけ反時計回りに進んだ $a-b$ の位置となる．ここで $a-b=4$ より，Aは2回の出会いで4の位置に到着していることがわかる．

このことから点Aは「2回の出会いで時計回りに4つ位置が動く」ので，「最初の状態」に戻るまでの10回の出会いでは，4つ位置の移動を5回繰り返して20だけ位置が動くことになる．

よって，点Sの番号 $a+b$ は20の約数となるが，$a-b=4$ より，$a+b$ の値は10もしくは20に絞られる(☞注・2)から，

$a+b=10$ のとき，$\boldsymbol{a=7}$，$\boldsymbol{b=3}$

$a+b=20$ のとき，$\boldsymbol{a=12}$，$\boldsymbol{b=8}$

➡**注・1**　2点のうち1点はつねに秒速 $a$cmで時計回りに，他の1点はつねに秒速 $b$cmで反時計回りに，それぞれ回り続けている(2点が出会うたびに，点の名前が入れ替わるだけ)と考えてもよいでしょう．

➡**注・2**　$a-b$ の値が偶数だから，$a+b$ の値も偶数です．これと，$a+b>a-b=4$ より，$a+b$ の値はこの2つに絞られます．

＊　＊　＊

今回は演習問題を紹介する余裕がありませんし，「空間図形上の動点」も扱うことができませんでした．

長文を読み込みながら点の動きを追いかけるには，慣れと演習量が必要なので受験直前の付け焼刃では歯が立ちません．

この時期から少しずつ演習を進めて，特有の発想法に慣れておきましょう．

20 年前では考えられない難易度の問題ー立体図形編

0. 作業量の多さに慣れておこう

立体図形を苦手とする生徒にその原因を聞いてみると，「適切な平面の抜き出し」「視点の切り替え」「確実な計算処理」と正解へ至るまでの途中経過の多さがよく挙がります．

解き方やテクニックの確認も大切ですが，その前に「問題に与えられた図のままで考えず，小問ごとに自分で図を描き換える」という問題と向き合う姿勢を身につけておきましょう．

1.「立体→平面」は基本中の基本

例題・1

右の図のように，$AB=3$，$BC=4$，$BF=3\sqrt{3}$ の直方体 ABCDEFGH がある．

線分 BD 上に $\angle BIF=60^\circ$ となる点 I，線分 DH 上に $\angle DIJ=60^\circ$ となる点 J をとる．線分 FD と線分 IJ の交点を K とする．

このとき，次の問いに答えなさい．

（1） 四角すい JEFGH の体積を求めなさい．

（2） 線分 GK の長さを求めなさい．

（14　茨城県）

立体を扱う際には「適切な平面を抜き出して，平面図形として処理する」ことが鉄則となります．その作業について点検しましょう．

解　（1） 図のように，平面 BFHD を抜き出して考える．

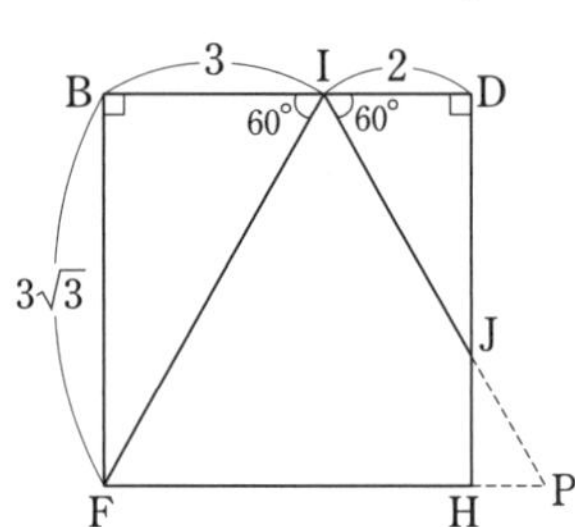

$\triangle BFI$ は $\angle BIF=60^\circ$ の三角定規形だから，

$BI:BF=1:\sqrt{3}$ より，$BI=3$

次に，$\triangle DJI$ は $\angle DIJ=60^\circ$ の三角定規形だから，$DI:DJ=1:\sqrt{3}$

また，$BD=\sqrt{AB^2+AD^2}=5$ より，$DI=2$ がいえるので，$DJ=\sqrt{3}\,DI=2\sqrt{3}$

$\therefore\ JH=DH-DJ=\sqrt{3}$ ………………①

よって求める体積は，

$\dfrac{1}{3}\times$長方形 EFGH$\times$①

$=\dfrac{1}{3}\times(3\times4)\times\sqrt{3}=\mathbf{4\sqrt{3}}$

（2） 上図で IJ と FH の交点を P とすると，$ID:PH=DJ:JH=2:1$ が成り立ち，$ID=2$ より，$PH=1$

$\therefore\ DK:KF=DI:PF=1:3$ …②

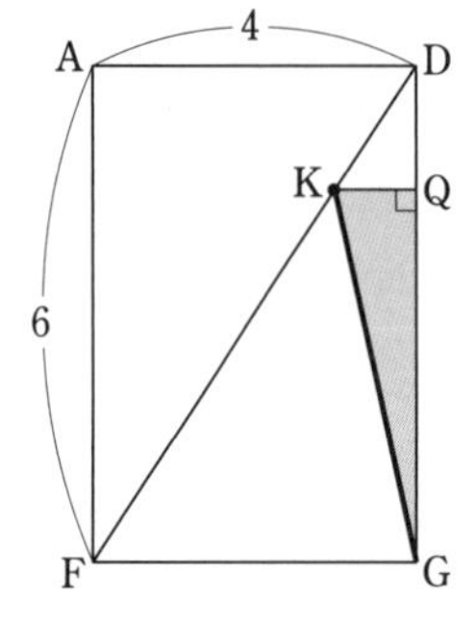

ここで，点 D，G，K はいずれも平面 AFGD 上の点であるから，図のように平面 AFGD を抜き出して考えると，線分 DF 上に点 K も存在する．

K から DG に垂線をひきその交点を Q とお

くと，②より，

$$KQ : FG = DK : DF = 1 : 4$$

よって，$KQ=\frac{1}{4}FG=1$ ……………………③

また，$QG : DG = KF : DF = 3 : 4$ より，

$$QG=\frac{3}{4}DG=\frac{9}{2} \quad ……………………④$$

ここで，△KQG に三平方の定理を用いて，

③，④より，$GK=\sqrt{KQ^2+QG^2}$

$$=\sqrt{1^2+\left(\frac{9}{2}\right)^2}=\frac{\sqrt{85}}{2}$$

2. 円錐・角錐の基本処理＋α

円錐・角錐の出題は全国的に多いですが，その難度は地域によって様々です．ここで紹介する 2 題をしっかり正解できるように仕上げておきましょう．

例題・2-1

右の図 1 は，線分 AB を直径とする円 O を底面とし，線分 AC を母線とする円すいであり，点 D は線分 BC の中点である．

AB＝6，AC＝10 のとき，次の問いに答えなさい．ただし，円周率は π とする．

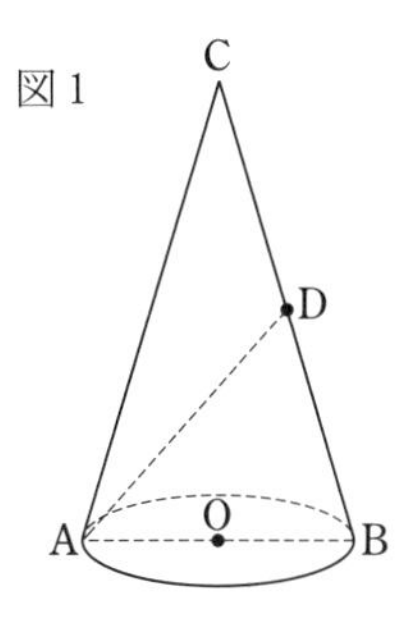

（1） この円すいの体積を求めなさい．

（2） この円すいにおいて，2 点 A，D 間の距離を求めなさい．

（3） この円すいの表面上に，図 2 のように点 A から線分 BC と交わるように，点 A まで線を引く．このような線のうち，長さが最も短くなるように引いた線の長さを求めなさい．

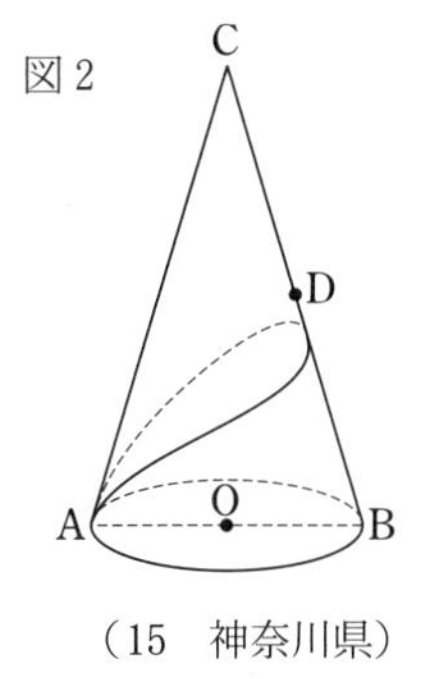

（15 神奈川県）

立体の表面上に引いた線の最小値は展開図上で考えるのが常識ですが，おうぎ形の中心角が 90°，120° といった特別角でないケースは珍しく，その処理に戸惑う人は多いことでしょう．（3）の正答率は，なんと 0.7% です．

解 （1） $AB \perp CO$，$AO=3$ より，

$$CO=\sqrt{10^2-3^2}=\sqrt{91}$$

よって，求める体積は，

$$\frac{1}{3}\times 3^2\pi\times\sqrt{91}=\mathbf{3\sqrt{91}\,\pi}$$

（2） D から線分 AB に垂線を下ろし，その交点を H とおくと，

$$DH /\!/ CO,\ DH : CO = BD : BC = 1 : 2$$

より，$DH=\frac{1}{2}CO=\frac{\sqrt{91}}{2}$

$OH=\frac{1}{2}OB=\frac{3}{2}$ より，$AH=\frac{9}{2}$

よって，△ADH に三平方の定理を用いて，

$$AD=\sqrt{\left(\frac{9}{2}\right)^2+\left(\frac{\sqrt{91}}{2}\right)^2}=\mathbf{\sqrt{43}}$$

（3） 右の展開図において，線分 AA′ の長さを求めればよい．

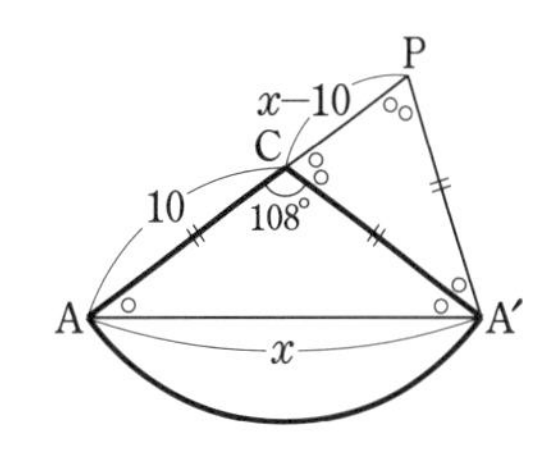

おうぎ形の中心角∠ACA′ の大きさは，

$$360° \times \frac{弧\ AA'}{CA\ を半径とする円周}$$

$$=360° \times \frac{6\pi}{20\pi}=108°$$

だから，$\angle CAA' = \angle CA'A = 36°$

ここで，図のように，直線 AC 上に点 P を，AA′＝AP となるようにとると，△AA′P が頂角 36° の二等辺三角形となることから，△AA′P∽△A′PC が成り立つので，

$$AA' : A'P = A'P : PC \quad ……………………①$$

次に，AC＝A′C＝A′P＝10 も成り立つので，AA′＝x とおけば，PC＝$x-10$ と表せるから，それぞれ①に代入して，

$$x : 10 = 10 : (x-10)$$

これを整理して，$x^2-10x-100=0$

これを解いて，$x>0$ より，$x=5+5\sqrt{5}$

よって，求める長さは，$\mathbf{5+5\sqrt{5}}$

例題・2-2

右の図で，立体 A-BCDE は，一辺の長さ 8 の正三角形を側面とする正四角すいである．

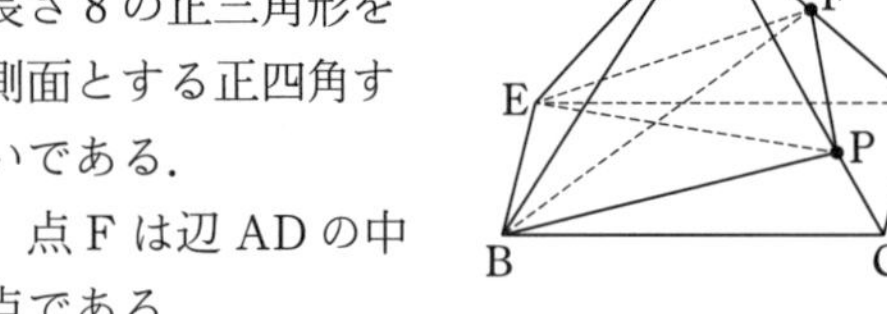

点 F は辺 AD の中点である．

点 P は辺 AC 上にある点で，頂点 A，頂点 C のいずれにも一致しない．

頂点 B と点 F，頂点 B と点 P，頂点 E と点 F，頂点 E と点 P，点 F と点 P をそれぞれ結ぶ．

PC$=x$ のとき，次の問いに答えよ．

（1） $\angle$BPF$=90°$ のとき，x の値を求めよ．

（2） $x=1$ のとき，立体 F-BPE の体積を求めよ．

（15　東京都立日比谷，一部略）

多くの受験生が（2）の処理に戸惑ったと思われます．立体の形がイメージしにくいので，直接体積を求めにくい場合の点検として「体積を求めやすい別の立体と比較する手法」を確認しましょう．

解　（1） $\angle$BPF$=90°$ のとき，

$\mathrm{BP}^2+\mathrm{PF}^2=\mathrm{FB}^2$ ……………………………①

が成り立ち，

次図 1 より，

$\mathrm{BP}^2=(4-x)^2+(4\sqrt{3})^2$

$=x^2-8x+64$ ……………………………②

次図 2 より，

$\mathrm{PF}^2=(6-x)^2+(2\sqrt{3})^2$

$=x^2-12x+48$ ……………………………③

次図 3 より，

$\mathrm{BF}^2=4^2+8^2=80$ ……………………………④

がいえる．

②，③，④を①に代入して，

$(x^2-8x+64)+(x^2-12x+48)=80$

これを整理して，$x^2-10x+16=0$

$\therefore\ (x-2)(x-8)=0$

$0<x<8$ より，$\boldsymbol{x=2}$

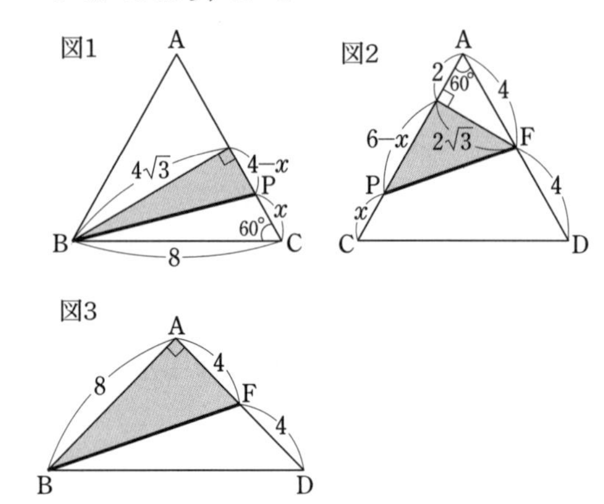

（**2**） 右図のように，AC の中点を G とおくと，△BEF は平面 BEFG 上にあるので，この平面を底面と見て，求める立体を P-BEF と表記する．

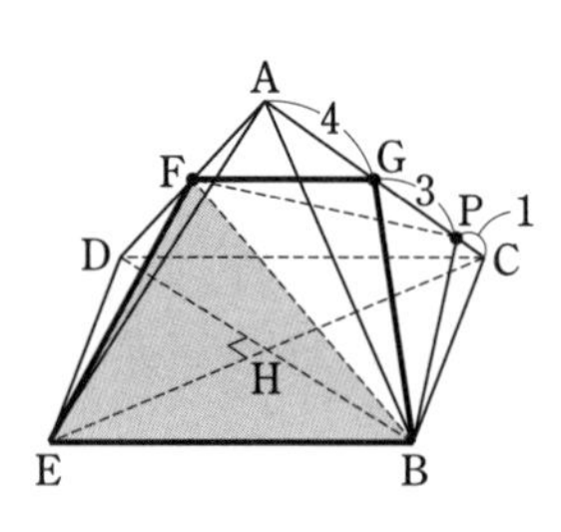

このとき，立体 P-BEF と立体 A-BEF において，平面 BEFG を共通の底面とすれば，その体積比は，GP：AP$=3:4$ ………………⑤

ここで，立体 A-BEF の底面を△ABF と見て E-ABF と表記を変えれば，E から△ABF までの距離は，上図 EH（H は BD と CE の交点）に等しいので，

$$\text{E-ABF}=\frac{1}{3}\times\triangle\mathrm{ABF}\times\mathrm{EH}$$

$$=\frac{1}{3}\times16\times4\sqrt{2}=\frac{64\sqrt{2}}{3}\ \cdots\cdots⑥$$

よって，⑤，⑥より，

$$\text{F-BPE}=\frac{3}{4}\times⑥=\mathbf{16\sqrt{2}}$$

＊　　＊　　＊

立体 A-BEF を媒介させる手法が公立入試で問われることは大変珍しく，△ABF と EC が直交することを用いて E-ABF と視点を変え，

楽に体積を求める手法とあわせて，必ず確認しておきましょう．

公立入試の数学で高得点を目指す皆さんにとって点検の指針となる１題でした．

それでは最後に演習問題に挑戦しましょう！

演 習 問 題

1．右図１に示した立体 ABCD-EFGH は１辺の長さが６の立方体である．

辺 BF 上にある点を P，辺 DH 上にある点を Q とする．

次の各問に答えよ．

図１

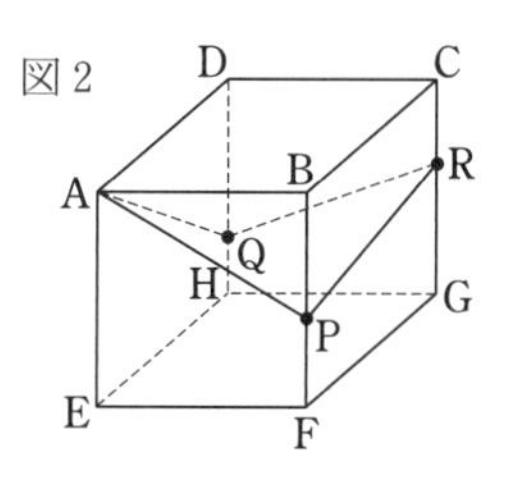

（１） 右図２は，図１において，辺 CG 上にある点を R とし，頂点 A と点 P，点 P と点 R，点 R と点 Q，点 Q と頂点 A をそれぞれ結んだ場合を表している．

$AP=8$，$PR+RQ+QA=d$ とする．

d の値が最も小さくなるとき，線分 DQ の長さを求めなさい．

図２

（２） 右図３は，図１において，

$BP:PF=DQ:QH=1:2$

であり，頂点 A と頂点 G，頂点 E と点 P，点 P と点 Q，点 Q と頂点 E をそれぞれ結び，対角線 AG と△EPQ の交点を S とした場合を表している．線分 AS の長さを求めなさい．

図３

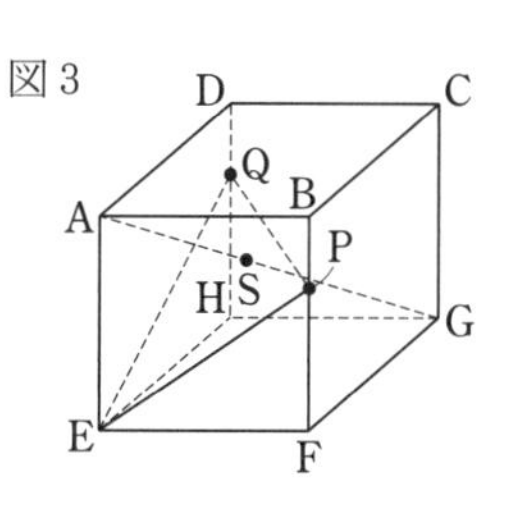

（16　東京都立新宿，一部略）

解答・解説

1．（１） d の値を求める必要はありませんから早合点しないように．（２） 四角形 AEGC を抜き出して，S を対角線 AG 上に図示するまでが定石です．ES を直線 GC と交わるまで延長して相似形を見つける人も多いことでしょう．

解 （１） $BP=\sqrt{AP^2-AB^2}=2\sqrt{7}$ より，側面の展開図上で d の値が最小になる場合を示すと下図のようになる．

このとき，$BP:DQ=3:1$ より，

$$DQ=\frac{1}{3}BP=\mathbf{\frac{2\sqrt{7}}{3}}$$

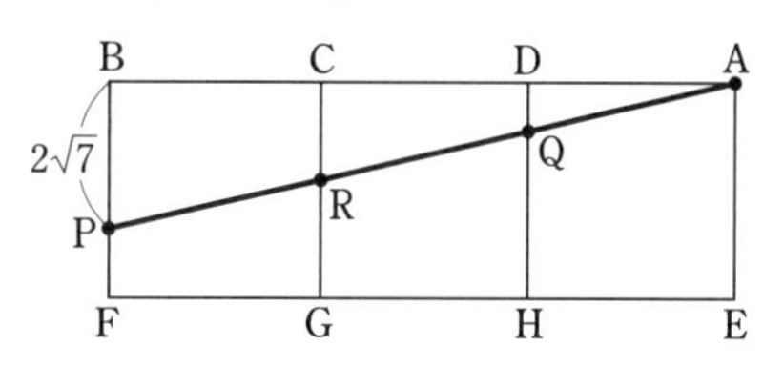

（２） AC，EG の中点をそれぞれ L，M，平面 AEGC と線分 PQ との交点を N，対角線 AG の中点を O とおいて，平面 AEGC を抜き出すと右図のようになる．

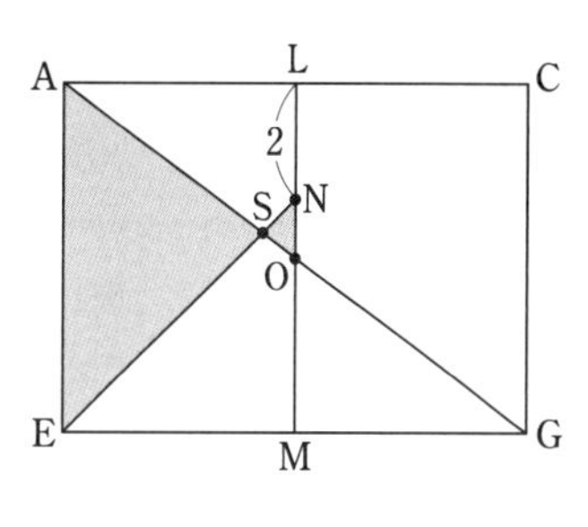

$$LN=BP=\frac{1}{3}BF=2,$$

$$LO=\frac{1}{2}BF=3$$

より，$NO=LO-LN=1$ がいえるので，

$AS:SO=AE:NO=6:1$

$AG=\sqrt{3}\,AE=6\sqrt{3}$（立方体の対角線だから）より，

$$AS=\frac{6}{7}AO=\frac{6}{7}\times\frac{1}{2}AG$$

$$=\frac{6}{7}\times3\sqrt{3}=\mathbf{\frac{18\sqrt{3}}{7}}$$

立体図形上で扱う「最小値」の基本パターン

0. テーマ別に頻出事項を確認しよう

大問の1つとして登場することの多い立体図形では，「1問あたりの配点は高く，正答率は低い」傾向が全国的に見られます．だから，立体図形が苦手でも避けて通ることはできません．

長さや面積・体積を求めることは定番として，苦手な人はそこから一歩進んだ「頻出テーマ別の集中演習」で基本的な出題パターンに慣れることから始めましょう．

ここでは「(長さや面積の)最小値」の扱い方を点検します．

1.「折れ線の長さ」の最小値あれこれ

例題・1

右の**図1**に示した立体A-BCDは，AB=6，BC=8，CD=6，BD=10，∠ABC=∠ABD=90°の三角すいである．立体EFG-BHIは，点E，点F，点G，点H，点Iが，それぞれ辺AB，辺AC，辺AD，辺BC，辺BD上にある三角柱である．AE=xとするとき，次の問いに答えよ．

図1

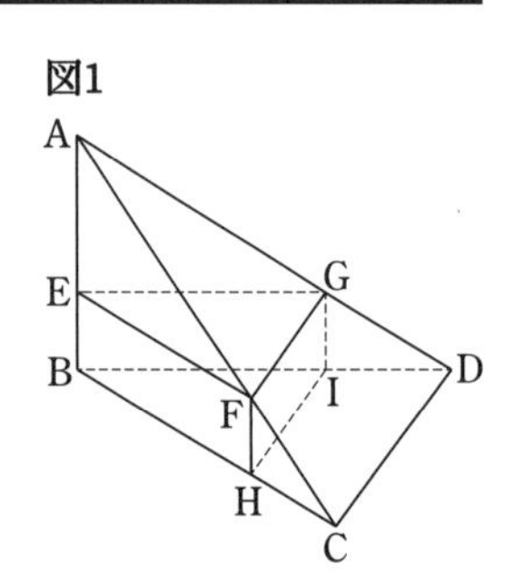

(1) 立体A-EFGの体積をV，立体FG-HCDIの体積をWとする．
V：W=1：2のとき，xの値を求めよ．

(2) 次の**図2**は，**図1**において，$x=3$のとき，線分GI上にある点をP，辺CD上にある点をQとし，点Eと点P，点Pと点Qをそれぞれ結んだ場合を表している．EP+PQ=lとする．lの値が最も小さくなるとき，lの値を求めよ．

図2

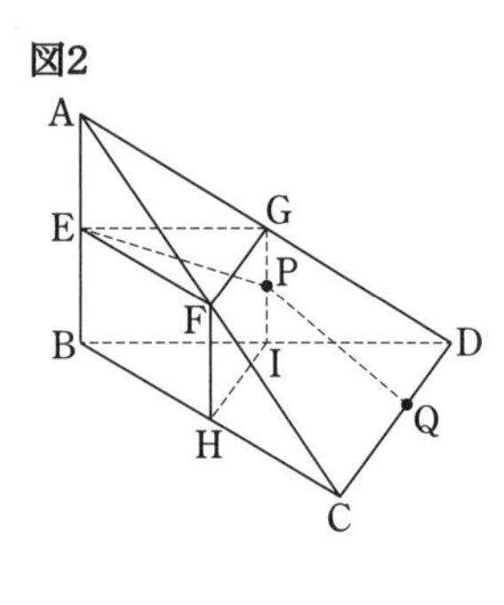

(16 東京都立日比谷，一部略)

---

(1)では実際の体積を求める必要がありません(求めてもかまいませんが，計算が煩雑になります)．

(2)は定番の「立体の表面に糸を巻く」ではなく空間上に線分をとるのでイメージがとりにくくなります．条件を満たす点Qの位置を決められるかがポイントになります．

解 (1) 図1において三角すいA-EFGと三角すいA-BCDは相似で，相似比は，

AE：AB=x：6

より，体積比は，x^3：6^3

次に，三角すいA-EFGと三角柱EFG-BHIは底面(△EFG)を共有しており，高さの比がAE：EB=x：$(6-x)$であることから，体積比は

$\frac{1}{3}x:(6-x)=x:3(6-x)=x^3:3x^2(6-x)$

よって，V：W=1：2のとき，

$(1+2)x^3+3x^2(6-x)=6^3$

これを整理して，$x^2=12$

よって，$x>0$ より，$\boldsymbol{x=2\sqrt{3}}$

(**2**) E が AB の中点であり，EG // BD，GI // AB であるから，中点連結定理より，G と I はそれぞれ辺 AD，BD の中点である．

∴ BI＝ID＝5

次に，線分 EP を含む面(長方形 EBIG)と，線分 PQ を含む面(△GIQ)を右図のように 1 つの平面上に描いて考える．

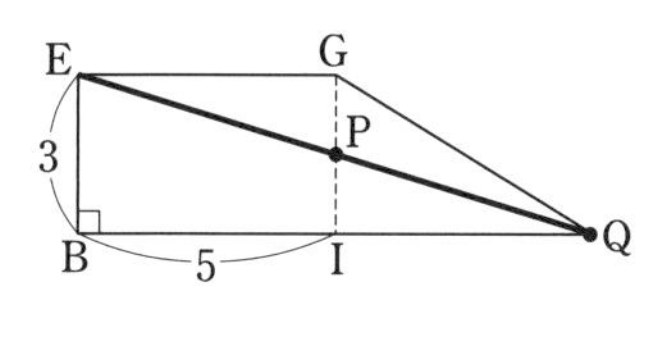

l＝EP＋PQ が最小となるのは，図のように 3 点 E，P，Q が一直線上に並ぶ場合で，このとき

$l=\sqrt{EB^2+BQ^2}=\sqrt{3^2+(5+IQ)^2}$ ……①

より，IQ の長さが最小になるときを考えればよい．

Q は辺 CD 上の点だから，IQ の長さが最小になるのは右図より

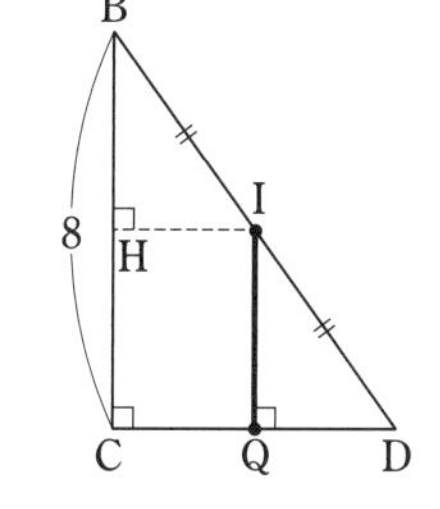

IQ⊥CD の場合で，中点連結定理より，

$IQ=\dfrac{1}{2}BC=4$ …②

よって，②を①に代入して，

$\boldsymbol{l=\sqrt{3^2+9^2}=3\sqrt{10}}$

(△BCD において，$BC^2+CD^2=BD^2$ が成り立っているので，∠BCD＝90°です．)

例題・2

図Ⅰの正四角すい OABCD は，OA＝$6\sqrt{3}$，AB＝6 である．図Ⅱは，この正四角すいの側面に，点 A から辺 OB と辺 OC を通って点 D まで，1 本の糸を巻きつけたものである．糸と辺 OB，OC との交点をそれぞれ P，Q とするとき，次の問いに答えよ．

(1) AP⊥OB，DQ⊥OC となるように糸を巻きつけたとき，巻きつけた糸の A から D までの長さを求めよ．

(2) A から D までの糸の長さが最も短くなるように巻きつけたとき，巻きつけた糸の A から D までの長さを求めよ．

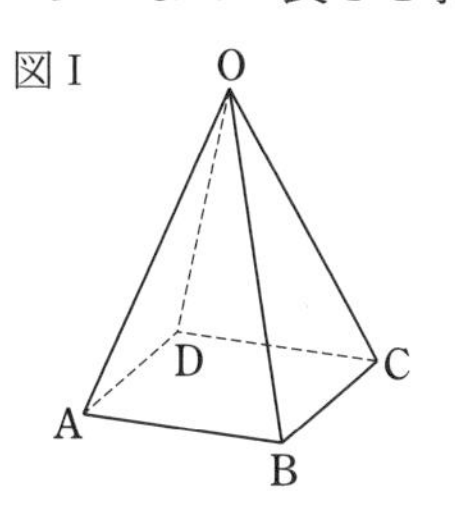

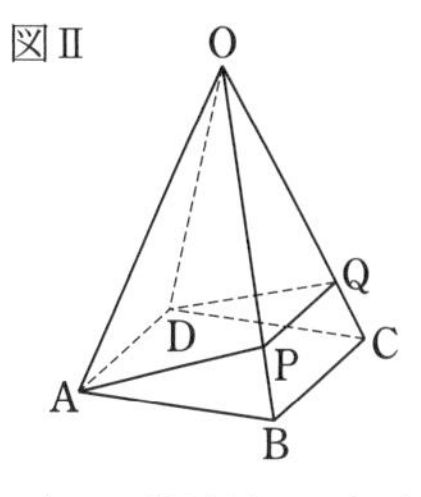

(17 群馬県，一部略)

円すいや直方体に糸をまく問題は頻出ですが，四角すいだと(2)で三平方の定理が使えないので初見だと戸惑うことでしょう．最近見かける機会が増えていて，13 年神奈川県，17 年宮崎県でも出題されており注意が必要です．

解 (**1**) 辺 AB の中点を H とおくと，△ABP∽△OBH より，

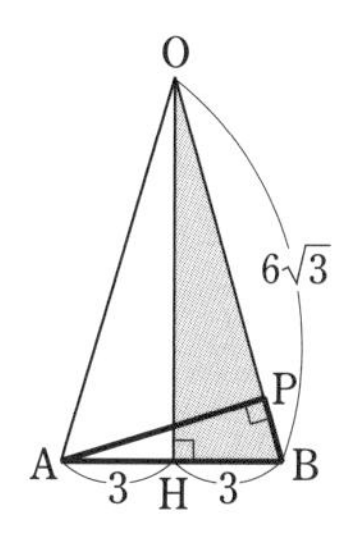

AB：BP＝OB：BH

＝$6\sqrt{3}$：3

＝$2\sqrt{3}$：1

∴ $BP=\dfrac{1}{2\sqrt{3}}AB$

$=\sqrt{3}$ …①

ここで，△ABP≡△DCQ より，

$AP=DQ=\sqrt{6^2-①^2}=\sqrt{33}$ ……………②

また，$OP=OQ=OB-OP=5\sqrt{3}$ より，

PQ // BC がいえるので，

PQ：BC＝OP：OB＝5：6

∴ $PQ=\dfrac{5}{6}BC=5$ ……………………③

よって，求める長さは，

2×②＋③＝$\boldsymbol{5+2\sqrt{33}}$

(**2**) 下図のような展開図を描いて考える．

この条件を満たすのは，展開図上で 4 点 A，P，Q，D が一直線上にある場合で

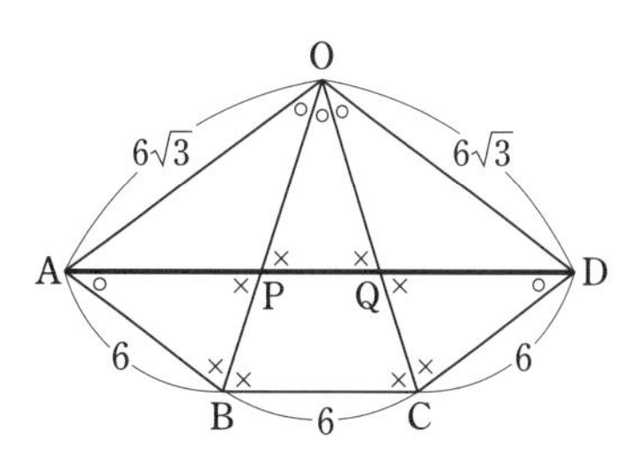

ある．

図において，△ABP∽△OAB より，

AB：BP＝OA：AB＝$\sqrt{3}$：1 が成り立つので，

$$BP=\frac{1}{\sqrt{3}}AB=2\sqrt{3}\cdots\cdots④$$

同様に，△DQC において CQ＝$2\sqrt{3}$ もいえるので，△OPQ は

$$OP=OQ=6\sqrt{3}-④=4\sqrt{3}$$

の二等辺三角形．

よって，PQ：BC＝OP：OB＝2：3 がいえるので，PQ＝$\frac{2}{3}$BC＝4

よって，求める長さは，6＋4＋6＝**16**

2. 面積の最小値を考える際の鉄則

例題・3

右の図に示した立体 A-BCDE は，底面 BCDE が 1 辺の長さ 6 の正方形で，AB＝AC＝AD＝AE＝5 の正四角すいである．点 P，Q，R はそれぞれ辺 AC，BC，CD 上にある点で，CQ＝CR である．点 P と点 Q，点 Q と点 R，点 R と点 P をそれぞれ結ぶとき，次の問いに答えよ．

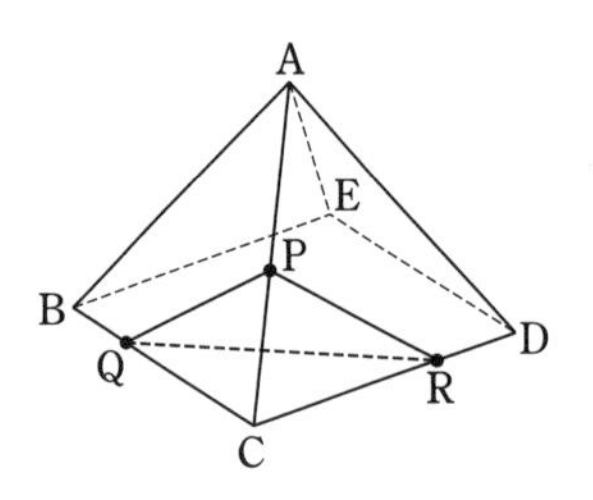

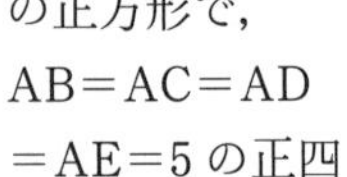

（1） 点 Q が辺 BC の中点となる場合を考える．QP＋PR＝l とし，l の値が最も小さくなるように点 P をとるとき，l の値を求めよ．

（2） CQ＝2 の場合を考える．△PQR の面積が最も小さくなるとき，△PQR の面積を求めよ．

（13　東京都立八王子東，一部略）

（1）は 9 点，（2）は 7 点と配点が高く，受験生は取りこぼすことが許されません．（2）では点 P が辺 AC 上のどこにあっても△PQR が二等辺三角形であることに着目します．

解 （1） △ABC，△ADC を次図のように抜き出し，QR の長さを求めればよい．

図において，中点連結定理より，

$$QR=\frac{1}{2}BD\cdots\cdots①$$

△ABC と△ADC は左右対称だから，BD と AC は直交する．

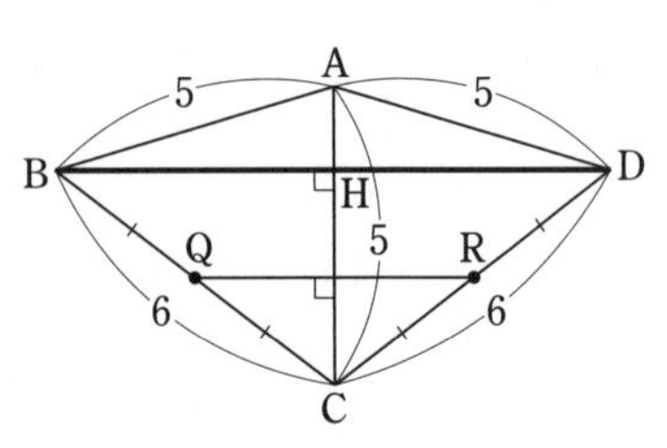

その交点を H とすると，BH＝$\frac{1}{2}$BD　…②

①，②より，QR＝BH　……③

ここで，△ABC は AB＝AC の二等辺三角形だから AQ⊥BC がいえる．したがって，△ABC の面積を 2 通りに表すと，

$$AQ\times BC=BH\times AC\cdots\cdots④$$

CQ＝3 より，AQ＝$\sqrt{5^2-3^2}$＝4

これを④に代入して，4×6＝BH×5

これと③より，QR＝BH＝$\boldsymbol{\frac{24}{5}}$

（**2**） QR の中点を F とおくと，△PQR は二等辺三角形だから，F は CE 上にあって，

PF⊥QR

QR の長さは一定なので，PF の長さが最小になるとき条件を満たす．

右図のように△ACE を抜き出し，A から底面に下した垂線の足を G とおくと，

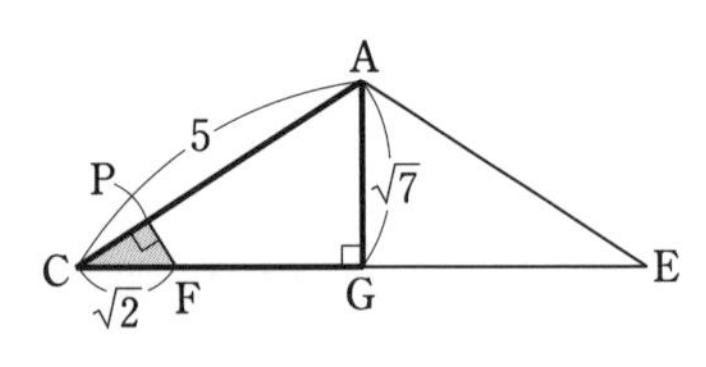

$$CG=\frac{1}{2}CE=3\sqrt{2},$$

CF：CG＝CQ：CB＝1：3

より，CF＝$\sqrt{2}$

また，QR＝$\frac{1}{3}$BD＝$2\sqrt{2}$　……⑤

$$AG=\sqrt{AC^2-CG^2}=\sqrt{5^2-(3\sqrt{2})^2}=\sqrt{7}$$

また，△CFP∽△CAG より，

CF：FP＝CA：AG＝5：$\sqrt{7}$

が成り立つので，$\sqrt{2}$：FP＝5：$\sqrt{7}$

$\therefore\quad FP=\dfrac{\sqrt{14}}{5}$ ……………………………⑥

よって，$\triangle PQR=\dfrac{1}{2}\times$⑤$\times$⑥$=\mathbf{\dfrac{2\sqrt{7}}{5}}$

＊　　＊　　＊

立体図形と「最小値」は相性がよく，特に長さの最小値は公立入試における「お約束問題」といえるレベルで出題例は数えきれません．全国的に「点が動く問題」の出題が増えているのでこの傾向はまだまだ続くと思われます．長さはもちろん，面積の最小値についても充分な練習量を確保してください．それでは演習問題に進みましょう．

演　習　問　題

1．右図のように底面が1辺4の正方形で，高さが5の直方体がある．この直方体の辺EH上にGR＝5となるように点Rをとる．Rから直方体の面に沿って，辺EFと辺BFに交わるようにして頂点Cまで最短で結ぶ線をひき，ひいた線がEFと交わる点をS，BFと交わる点をTとする．また，点Pは，このようにしてRからCまでひいた線上にある点とする．△ABPの面積が最小になるように点Pをとるとき，APの長さを求めよ．

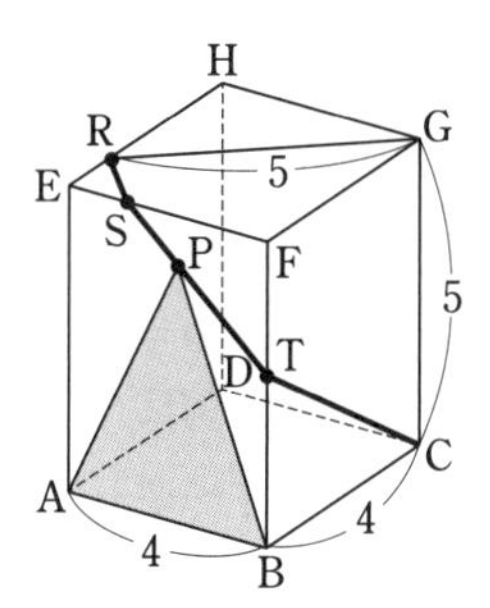

（05　福島県，一部略）

解答・解説

1．**解**　△HRGで三平方の定理を用いて，

$HR=\sqrt{5^2-4^2}=3\quad\therefore\quad ER=1$

ひいた線が最短になるのは，右の展開図において線が一直線になるときである．

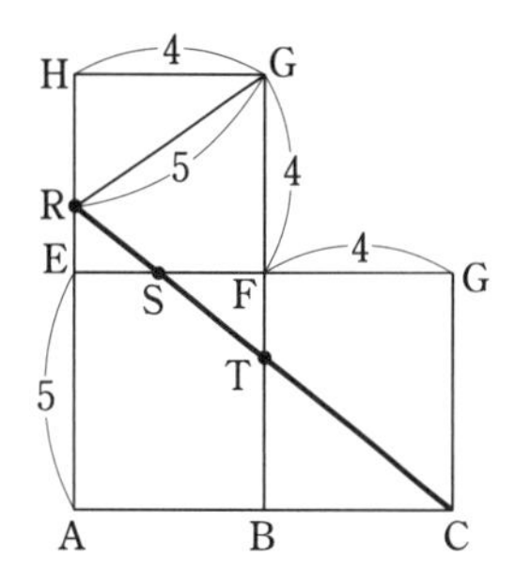

右の△RACにおいて，

AB＝BC＝4より，

$BT=\dfrac{1}{2}AR=3\quad\therefore\quad CT=5$

次に△ABPの面積が最小になる場合を考えると，

・点PがRS上にあるとき

PがSに一致するときが面積最小で，

$\triangle ABS=\dfrac{1}{2}\times4\times5=10$ ……………①

・点PがST上にあるとき

PがTに一致するときが面積最小で

$\triangle ABT=\dfrac{1}{2}\times4\times3=6$ ………………②

・点PがTC上にあるとき

△TBC⊥ABより，BP⊥ABもいえる．

したがって，BPの長さが最小になる場合を考えればよく，図よりBP⊥TCの場合が条件を満たす．

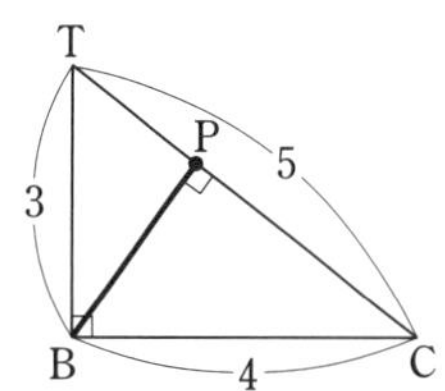

ここで，△BTCの面積の2倍を2通りに表すと，

BP×TC＝BC×BTがいえるので，

$BP\times5=4\times3\quad\therefore\quad BP=\dfrac{12}{5}$

また，$\triangle ABP=\dfrac{1}{2}\times4\times\dfrac{12}{5}=\dfrac{24}{5}$ ………③

①，②，③より，③の場合に面積が最小になるので，このときのAPの長さは，

$AP=\sqrt{AB^2+BP^2}=\sqrt{4^2+\left(\dfrac{12}{5}\right)^2}$

$=\dfrac{\sqrt{544}}{5}=\mathbf{\dfrac{4\sqrt{34}}{5}}$

公立入試問題ピックアップ㉙

「紙を折って立体を作る」問題を攻略するには

0．このテーマは正答率が低い…

公立入試で問われる立体図形をテーマ別に分類すると，近年「紙を折って立体を作る」問題が増えていることに気づきます．組み立てた立体をイメージした上で，自分で図を描いて作業を始めなければならないので，多くの受験生が苦戦しています．

今回紹介する問題の中にも大変正答率の低いものがありますので，是非手元で紙を折りながらチャレンジしてみましょう．

1．正四角すいは見取り図が描きやすい

例題・1

図のように，1辺が $a$cmの正方形の紙から，この正方形の各辺を底辺とする4つの合同な二等辺三角形を切りとると，四角すいの展開図となる．切りとる二等辺三角形の底辺に対する高さを $b$cmとするとき，次の問いに答えなさい．

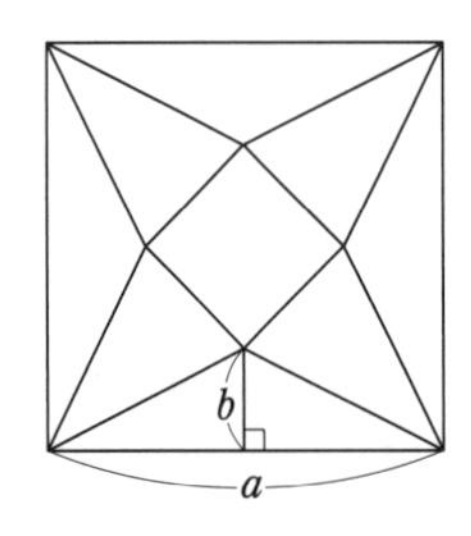

（1） 展開図を組み立ててできる四角すいの表面積を a，b を用いて表しなさい．

（2） $a=12$，四角すいの表面積が 72cm^2 になるとき，b の値を求めなさい．

（3） （2）のとき，展開図を組み立ててできる四角すいの体積を求めなさい．

（18　京都市立堀川）

組み立てたら正四角すいになる問題からスタートしましょう．

（3）では，正四角すいの頂点と「底面の正方形の中心」を結んだ線分が底面と直交することを用いて高さを求めます．

解　（1） 1辺が a の正方形から，底辺 a，高さが b の二等辺三角形を4つ引けばよい．

よって答えは，

$$a^2-\frac{1}{2}ab\times4=\boldsymbol{a^2-2ab}\ (\mathbf{cm^2})\ \cdots\cdots\cdots①$$

（2） ①に $a=12$ を代入して，

$12^2-24b=72$　∴　$\boldsymbol{b=3}$

（3） 展開図に左下図のように記号をつける．

見取り図において，底面の正方形の対角線の交点をO，A～Dが集まった頂点をVとすると，立体の見取り図は右下図のようになる．

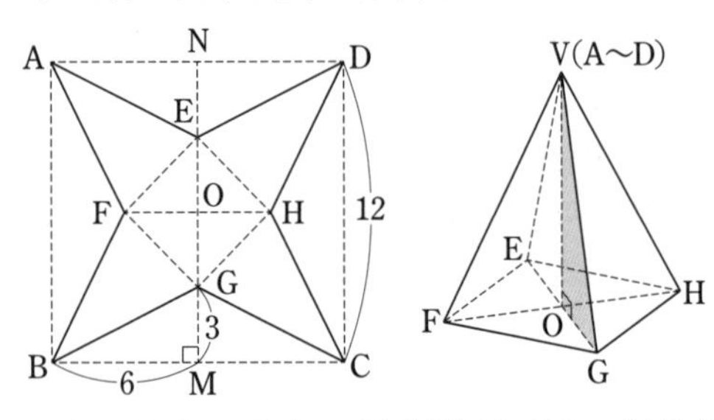

NE＝GM＝3より，正方形EFGHの対角線の長さは，EG＝12－3×2＝6　……………②

次に四角すいの高さ（VO）を求めるには，見取り図の網目部分（△VOG）で三平方の定理を用いればよい．

OG＝3，辺VGの長さは展開図ではBGに該当するので，

$VG^2(BG^2)=3^2+6^2$……………………③

よって，$VO=\sqrt{③-3^2}=6$ ……………④

したがって，四角すいの体積は，

$$\frac{1}{3}\times\left(②^2\times\frac{1}{2}\right)\times④=\mathbf{36\ (cm^3)}$$

2. 底面と高さをどうやって決めるか

今回のテーマでは，一昔前であれば難関国私立高校でしか出題されていなかった「底面と高さが想像しにくい立体」の出題が増えているので要注意です．

苦手とする人は，展開図を実際に用意し，組み立ててみることで経験値を増やすしかありません．また，どの線分を高さと見るかについては，下の**【確認】**が基本事項となりますから覚えておきましょう．

【確認】 角すいの「高さ」と考える垂線は，下の左図のように底面上で交わる2本の直線に対して垂直でなければなりません．下の右図のような場合は，ABと平面は垂直とはいえません．

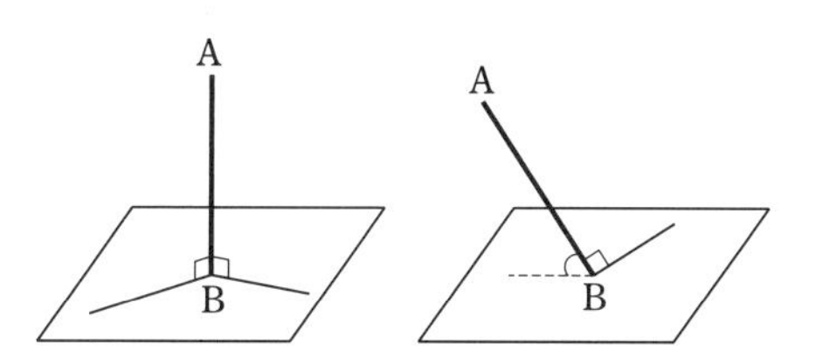

例題・2

右の図は四面体ABCDの展開図であり，展開図を組み立てると，点E，Fは点Aと重なる．

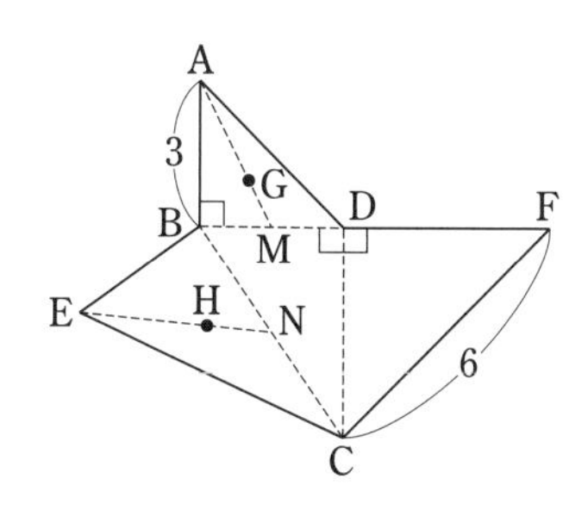

△ABDはAB＝BD＝3cmの直角二等辺三角形，△BCDは∠BDC＝90°の直角三角形，△CFDはCD＝DF，CF＝6cmの直角二等辺三角形である．また，△ABDの頂点Aと辺BDの中点Mを結んだ線分AMを3等分した点のうち，点Mに近い方をG，△BECの頂点Eと辺BCの中点Nを結んだ線分ENを3等分した点のうち，点Nに近い方をHとする．

このとき，次の(1)〜(3)の問いに答えなさい．

(1) 四面体ABCDの体積を求めなさい．

(2) 展開図を組み立てるとき，線分GHの長さを求めなさい．

(3) 展開図を組み立てるとき，2点G，Hを通り，平面BCDと平行な平面と線分ABとの交点をIとする．立体AIHGの体積は，四面体ABCDの体積の何倍か，求めなさい．

（18 新潟県，一部略）

なんと，(2)の正答率は2.5％，(3)では0.2％と公表されています．

(1)で見取り図を描く作業に時間を取られると苦戦必至です．

解 (1) 見取り図は右図の通り．

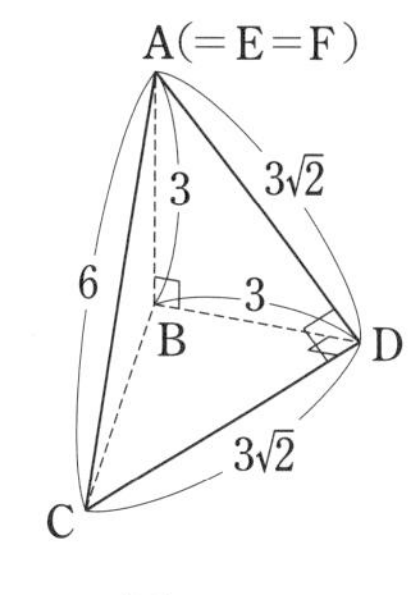

CD⊥BD，CD⊥ADより，△ABDを底面，CDを高さと見ればよい(**【確認】**を参照のこと)．

求める体積は，

$$\frac{1}{3}\times\left(\frac{1}{2}\times3\times3\right)\times3\sqrt{2}=\mathbf{\frac{9\sqrt{2}}{2}\ (cm^3)}$$

(2) 中点連結定理より，$NM=\frac{1}{2}CD$

$=\frac{3\sqrt{2}}{2}$

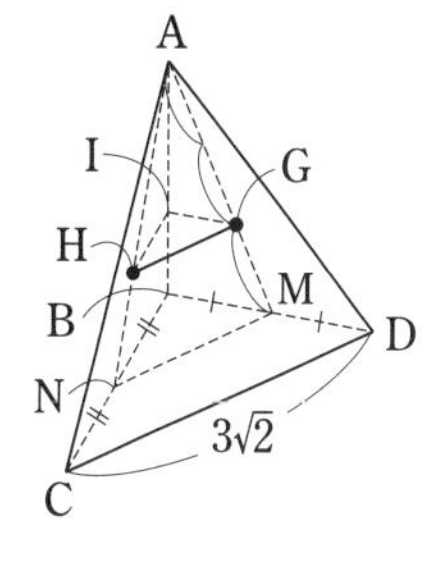

次に，

AG：GM

＝AH：HN＝2：1

より，△AHG∽△ANMで，相似比が2：3であるから，$HG=\frac{2}{3}NM=\mathbf{\sqrt{2}\ (cm)}$

(**3**)　$\triangle BNM \backsim \triangle BCD$ で，相似比が $1:2$ であることから，面積比は，$1^2:2^2=1:4$

よって，三角すい A-BNM と A-BCD の体積比も $1:4$ ………①　となる．

次に，三角すい A-IHG と A-BNM も相似で，相似比は $2:3$ であるから，体積比は，

$2^3:3^3=8:27$ …………………………②

よって，立体 A-IHG の体積を $8V$ とおくと，①，②より，

立体 A-BNM$=27V$,

立体 A-BCD$=27V\times4=108V$

とおける．

したがって，立体 A-IHG と A-BCD の体積比は，$8V:108V=2:27$ となるので，答えは，

$2\div27=\boldsymbol{\frac{2}{27}}$ **(倍)**

*　　　*　　　*

それでは演習問題に進みます．**演習問題 2** は正答率が公表されていて，(1)で25%，(2)で7%，(3)はなんと0%！(四捨五入して1%にならないことだと思われます)．手が止まってしまったら，自分で紙を折って立体を作り，解説と読み比べてみましょう．

演　習　問　題

1．**図1** は三角錐 V の展開図であり，

AC$=$8cm，BC$=$6cm，

$\angle ACB=\angle CBD=90°$，

面 ACE は正三角形である．**図2** は，**図1** の展開図を面 ABC を底面にして組み立てたときの三角錐 V の投影図の一部である．

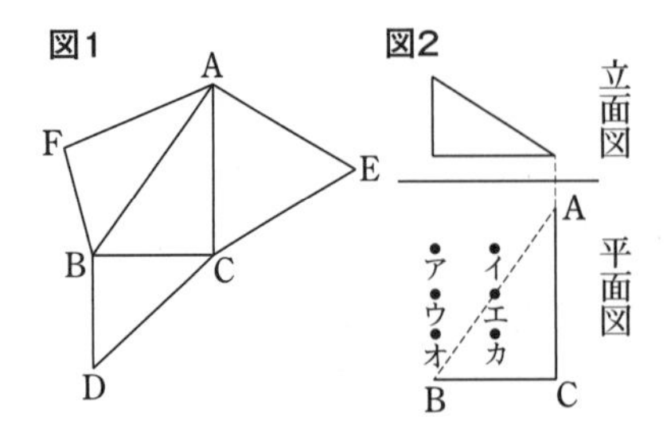

このとき，次の(1)〜(3)の問いに答えなさい．

(1)　辺 BF の長さを求めなさい．

(2)　平面図における頂点 D の位置として最も適切な点を，図2のア〜カの点の中から1つ選んで記号を書きなさい．

(3)　三角錐 V の体積を求めなさい．

(15　秋田県)

2．**図1** のような AB$=$4cm，AD$=2\sqrt{2}$ cm の長方形 ABCD がある．辺 AB の中点を E とし，線分 EC と BD の交点を P とする．いま，**図2** のように，線分 ED と EC を折り目として辺 EA と EB がちょうど重なるように長方形 ABCD を折り曲げ，2点 A，B が重なった点を O とする．このとき，4点 O，E，C，D を頂点とする三角錐 OECD について，次の(1)〜(3)に答えなさい．

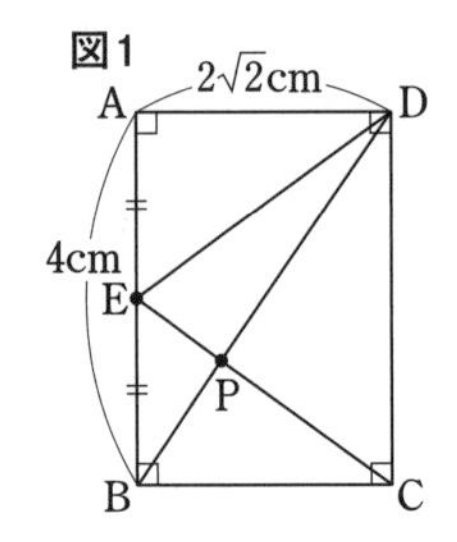

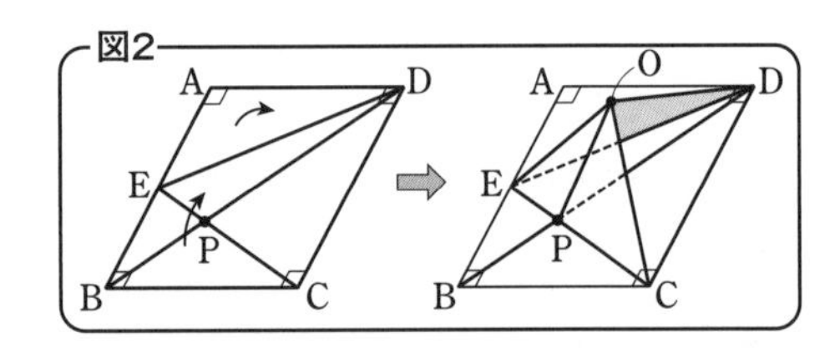

(1)　$\triangle COD$ の面積を求めなさい．

(2)　三角錐 OECD の体積を求めなさい．

(3)　三角錐 OECD を，3点 O，P，D を通る平面で切ったときの切り口において，線分 PD の中点を M とする．$\triangle OPM$ を直線 OP を軸として1回転させてできる立体の体積を求めなさい．

(18　山梨県，一部略)

解答・解説

1．**解**　（１）　展開図を組み立てると，BF と BD，CE と CD，AE と AF が重なる．

よって，CD＝CE＝AC＝8 となるので，△CBD に三平方の定理を用いて，

$$\mathrm{BD(BF)}=\sqrt{8^2-6^2}=\mathbf{2\sqrt{7}}\ \mathbf{(cm)}$$

（２）　頂点 D は線分 BC を軸として，頂点 E は線分 AC を軸として動く．それを展開図上で表すと，右図のように D および E は点線上を動くことになる．

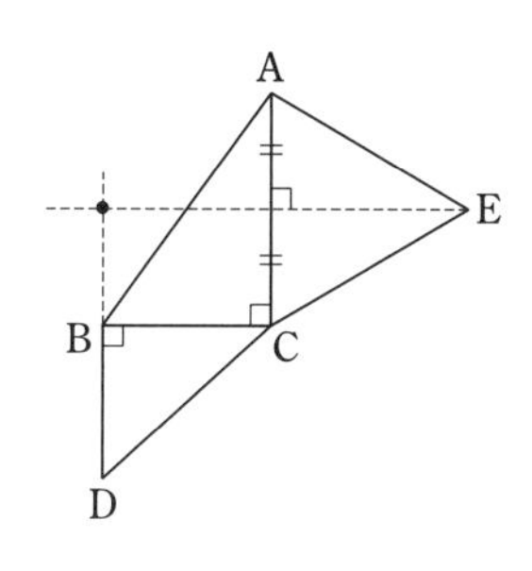

よって，答えは，2 本の点線が交わる位置だから，**ウ**．

（３）　（１）および（２）の結果から，三角錐 V の見取り図は右図のようになる．

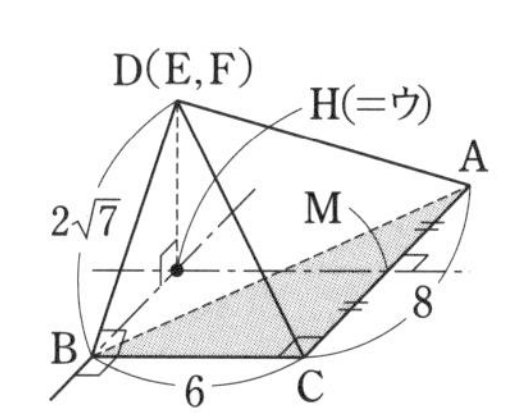

（２）のウに当たる場所を H，AC の中点を M とおくと，四角形 HBCM は長方形であるから，BH＝CM＝4

よって，△DBH に三平方の定理を用いて，

$$\mathrm{DH}=\sqrt{(2\sqrt{7})^2-4^2}=2\sqrt{3}\quad\cdots\cdots\cdots\cdots①$$

よって，求める体積は，

$$\frac{1}{3}\times\triangle\mathrm{ABC}\times①=\frac{1}{3}\times24\times2\sqrt{3}$$

$$=\mathbf{16\sqrt{3}}\ \mathbf{(cm^3)}$$

2．**解**　（１）　OC＝BC，OD＝AD より，△COD は，$\mathrm{OC}=\mathrm{OD}=2\sqrt{2}$，CD＝4 の二等辺三角形で，$\mathrm{OC}:\mathrm{OD}:\mathrm{CD}=1:1:\sqrt{2}$ が成り立っているので，三平方の定理の逆より直角二等辺三角形とわかる．

よって，∠COD＝90°…①　より，

$$\triangle\mathrm{COD}=\frac{1}{2}\times(2\sqrt{2})^2=\mathbf{4}\ \mathbf{(cm^2)}$$

（２）　∠EOD＝∠EAD＝90°で，これと①より，DO⊥OE，DO⊥OC がいえるので，三角錐 OECD は，△EOC（△EBC）を底面，OD を高さと見ればよい．

よって，求める体積は，

$$\frac{1}{3}\times\left(\frac{1}{2}\times2\times2\sqrt{2}\right)\times2\sqrt{2}=\mathbf{\frac{8}{3}}\ \mathbf{(cm^3)}$$

（３）　（２）より DO⊥△OEC であるから，DO⊥OP も成り立つので，

△OPD は∠POD＝90°の直角三角形…②

また，問題文の図 1 において，

BP：PD＝BE：DC＝1：2

がいえるので，下の図において，

OP：PD＝1：2　…………………………③

が成り立つ．

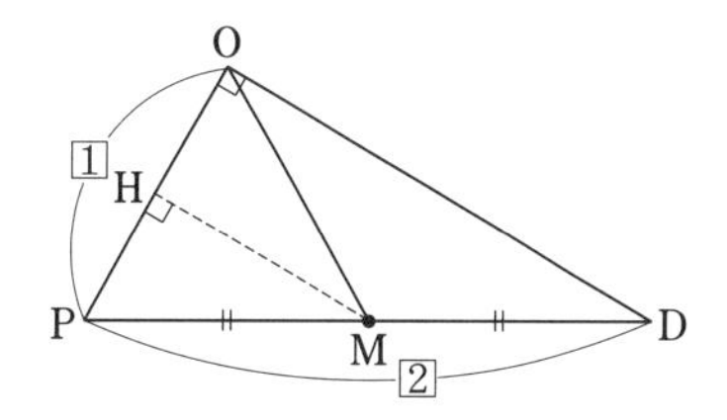

②，③より，△OPD は∠OPD＝60°の三角定規形で，M は辺 PD の中点より，OM＝PM＝OP が成り立つので，

△OPM は正三角形 ……………………④

である．

ここで，△ABD に三平方の定理を用いて，

$$\mathrm{BD}=\sqrt{4^2+(2\sqrt{2})^2}=2\sqrt{6}$$

なので，③より，

$$\mathrm{OP(BP)}=\frac{1}{3}\mathrm{BD}=\frac{2\sqrt{6}}{3}$$

次に，△OPM において，M から辺 OP に垂線 MH を下ろすと，④より H は OP の中点で，中点連結定理より，$\mathrm{MH}=\frac{1}{2}\mathrm{OD}=\sqrt{2}$

したがって，求める体積は，

$$\frac{1}{3}\times\mathrm{MH}^2\times\pi\times\mathrm{OP}$$

$$=\frac{1}{3}\times(\sqrt{2})^2\times\pi\times\frac{2\sqrt{6}}{3}=\mathbf{\frac{4\sqrt{6}}{9}\pi}\ \mathbf{(cm^3)}$$

公立入試問題ピックアップ㉚

公立入試で問われる正四面体の基本的な見方

0. 正四面体を立方体に埋め込む

公立・私立を問わず，高校入試で問われる立体図形の頻出テーマの１つに正四面体があります．高さや体積の求め方はもちろんのこと，「立方体に埋め込まれた正四面体を見つける」「正四面体を自ら立方体に埋め込む」手法まで必ずチェックしておきましょう．過去にさかのぼっても全国各地で出題されているので油断は禁物です．

問題に進む前に，「埋め込み」の基本手法について確認しておきましょう．

各辺の長さが a の正四面体は，下図のように各辺の長さが $\frac{\sqrt{2}}{2}a$ の立方体の中に埋め込むことができます．

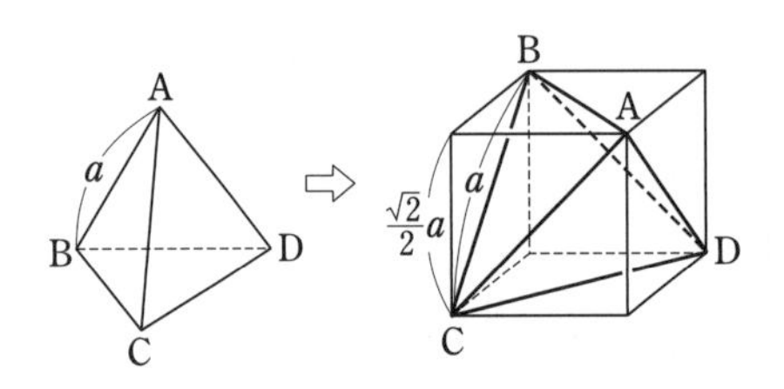

埋め込む際のポイントは「ねじれの位置」の関係にある２辺 AB と CD を，立方体の上面と下面に配置することにあります．

この手法を用いると，

- 正四面体の体積＝立方体－三角錐×4
- AB と CD の距離＝立方体の１辺
- 正四面体の外接球＝立方体の外接球

など，正四面体に関する様々な数値を求める際のヒントになり，作業量の軽減に役立つので積極的に活用してください．

例題・1

右の**図１**は，１辺の長さが 10 の立方体の形をした透明な容器であり，**図２**は△PQR を底面とし，点Ｓを頂点とする三角すいである．

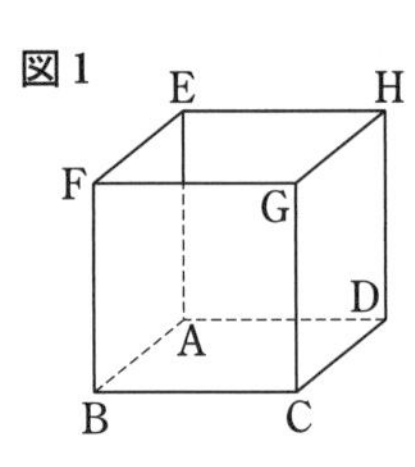

図２の三角すいを**図１**の容器の中に入れたとき，点Ｓが点Ｈに，点Ｐが点Ｆに，点Ｑが点Ｃに，点Ｒが点Ａにそれぞれ一致した．**図３**はそのときの図であり，点Ｔは線分 FH を３等分する点のうち点Ｈに近い方の点である．

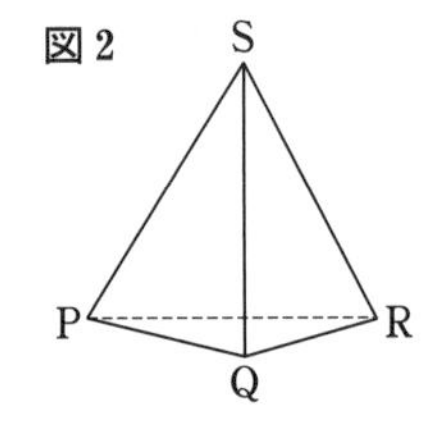

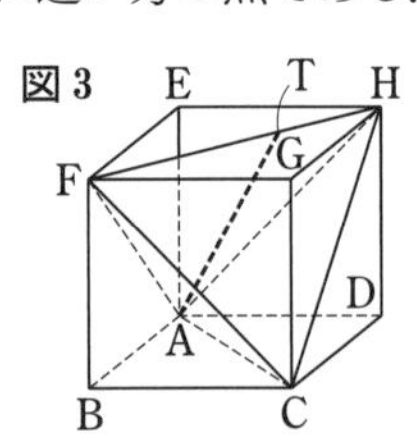

このとき，次の問いに答えなさい．ただし，容器の厚さは考えないものとする．

（1） 線分 AT の長さを求めなさい．

（2） **図４**のように線分 BT と△ACF との交点をＵとしたとき，線分 BU の長さを求めなさい．

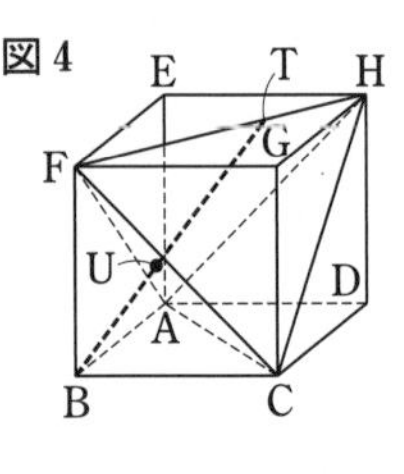

（09 神奈川県立横浜翠嵐，改）

埋め込んだ図形のすべての辺の長さが立方体の各面の対角線になっていることから，図2の三角すいが正四面体であることがわかります．

解　(1)　右図のように，図3の△AFHを取り出して考える．

△AFHは，

AF＝FH＝AH＝$10\sqrt{2}$ の正三角形で，FHの中点をLとすると，

FL：LH＝1：1，FT：TH＝2：1より，

$$LT=\frac{1}{6}FH=\frac{5\sqrt{2}}{3} \quad \cdots\cdots ①$$

$$\text{また，}AL=\frac{\sqrt{3}}{2}AF=5\sqrt{6} \quad \cdots\cdots ②$$

$$\text{よって，}AT=\sqrt{①^2+②^2}=\mathbf{\frac{10\sqrt{14}}{3}}$$

(2)　図4の長方形FBDHを取り出して考える．

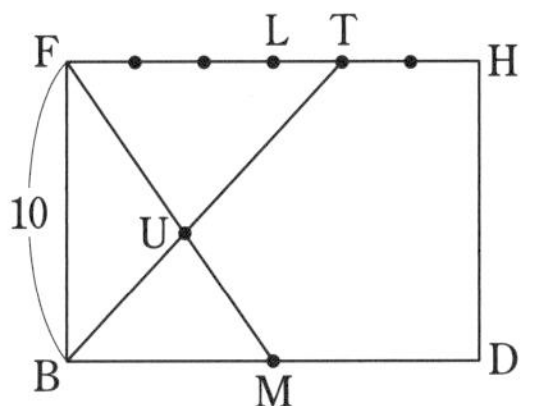

BDとACの交点をMとおくと，△FTU∽△MBUが成り立つ．

ここで，

TU：BU＝FT：MB＝4：3なので，

$$BU=\frac{3}{7}BT \quad \cdots\cdots ③$$

$$\text{また，}FT=4\times①=\frac{20\sqrt{2}}{3} \cdots ④ \quad \text{より，}$$

$$BT=\sqrt{10^2+④^2}=\frac{10\sqrt{17}}{3}$$

これと③より，

$$BU=\frac{3}{7}\times\frac{10\sqrt{17}}{3}=\mathbf{\frac{10\sqrt{17}}{7}}$$

1．正四面体の中に潜む正八面体

例題・2

次の図は，正四面体ABCDの各辺AB，AC，AD，CD，DB，BCの中点を，それぞれP，Q，R，S，T，Uとして，立体PQRSTUをつくったものです．このとき，次の問いに答えなさい．

(1)　立体PQRSTUの辺のうち，BCに平行な辺をすべて答えなさい．

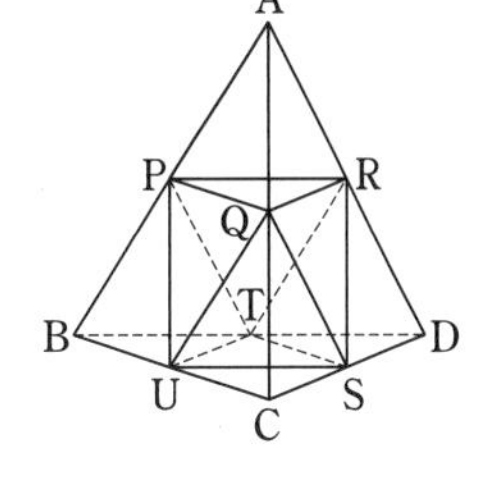

(2)　正四面体ABCDの1辺の長さが6のとき，立体PQRSTUの体積を求めなさい．

（03　岩手県，改）

立体PQRSTUがどんな図形なのか，この向きのままではイメージしにくいことでしょう．解答に進む前に，今回のテーマに沿ってこの図形を立方体の中に埋め込んでみます．

図1のように埋め込むと，立体PQRSTUの各頂点が立方体の各面の中心に現れるので(図2)，この立体PQRSTUが正八面体であることがわかります．

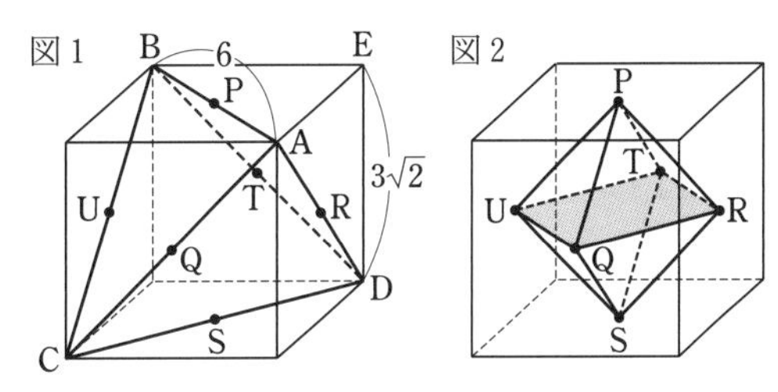

このとき，立方体の1辺(ED)は，

ED：AD＝1：$\sqrt{2}$ より，ED＝$3\sqrt{2}$ です．

このことから，「正四面体の中に正八面体」「立方体の中に正八面体」を埋め込むことが可能なのです．

解　(1)　△ABCにおいてPQ∥BC，△DBCにおいてTS∥BCが成り立つので，BCに平行な辺は**PQ**と**TS**.

(2)　図2の立体PQRSTUは正八面体で，このとき平面QRTU⊥PSは明らかで，四角形QRTUの面積(右図参照)は，$(3\sqrt{2})^2\div2=9$

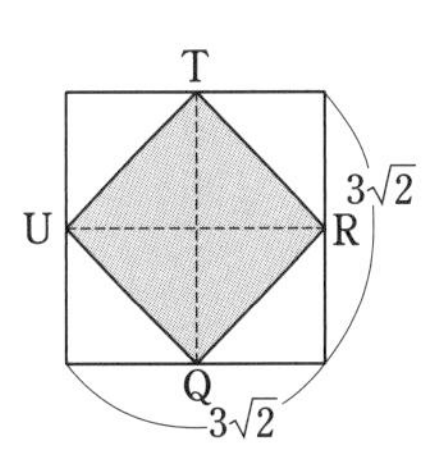

また，PS＝$3\sqrt{2}$ より，求める体積は，

$\frac{1}{3}\times9\times3\sqrt{2}=\mathbf{9\sqrt{2}}$

*　　　*　　　*

08 年東京大学では「正八面体のひとつの面を下にして水平な台の上に置き，真上から見た図(平面図)を描け」という出題がありましたが，まさに本問の立体 PQRSTU がその状態の図であることを覚えておくとよいでしょう．

なお，18 年宮崎県では本問と同じ設定で「正四面体に内接する正八面体」について，18 年埼玉県では「初めから立方体に内接している状態の正八面体」について，それぞれ体積を求める問題が登場しています．

ここで紹介した問題は 03 年のものですが，今後も各地で出題されることが予想されるので，正八面体の扱いについても点検しておきましょう．

2. 埋め込みの効用を体感しよう

例題・3

右の図は，1 辺の長さが 8 の正四面体 OABC を表している．辺 BC の中点を G とし，辺 OA 上に点 H を OH＝GH となるようにとる．点 A と点 G を結び，点 H から線分 AG に垂線をひき，線分 AG との交点を I とする．このとき，線分 HI の長さを求めよ．

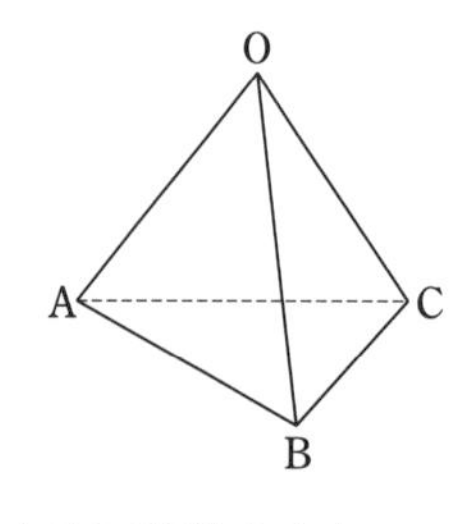

（18　福岡県，一部略）

この問題の正答率はなんと 0.9%とのことです．H は辺 OA 上，I は線分 AG 上なので，3 点 O，A，G を含む平面を取り出すのが定石ですが，△OAG をそのまま抜きだす(AG を底辺とする)と，この三角形が OG＝AG の二等辺三角形であることが見えにくくなってしまうため，その後の処理に困った受験生が多かったことが予想されます．

そこで，右図のように正四面体を立方体の中に埋め込むと，取り出す図形の見通しがよくなるはずです．

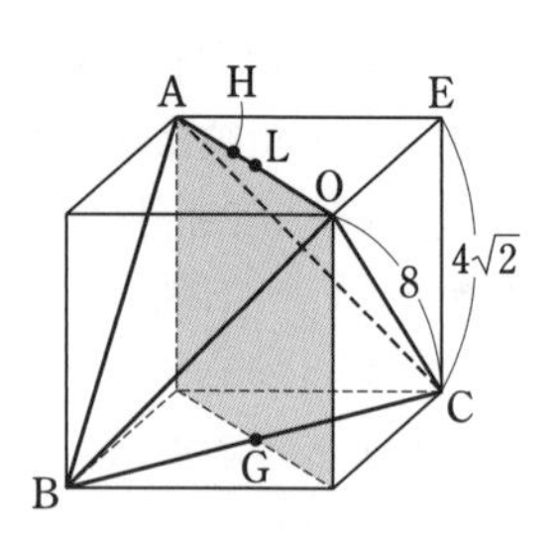

なおこのとき，立方体の 1 辺(EC)は，EC：OC＝1：$\sqrt{2}$ より，EC＝$4\sqrt{2}$ になります．

解　上図の網目部分を取り出して考える．

OA の中点を L，点 H から OG に垂線を引いてその交点を M とおくと，△OLG∽△OMH が成り立つ．

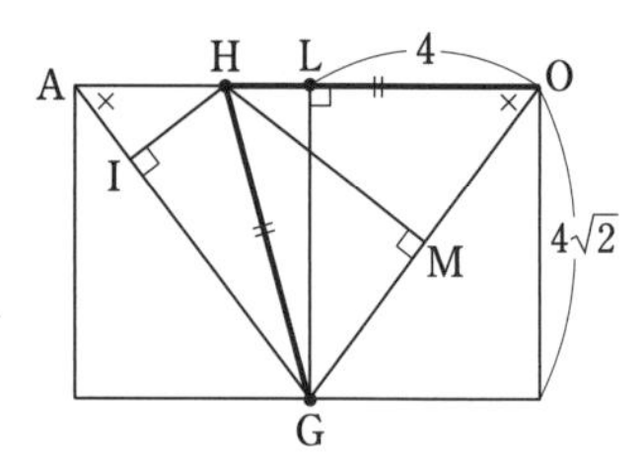

また，

$$OG=\sqrt{OL^2+LG^2}=\sqrt{4^2+(4\sqrt{2})^2}=4\sqrt{3}$$

OH＝GH より OM＝GM もいえるので，

$$OM=GM=2\sqrt{3}$$

ここで，OG：OL＝OH：OM より

$$4\sqrt{3}:4=OH:2\sqrt{3}\quad\therefore\quad OH=6$$

よって，AH＝OA－OH＝2

次に，△ALG∽△AIH，△ALG≡△OLG に注目して，AG：GL＝AH：HI もいえるので，

$$4\sqrt{3}:4\sqrt{2}=2:HI\quad\therefore\quad HI=\mathbf{\frac{2\sqrt{6}}{3}}$$

*　　　*　　　*

それでは演習問題に進みましょう．

演 習 問 題

1．右の図 1 に示した立体 ABCD-EFGH は 1 辺の長さが 6 の立方体である．点 P は辺 AE 上にあり，頂点 A，E とは異なる点である．また，

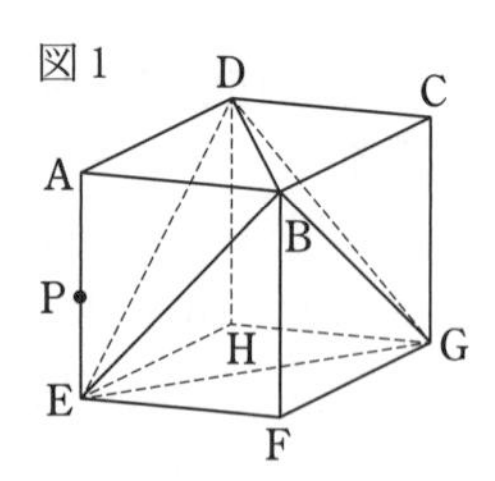

4つの頂点B，D，E，Gをそれぞれ結び，四面体B-DEGを考える．

図2は，図1において，点Pを通り面EFGHに平行な平面で立方体ABCD-EFGHを切った場合を示している．立方体の切り口は正方形PQRSであり，四面体B-DEGの切り口は四角形KLMNである．このとき，次の問いに答えよ．

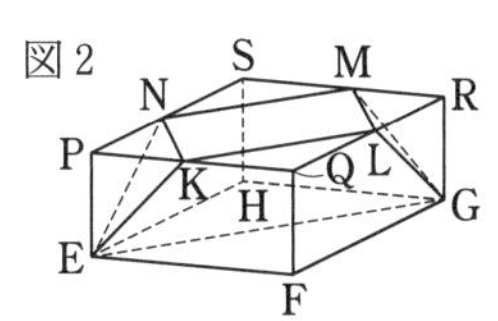

（1） 台形KEFQの面積が10であるとき，線分PEの長さを求めよ．

（2） 辺AE上の点Pが，頂点A，Eと異なるどの位置にあっても，四角形KLMNの周の長さは常に同じ長さであることを証明せよ．また，四角形KLMNの周の長さを求めよ．

（01 東京都立日比谷）

2． 右の**図Ⅰ**は，1辺が6cmの立方体ABCD-EFGHの4つの頂点を結び，正四面体ACFHをつくったものです．また，**図Ⅱ**は，**図Ⅰ**の正四面体ACFHをかき出したものです．5点P，Q，R，S，Tはそれぞれ辺AH，AF，AC，CH，CFの中点で，これらを図のように直線で結び立体PQR-STCをつくります．この立体の体積を求めなさい．

（18 岩手県，一部略）

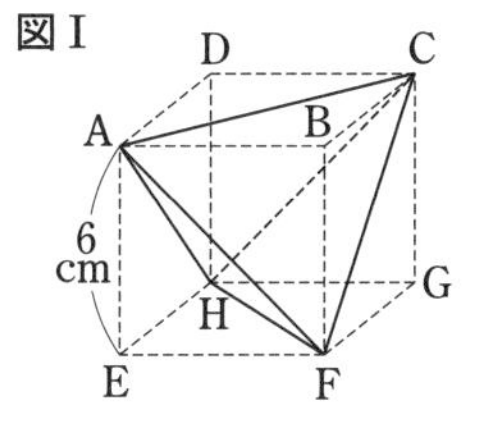

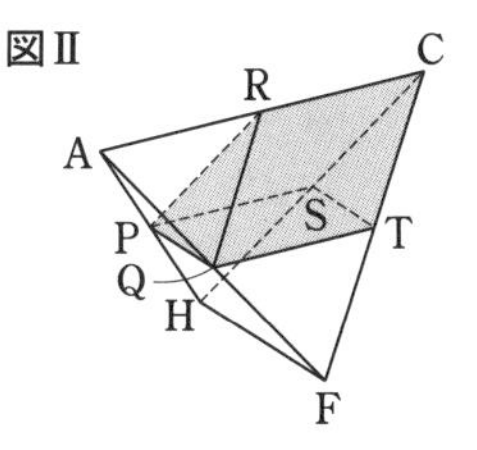

解答・解説

1． 解 $\angle PEK=45^\circ$ より $PE=PK=x$ とおく．

（1） 台形KEFQ＝長方形PEFQ－△PEK

$$=6\times x-\frac{1}{2}x^2=10$$

これを整理して，$x^2-12x+20=0$

$(x-2)(x-10)=0$ より，$x=2,\ 10$

ただし，$x<6$ なので，PE＝**2**

（2） △PKNと△QLKはどちらも直角二等辺三角形．

$NK=\sqrt{2}x$，$KQ=6-x$ より，

$KL=\sqrt{2}(6-x)$

また，図形の対称性から，

NK＝ML，KL＝NMは明らかなので，

四角形KLMNの周の長さ

$=2(NK+KL)=2\times\{\sqrt{2}x+\sqrt{2}(6-x)\}$

$=\mathbf{12\sqrt{2}}$（一定）

参考 △PEK≡△PNKより，NK＝EK
△BKLは正三角形なので，KL＝BK
よって，NK＋KL＝EBがいえるので，
四角形KLMNの周の長さ
＝2(NK＋KL)＝2EB（一定）

2． 解 正四面体ACFHは立方体から4つの合同な三角すい(例：AEFH)をひいたものなので，その体積は，

$$6^3-4\times\frac{1}{3}\times18\times6=216-144=72\ (\text{cm}^3)$$

正四面体CRSTと正四面体CAHFは相似で，相似比が1：2だから，体積比は $1^3:2^3=1:8$

よって，正四面体CRSTの体積は，

$\frac{1}{8}\times72=9\ (\text{cm}^3)$ ……………………①

次に，FHの中点をUとおくと，立体RPQTSUは正八面体で，その体積は

$\frac{1}{3}\times$四角形PQTS$\times RU=\frac{1}{3}\times18\times6$

$=36\ (\text{cm}^3)$ ……………………………②

➡注 例題・2(2)を参照．

よって，四角すいR-PQTSの体積は，

$\frac{1}{2}\times$②$=18\ (\text{cm}^3)$ ……………………③

よって，求める部分の体積は，

①＋③＝**27 (cm³)**

重要事項のまとめ

ここでは，本編に登場する重要事項を簡潔にまとめました．解説中に参照の指示があったり，理解しづらい部分があったときなどに，参考にしてください．

チェック1　直線の式

Ⅰ．傾きが a で，点$(p,\ q)$を通る直線の式

$\longrightarrow$ $\boldsymbol{y-q=a(x-p)}$

Ⅱ．2点$(p,\ q)$，$(r,\ s)$を通る直線の式

（ただし，$p\neq r$）

$\longrightarrow$ $\boldsymbol{y-q=\dfrac{s-q}{r-p}(x-p)}$

Ⅲ．y 軸に平行で，点$(p,\ q)$を通る直線の式

$\longrightarrow$ $\boldsymbol{x=p}$

チェック2　2直線の平行と垂直

2直線 $y=m_1x+n_1$ …㋐，$y=m_2x+n_2$ …㋑について，

Ⅰ．㋐ // ㋑ $\Longleftrightarrow$ $m_1=m_2$ **（傾きが等しい）**

Ⅱ．㋐ ⊥ ㋑ $\Longleftrightarrow$ $m_1m_2=-1$ **（傾きの積が−1）**

チェック3　放物線上の2点を通る直線

放物線 $y=ax^2$ 上の異なる2点P，Qの x 座標をそれぞれ p，q とすると，直線PQの式は，

$\boldsymbol{y=a(p+q)x-apq}$

〔傾き〕〔切片〕

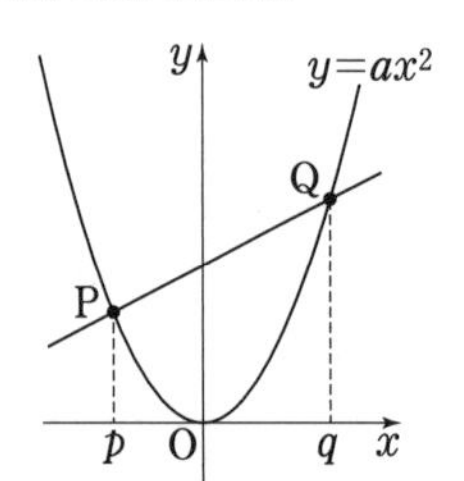

チェック4　放物線の相似

2つの放物線 $y=ax^2$ と $y=bx^2$ は相似で，相似比は，

$\dfrac{1}{|a|}:\dfrac{1}{|b|}=|b|:|a|$

である．

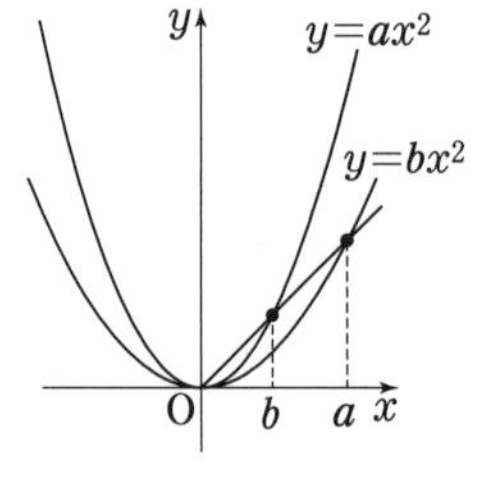

チェック5　約数の個数・約数の総和

自然数 N の素因数分解形が，

$N=a^p\times b^q\times\cdots\cdots$

（a，b，…は異なる素数）

であるとき，

Ⅰ．N の約数の個数は，

$\boldsymbol{(p+1)\times(q+1)\times\cdots\cdots}$ **（個）**

Ⅱ．N の約数の総和は，

$\boldsymbol{(1+a+a^2+\cdots+a^p)}$

$\boldsymbol{\times(1+b+b^2+\cdots+b^q)\times\cdots\cdots}$

チェック6　線分比と面積比

Ⅰ．等高な三角形の面積比は，底辺の長さの比に等しい．

Ⅱ．1つの角が共通な三角形の面積比

図1

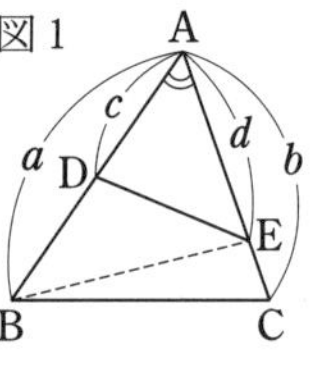

図2

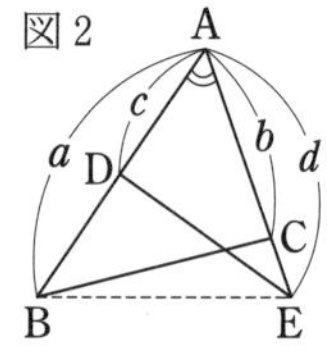

図1，2において，

△ABC：△ABE$=b:d$，

△ABE：△ADE$=a:c$

であるから，連比をとると，

△ABC：△ADE$=\boldsymbol{ab:cd}$

Ⅲ．1組の角が互いに補角をなす（和が180°である）三角形の面積比

図3

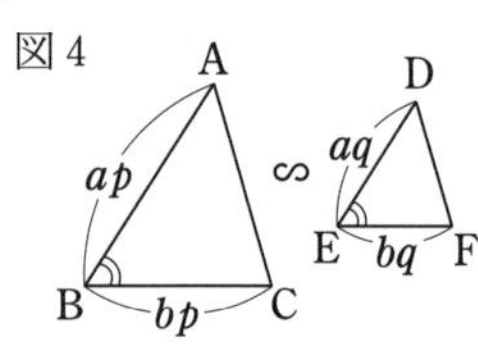

図3で，Ⅱと同様に，

△ABC：△ADE$=\boldsymbol{ab:cd}$

Ⅳ．相似な三角形の面積比

相似な2つの三角形ABCとDEFの相似比が $p:q$ であるとき，

図4

△ABC：△DEF

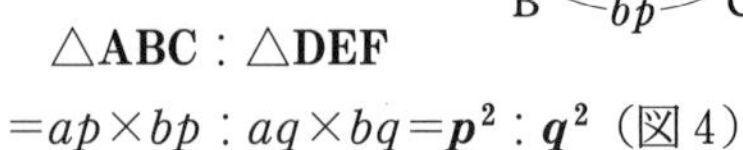

$=ap\times bp:aq\times bq=\boldsymbol{p^2:q^2}$（図4）

Ⅴ．そのほかの面積比

図5で，

△ABD：△ACD

＝△ABE：△ACE

$=\boldsymbol{a:b}$

図5

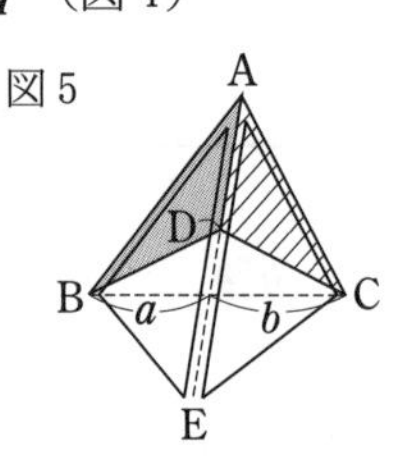

チェック 7　角の二等分線の性質

△ABC の，頂点 A における内角の二等分線および外角の二等分線が，辺 BC（またはその延長）と交わる点をそれぞれ P，Q とすると，

BP：PC＝AB：AC　……………………☆，

BQ：QC＝AB：AC　……………………★

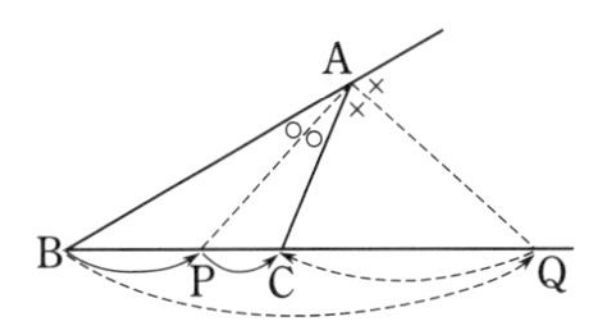

［☆の証明（★についても，同様に証明を試みよ）］

AP に関する C の対称点を C′とすると，C′は直線 AB 上にあり，

△APC≡△APC′

ここで，

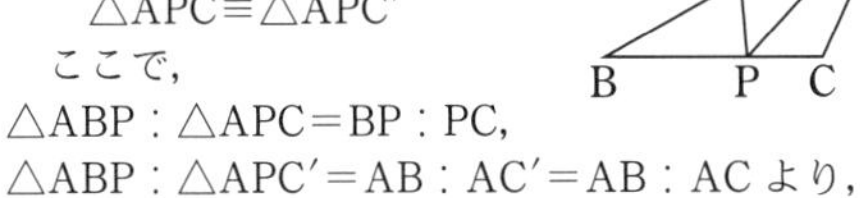

△ABP：△APC＝BP：PC,

△ABP：△APC′＝AB：AC′＝AB：AC より，

BP：PC＝AB：AC

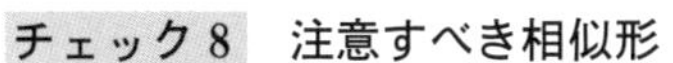

チェック 8　注意すべき相似形

右図の太線部と網目部の直角三角形は相似である（長方形の折り返しによく現れる）．

すなわち，

△ABC∽△CDE

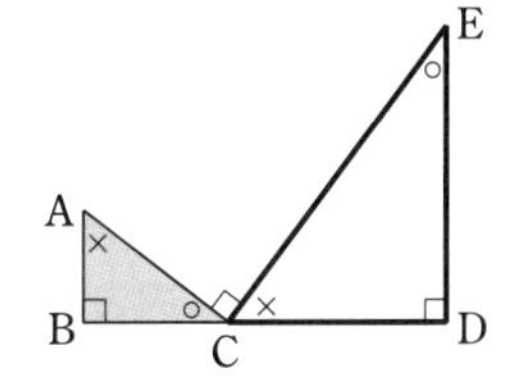

チェック 9　“1 頂点を共有する 2 つの正三角形” の構図に現れる合同

下の左図の太線と網目の三角形は合同である．このほか，“1 頂点を共有する 2 つの正方形” の構図に現れる合同（下の右図）も重要．

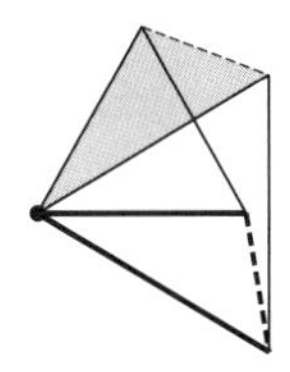

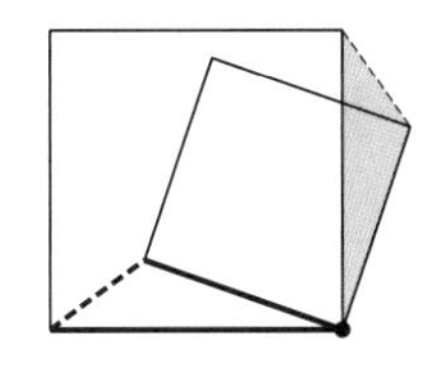

チェック 10　チェバの定理

△ABC と，3 直線 AB，BC，CA のどの直線上にもない任意の点を P とする．

2 直線 AP と BC，BP と CA，CP と AB の交点をそれぞれ D，E，F とすると，

$\mathbf{\dfrac{FB}{AF}\times\dfrac{DC}{BD}\times\dfrac{EA}{CE}=1}$ が成り立つ．

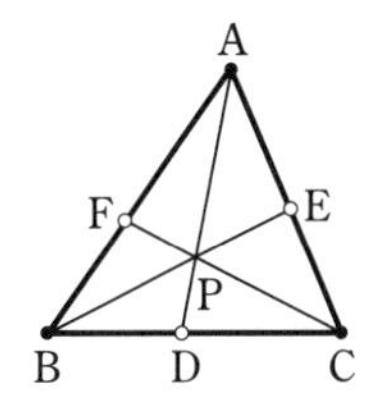

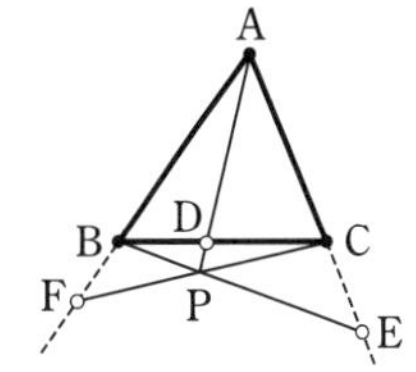

〔証明〕 上のどちらの図においても，

$\dfrac{FB}{AF}=\dfrac{\triangle PBC}{\triangle PCA}$，$\dfrac{DC}{BD}=\dfrac{\triangle PCA}{\triangle PAB}$，$\dfrac{EA}{CE}=\dfrac{\triangle PAB}{\triangle PBC}$

であるから，これらを辺々かけ合わせると，

$\dfrac{FB}{AF}\times\dfrac{DC}{BD}\times\dfrac{EA}{CE}=1$

チェック 11　メネラウスの定理

△ABC と，3 直線 AB，BC，CA のどの直線とも平行でない直線を l とする．

l と 3 直線 BC，CA，AB の交点をそれぞれ D，E，F とすると，

$\mathbf{\dfrac{FB}{AF}\times\dfrac{DC}{BD}\times\dfrac{EA}{CE}=1}$ が成り立つ．

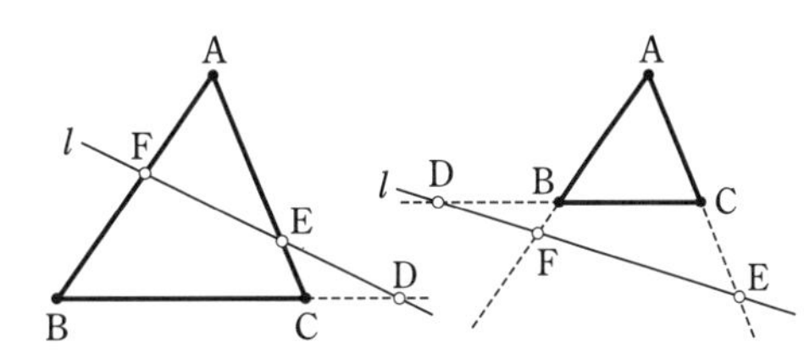

〔証明〕 下のどちらの図においても，

$\dfrac{FB}{AF}=\dfrac{\triangle BED}{\triangle AED}$，$\dfrac{DC}{BD}=\dfrac{\triangle CED}{\triangle BED}$，$\dfrac{EA}{CE}=\dfrac{\triangle AED}{\triangle CED}$

であるから，これらを辺々かけ合わせると，

$\dfrac{FB}{AF}\times\dfrac{DC}{BD}\times\dfrac{EA}{CE}=1$

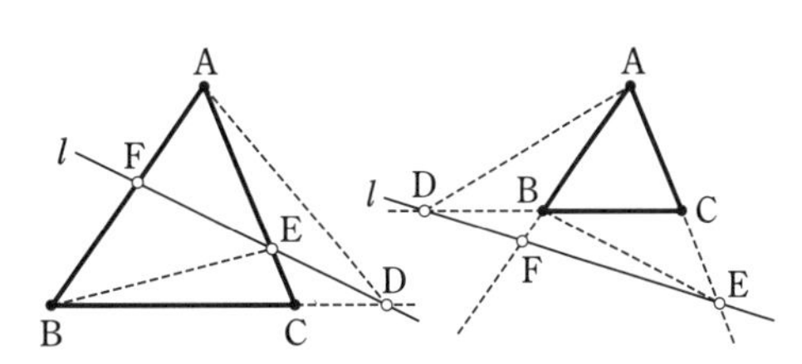

チェック 12　**正三角形の面積**

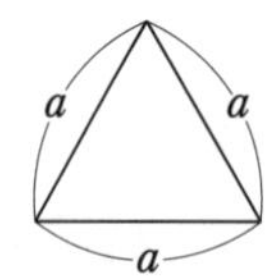

1辺の長さが a の正三角形の面積は，$\dfrac{\sqrt{3}}{4}\boldsymbol{a}^2$

チェック 13　**3辺の長さが与えられた三角形の高さ**

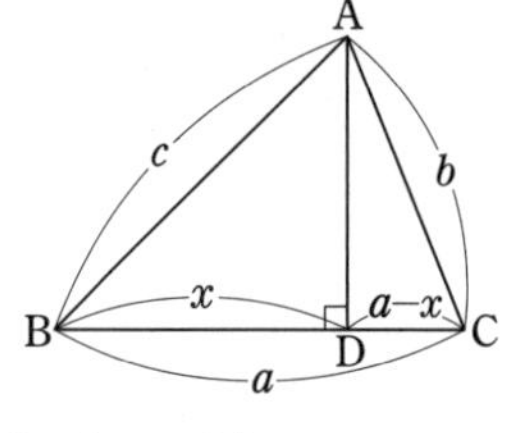

右図のように x をおき，2つの直角三角形に三平方の定理を用いて，図の AD^2 を2通りに表す．

すなわち，$\boldsymbol{c^2-x^2=b^2-(a-x)^2}$

これを解いて x を求め，そののちに高さを得る．

チェック 14　**方べきの定理**

円周上にない点Pを通る2直線と円との交点を下図1，2のようにA～Dとすると，

$$\mathbf{PA\times PB=PC\times PD}$$

が成り立つ．

図1

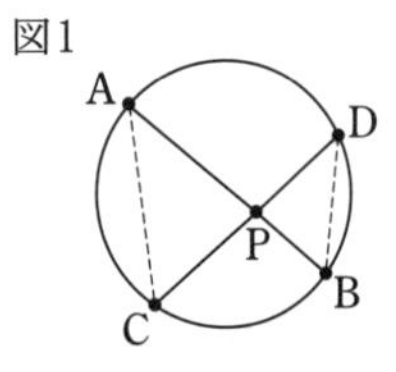

図2

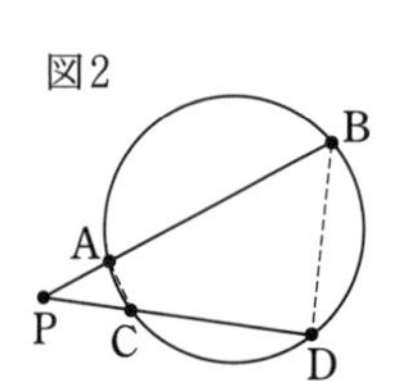

とくに，2直線のうち一方が円と接するとき(図3)，接点をTとすると，

図3

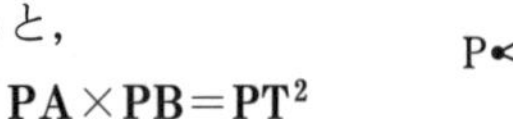

$$\mathbf{PA\times PB=PT^2}$$

〔**略証**〕 図1，2で，
△PAC∽△PDBがいえるから，これより，
PA：PD＝PC：PB　∴　PA×PB＝PC×PD
図3においては，△PAT∽△PTBがいえるから，
これより，
PA：PT＝PT：PB　∴　PA×PB＝PT^2

チェック 15　**共円条件**

4点A，B，C，Dが，次のいずれかの条件を満たすとき，これら4点は同一円周上にある(共円である)．

Ⅰ．2点C，Dが，直線ABに関して同じ側にあり，∠ACB＝∠ADBが成り立つ(円周角の定理の逆，図1)．

Ⅱ．4点を頂点とする四角形ができて，その対角の和が180°となる．または，1つの外角の大きさがそれに隣り合う内角の対角の大きさに等しい(内接四角形の性質の逆，図2)．

図1

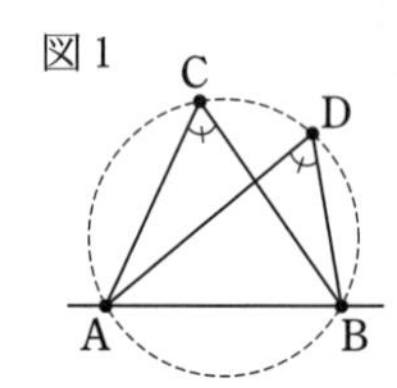

図2

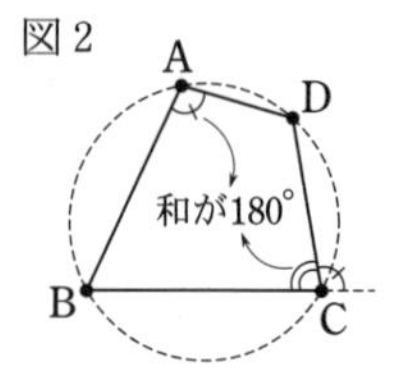

Ⅲ．(**発展**)　2線分AB，CDの，またはそれぞれの延長の交点をPとするとき，

PA×PB＝PC×PD

が成り立つ(方べきの定理(☞**チェック 14**)の逆，図3，4)．

図3

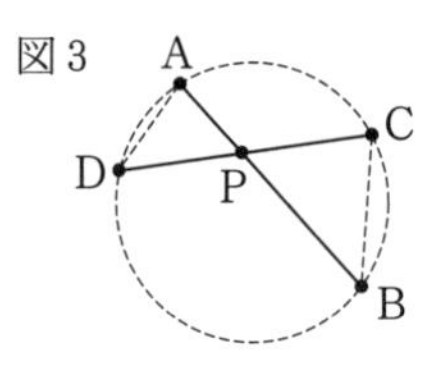

図4

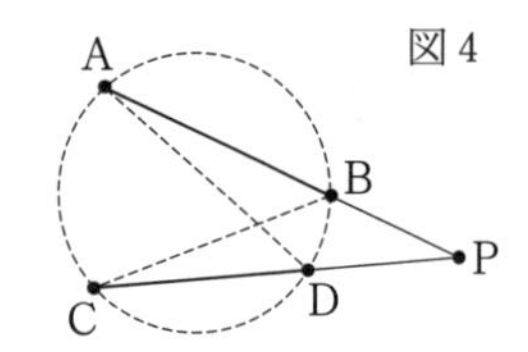

チェック 16　**円と接線**

Ⅰ．円の接線は，接点において円の半径と直交する．

Ⅱ．円外の1点からその円にひいた2本の接線の長さは等しい(図1)．

図1

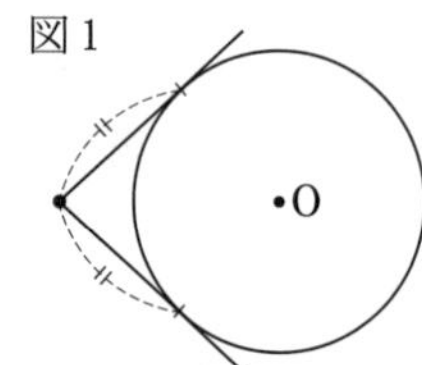

Ⅲ．円に外接する三角形

図2において，

$$\boldsymbol{x=\frac{b+c-a}{2}}$$

が成り立つ

図2

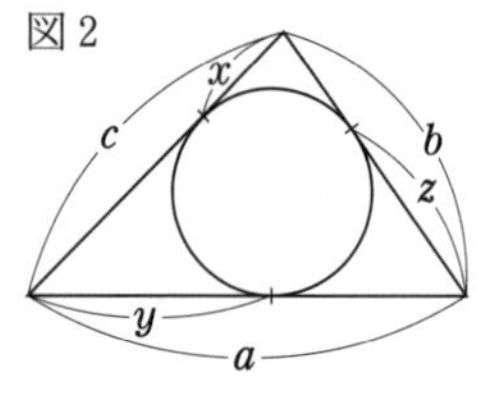

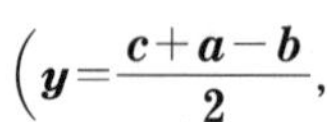

$\left(\boldsymbol{y=\dfrac{c+a-b}{2}},\right.$

$\left.\boldsymbol{z=\dfrac{a+b-c}{2}}\right.$ も成り立つ$\left.\right)$．

Ⅳ．円に外接する四角形

図3において，

$\boldsymbol{k}+\boldsymbol{l}=\boldsymbol{m}+\boldsymbol{n}$（2組の対辺の和が等しい）

が成り立つ．

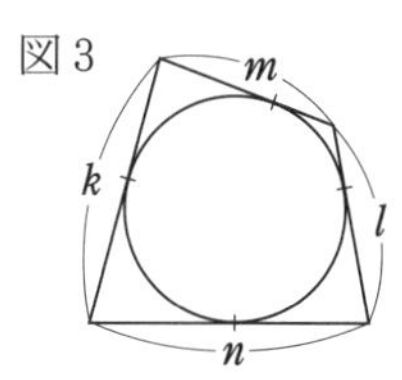

チェック 17　立体の公式の確認

（錐体の体積）$=\dfrac{1}{3}\times$（底面積）×（高さ）

半径が r である球の，

（体積）$=\dfrac{4}{3}\pi r^3$（身の上心配あるので参上）

（表面積）$=4\pi r^2$（心配ある事情）

チェック 18　直方体の対角線

縦・横・高さがそれぞれ a，b，c である直方体の対角線の長さを l とすると，

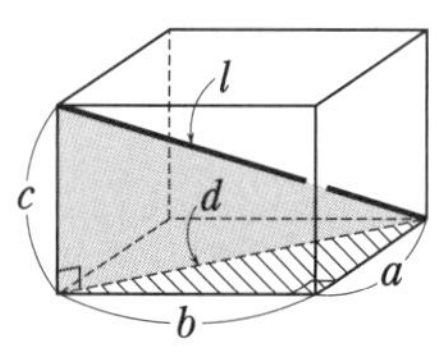

$\boldsymbol{l}=\sqrt{d^2+c^2}=\sqrt{\boldsymbol{a}^2+\boldsymbol{b}^2+\boldsymbol{c}^2}$

とくに，一辺の長さが a である立方体の対角線の長さは，$\sqrt{a^2+a^2+a^2}=\sqrt{3}\,\boldsymbol{a}$

チェック 19　正四面体の体積

一辺の長さが a である正四面体の高さを h，体積を V とすると，

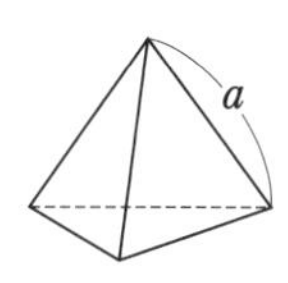

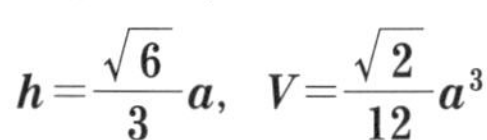

$\boldsymbol{h}=\dfrac{\sqrt{6}}{3}\boldsymbol{a}$，$\boldsymbol{V}=\dfrac{\sqrt{2}}{12}\boldsymbol{a}^3$

チェック 20　線分比と体積比

Ⅰ．相似な立体の体積比

相似な2つの立体の相似比が $a:b$ であるとき，体積比は，$\boldsymbol{a}^3:\boldsymbol{b}^3$

Ⅱ．三角錐の体積比

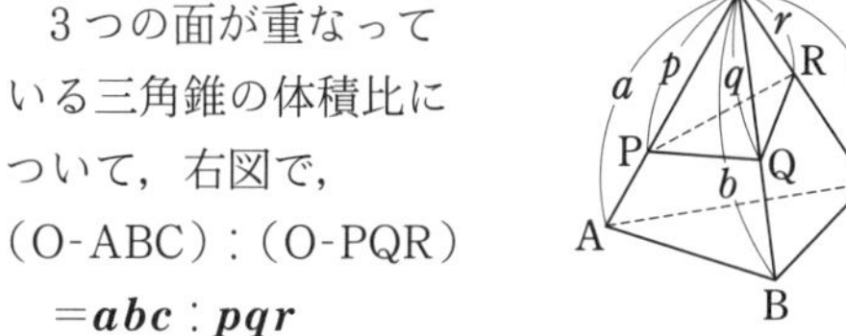

3つの面が重なっている三角錐の体積比について，右図で，

（O-ABC）：（O-PQR）

$=\boldsymbol{abc}:\boldsymbol{pqr}$

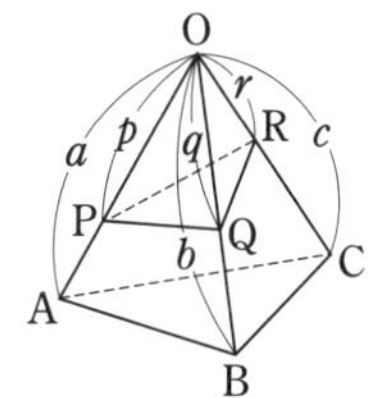

チェック 21　円錐の側面積

母線の長さが l，底面の半径が r である直円錐において，側面を展開してできるおうぎ形の中心角の大きさを a 度，側面積を S とすると，

$$\boldsymbol{a}=360\times\frac{\boldsymbol{r}}{\boldsymbol{l}},\quad \boldsymbol{S}=\boldsymbol{\pi l r}$$

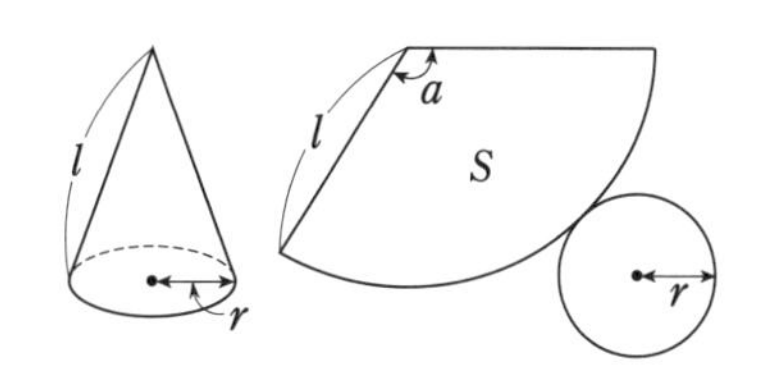

〔**証明**〕　上の展開図において，おうぎ形の弧の長さと底面の円の周は等しいから，

$2\pi l\times\dfrac{a}{360}=2\pi r$

これより，$\dfrac{a}{360}=\dfrac{r}{l}$ ………㋐　∴　$a=360\times\dfrac{r}{l}$

さらに，㋐を用いると，

$S=\pi l^2\times\dfrac{a}{360}=\pi l^2\times\dfrac{r}{l}=\pi lr$

あとがき

哲学者として有名なデカルトは，

「難問は扱いやすくするため，
解決できると思われるところ
まで，できるだけ多くの部分
に分けなさい」

という言葉を遺しているそうです．

まさしく，本書で紹介した問題に挑む際に必要とされる姿勢ではありませんか？自分が知っている知識や経験を使えるように図を描いたり情報を整理したりすること，あるいはそれらを組み合せて新たな気づきを導くこと．

こうした経験が積める，あるいは身につけられるのは難関国私立高校の入試問題だけではなくなりました．近年の公立高校入試の特徴である「調べて，思考し，自ら発見する」問題の正誤(配点が高い)が合否に大きく影響を与えていることを知り，正面から真摯に向き合い，安易に「ちょっと難しいからこの問題は捨てるわ」という逃げの姿勢を取らなければ，きっとあらゆる面で自分の未来にとってプラスとなる経験値を貯めることができるはずです．

いま「大人」と呼ばれる世代の人の中には，自らの経験を基にして公立高校入試(問題)のことを「中学の教科書に登場した公式や解き方を覚えて数値をあてはめれば楽勝！」「定期試験の延長でしょ！」と考えている方々が少なからずいらっしゃることでしょう．中学入試への注目度と反比例して高校入試を軽視する人が増えているかもしれません．

でも，本書を読み終えた皆さんであれば，このような大人の感覚が古くて間違っていることがわかるはずです．これが，2017 年から『月刊「高校への数学」公立入試問題ピックアップ』の連載を始めた理由です．月刊「高校への数学」の講義や演習ページでは，紙面の都合もあって充分に「公立高校入試問題の変化」を紹介しきれなくなってしまったからです．

私は，高校入試を目指す皆さんを応援します．どうか高校入試の数学を通して，前述のデカルトの言葉を体感してほしいと思います．高校入試で得られるものは得点や合格だけではありません．21 世紀をたくましく生き抜くための土台を数学から吸収し，自分の未来は自分の手で切り拓いてください．

最後になりますが，記事執筆に関して 20 年弱にわたりご指導いただいております東京出版編集部の皆様，月刊「高校への数学」毎号の整版・印刷に関わっておられる皆様に，改めまして感謝の意をお伝えしたいと思います．（秋田）

高校への数学
公立入試数学
「難化＆新傾向」問題ピックアップ

2021 年 3 月 8 日　第 1 刷発行

著　者　秋田洋和
発行者　黒木美左雄
発行所　株式会社　**東京出版**
〒150-0012　東京都渋谷区広尾 3-12-7
電話 03-3407-3387　振替 00160-7-5286
https://www.tokyo-s.jp/

整　版　所　錦美堂整版
印刷・製本　技秀堂

落丁・乱丁の場合は，ご連絡ください．
送料弊社負担にてお取り替えいたします．

ISBN 978-4-88742-252-0